AF247419

BIBLIOTHÈQUE COLONIALE INTERNATIONALE
Institut colonial international. — Bruxelles

10me SÉRIE

LES

Droits de Chasse

dans les Colonies

et la

Conservation

de la Faune indigène

TOME I

INSTITUT COLONIAL INTERNATIONAL
36, RUE VEYDT, BRUXELLES

BRUXELLES	PARIS	LONDRES
Établissements Généraux d'Imprim., successeurs de Ad. Mertens, 14, rue d'Or, 14.	Augustin CHALLAMEL rue Jacob, 17.	LUZAC & Co Great Russel street, 46, W. C.

BERLIN	LA HAYE
A. ASHER & Co 56, Unter den Linden, W.	Librairie Nationale et Étrangère. successeur de Belinfante Frères Kneuterdijk, 3.

1911

PUBLICATIONS

DE

L'INSTITUT COLONIAL INTERNATIONAL

36, rue Veydt, à Bruxelles

BIBLIOTHÈQUE COLONIALE INTERNATIONALE

20 fr. le volume.

1ʳᵉ Série. — **La Main-d'œuvre aux Colonies.** Documents officiels sur le contrat de travail et le louage d'ouvrage aux Colonies.

Tome   I. — Colonies allemandes. — État Indépendant du Congo. — Colonies françaises. — Indes orientales néerlandaises. — 1895.

Tome II. — Inde britannique. — Colonies anglaises. — 1897.

Tome III. — Colonies françaises *(suite)*. — Surinam. — 1898.

2ᵉ Série. — **Les Fonctionnaires coloniaux.**

Tome   I. — Espagne. — France. — 1897.

Tome II. — Pays-Bas. — État Indépendant du Congo. — Inde britannique. — 1897.

Tome III *(Premier supplément)*. — France. — Pays-Bas. — Angleterre. — Allemagne. — 1910.

3ᵉ Série. — **Le Régime foncier aux Colonies**

Tome   I. — Inde britannique. — Colonies allemandes. — 1898.

Tome II. — État Indépendant du Congo. — Colonies françaises. — 1899.

Tome III. — Tunisie. — Érythrée. — Philippines. — 1899.

Tome IV. — Indes orientales néerlandaises. — 1899.

Tome V. — Lagos. — Sierra-Leone. — Gambie. — Natal. — Bornéo septentrional britannique. — Cap de Bonne-Espérance. — Rhodésie. — Basutoland. — Iles Salomon. — Iles Fidji. — Côte-d'Or. — 1902.

Tome VI *(Premier supplément)*. — Colonies françaises — Indes orientales néerlandaises. — Colonies allemandes. — 1905.

4ᵉ Série. — **Le Régime des protectorats.**

Tome   I. — Indes orientales néerlandaises. — Protectorats français en Asie et en Tunisie. — 1899.

Tome II. — Les protectorats français en Afrique et en Océanie. — 1899.

5ᵉ Série. — **Les Chemins de fer aux Colonies et dans les pays neufs.**

Tome   I. — Rapport de la Commission spéciale nommée à Berlin. Conclusions des rapporteurs. — Questionnaire. — Réponses au questionnaire. — 1900.

Tome II. — Congo. — Indian Midland Railway. — The Southern Mahratta Railway. — Usambara. — Sud-Ouest Brésilien. — Chili. — Transsibérien. — Inde portugaise. — 1900.

Tome III. — Tunisie. — Algérie. — Sénégal. — Soudan. — Indes orientales néerlandaises. — Transvaal. — Angola. — 1900.

6º Série. — **Le Régime minier aux Colonies.**

Tome   I. — Indes orientales néerlandaises. — Suriname. — Guyane française. — Guyane britannique. — 1902.

Tome II. — Madagascar. — Nouvelle-Calédonie. — Annam-Tonkin. — Algérie. — Tunisie. — Afrique Continentale française. — Guyane française. — Côte-d'Ivoire. — Côte-d'Or. — The British South Afrika. — Rhodésia. — 1903.

Tome III. — Colonies allemandes. — Canada. — État Indépendant du Congo. — Cap de Bonne-Espérance. — Natal. — 1903.

7º Série. — **Les différents systèmes d'Irrigation.**

Tome   I. — Inde Septentrionale, Punjab, Provinces-Unies, Oudh et Provinces Centrales. — Loi sur les canaux secondaires du Punjab. — Birmanie. — Bombay. — Madras. — Les Irrigations en Extrême-Orient. — 1906.

Tome II. — Canada. — États-Unis de l'Amérique du Nord. — 1907.

Tome III. — Espagne. — 1908.

Tome IV. — Algérie. — Tunisie. — 1909.

8º Série. — **Les Lois organiques des Colonies.**

Tome   I. — Colonies Britanniques : Australie. — Nouvelle-Zélande. — Victoria. — Nouvelle-Galles du Sud. — Confédération Australienne. — Canada. — Nigeria Septentrionale. — Nigeria Méridionale. — Sierra-Leone. — Côte-d'Or, — Territoires du Nord de la Côte-d'Or. — Ashanti. — Afrique Orientale.— Uganda.— Iles Leeward.— Wei-hai-Wei.—1906.

Tome II. — Colonies françaises : Antilles et Réunion. — Guyane. — Inde. — Sénégal. — Saint-Pierre-et-Miquelon. — Nouvelle-Calédonie. — Établissements français de l'Océanie. — Nouvelles-Hébrides. — Afrique occidentale française. — Dahomey. — Congo français — Madagascar et dépendances. — Indo-Chine. — Cochinchine. — Tonkin. — Établissements français de la côte des Somalis. — 1906.

Tome III. — Colonies françaises *(suite)*. — Colonies néerlandaises : Indes orientales néerlandaises; Suriname. — Colonies allemandes. — Colonie italienne de l'Érythrée. — État Indépendant du Congo. — 1906.

9º Série. — **L'enseignement aux indigènes.**

Tome   I. — Indes orientales néerlandaises. — Suriname. — Alaska. — États-Unis. — Iles Philippines. — Inde britannique. — Congo belge. — Colonies portugaises. — Colonies françaises. — 1909.

Tome II. — Colonies françaises *(suite)* : Madagascar — Indo-Chine. — Colonies britanniques. — 1910.

10º Série. — **Les droits de chasse dans les Colonies et la conservation de la faune indigène.**

Tome   I. — Colonie du Cap. — Transvaal. — Natal. — Zoulouland. — Betchouanaland. — Basoutoland. — Rhodésie du Sud. — Rhodésie du Nord-Ouest (Barotziland). — Ile Maurice.— Madagascar et Dépendances. — Afrique allemande du Sud-Ouest. — 1911.

Tome II. — Soudan anglo-égyptien. — Érythrée. — Somalie italienne. — Congo belge.— Somalie anglaise.— Zanzibar.— Afrique orientale anglaise. — Ouganda. — Nyassaland. — Rhodésie nord-orientale. — Nigérie septentrionale.— Nigérie méridionale. — Sierra-Leone.— Côte-d'Or. — Gambie. — Congo français. — Angola. — Mozambique. — Cameroun. — Afrique orientale allemande. — 1911.

PUBLICATIONS

DE

L'INSTITUT COLONIAL INTERNATIONAL

36, rue Veydt, à Bruxelles.

---

15 fr. le volume.

Compte rendu des séances tenues à Bruxelles les 28 et 29 mai 1894. — Discussion de la question : « **De l'influence du climat sur les progrès de la colonisation.** » — Mémoire de Sir William Moore. — *(Epuisé)*.

Compte rendu de la session tenue à La Haye en septembre 1895. — Suite de la discussion de la question : « **De l'influence du climat sur les progrès de la colonisation.** » — « **La main-d'œuvre, le contrat de travail et le louage d'ouvrage aux Colonies.** » Rapports de S. Ex. M. le Dr Herzog pour les Colonies allemandes, de M. J. Chailley pour les Colonies françaises, de M. van der Lith pour les Indes orientales néerlandaises. Discussion de cette question. — « **Du recrutement des fonctionnaires coloniaux.** » Rapport de M. J. Chailley : France, Grande-Bretagne, Hollande. Discussion de cette question.

Compte rendu de la session tenue à Berlin en septembre 1897.—« **La Main-d'œuvre aux Colonies.** » Discussion de cette question. — « **Le recrutement des fonctionnaires coloniaux.** » Discussion de cette question. — **Rapport sur le travail dans les possessions espagnoles d'outre-mer,** par Don Antonio Maria Fabié. — « **Des relations financières entre la Métropole et les Colonies.** » Rapport sur l'**organisation du Protectorat de la Compagnie de la Nouvelle-Guinée,** par S. Ex. M. le Dr Herzog.— Rapport sur l'**organisation financière des Protectorats allemands du Kamerun, du Togo, de l'Afrique du Sud-Ouest, de l'Afrique orientale et des Iles Marshall,** par S. Ex. M. R. Kraetke. — **Relations financières entre la Belgique et l'État Indépendant du Congo.** — **Régime foncier : Organisation agraire du Turkestan,** par M. Serge de Proutschenko.

Compte rendu de la session tenue à Bruxelles en mai 1899. — Discussion de la question de « **La main-d'œuvre aux Colonies** ».— « Projet d'un règlement adopté par l'Institut Colonial International en vue de l'utilisation de la main-d'œuvre exotique dans les colonies ». — Discussion de la question : « **Les Protectorats** ». Rapport sur **les Protectorats dans l'Inde britannique,** par M. J. Chailley. — Discussion de la question : « **Les Chemins de fer aux Colonies et dans les pays neufs.** » Rapport de la commission chargée d'étudier cette question. — Rapport sur **Le Régime foncier** aux Indes orientales néerlandaises, par M. le Dr G.-K. Anton.

Compte rendu de la session tenue à Paris en août 1900. — Discussion de la question : «**L'Education professionnelle des indigènes dans les colonies de fondation récente.** » Rapport de Mgr A. Le Roy sur cette question. — Discussion de la question : « **Les Chemins de fer aux Colonies et dans les pays neufs.** » — Discussion de la question : « **Les Sanatoria.** » Rapport de M. le Dr Dryepondt sur cette question. — **Le Régime foncier dans l'État Indépendant du Congo,** par M. le Dr G.-K. Anton. — **Le Régime foncier dans les Colonies françaises,** par M. le Dr G.-K. Anton.

Compte rendu de la session tenue à La Haye en mai 1901. — Dicussion de la question du « **Régime foncier aux Colonies** ». — Discussion de la question « **Des Rapports financiers entre la Métropole et les Colonies** ». — Rapport de M. M. Chotard sur cette question. — Discussion de la question « **l'Enseignement Colonial** ». — Rapport de M. J. Chailley sur la « **Meilleure manière de légiférer pour les Colonies** ».

Compte rendu de la session tenue à Londres en mai 1903. — Discussion de la question du « Régime foncier aux Colonies ». — Discussion de la question « Des Rapports Politiques entre la Métropole et les Colonies». — Discussion de la question « De l'Enseignement Colonial ». — Rapport de M. G.-K. Anton : « **Le régime foncier aux colonies anglaises** ». — Rapport de M. Arthur Girault : « **Des rapports politiques entre Métropole et colonies** ». — Rapport de M. J. Chailley : « **La législation qui convient aux colonies** ».—Rapport de M. Henri Froidevaux : « **L'enseignement colonial général. Constitution, organisation, état actuel** ». — Rapport de Sir Alfred Lyall : « **Rapport sur l'irrigation dans l'Inde** ». — Rapport de M. Paul de Valroger : « **Régime minier des Guyanes anglaise, française et hollandaise** ».

Compte rendu de la session tenue à Wiesbaden en mai 1904. — Discussion de la question : « **La meilleure manière de légiférer pour les colonies** ». — Discussion de la question : « **Le régime minier aux colonies** ». — Discussion de la question : « **Les différents systèmes d'irrigation aux colonies** ». — Discussion de la question : « **De la constitution et de l'organisation du capital aux colonies** ». — Rapport de M. Paul de Valroger : « **Les législations minières des colonies. anglaises, françaises et allemandes d'Afrique et de l'Etat Indépendant du Congo** ». — Rapport de M. J. W. Post : « **L'irrigation aux Indes orientales néerlandaises** ». — Rapport de M. le Dr Julius Scharlach : « **La constitution et l'organisation du capital aux colonies** ». — Note sur **l'hydraulique en Algérie et en Tunisie**.

Compte rendu de la session tenue à Rome en avril 1905. — Discussion de la question : « **Des Irrigations** ». — Discussion de la question : « **Le Régime minier aux Colonies** ». — Discussion de la question : « **De l'Enseignement colonial** ». — Discussion de la question : « **L'Emigration** ». — Résumé du Rapport de la Commission Anglo-Indienne sur les irrigations. — Rapport : 1º **Sur l'utilisation de l'eau dans les pays sous-tropicaux**; 2º **Sur les modes d'irrigation dans les parties arides de l'Afrique du Sud**, par M. Th. Rehbock. — Rapport sur **Les irrigations aux Etats-Unis d'Amérique et aux îles Hawaï**, par M. O.-P. Austin. — Rapports sur le **Régime des irrigations en Extrême-Orient**, par M. A. de Pouvourville. — Note sommaire sur les **Irrigations en Italie**, préparée par les soins du Ministère de l'Agriculture. — Rapport sur **l'Enseignement colonial italien**, par M. L. Nocentini. — Rapport sur **l'Enseignement colonial en Belgique**, par M. F. Cattier. — Notes sur la **Législation et les statistiques comparées de l'émigration et de l'immigration**, par M. L. Bodio. — Rapport sur les **Lois organiques des Colonies néerlandaises**, par M. le Dr C. Th. van Deventer. — Note sur le **Décret organique du Gouvernement local de l'Etat Indépendant du Congo**, par M. C. Janssen. — Rapport complémentaire sur la **Constitution et l'organisation du capital pour les colonies**, par M. le Dr J. Scharlach. — Rapport sur le **Crédit à accorder aux indigènes**, par M. A. Zimmermann. — Note sur la **Formation des fonctionnaires de l'ordre judiciaire dans les Indes Orientales néerlandaises**, par M. le Dr C. Pijnacker-Hordijk.

Compte rendu de la session tenue à Bruxelles en juin 1907. — Discussion de la question : **Les différents systèmes d'Irrigation**. — Discussion de la question : **De l'assistance intercoloniale au point de vue du maintien de l'ordre**. — Discussion de la question : **Recrutement des magistrats de l'ordre judiciaire aux colonies**.— Discussion de la question : **Constitution et organisation du capital aux colonies**. — Discussion de la question : **Le crédit à accorder aux indigènes**. — Discussion de la question : **De l'utilisation des organismes politiques indigènes pour l'administration des colonies intertropicales**. — Rapport sur les **Mesures à employer par l'Etat pour développer le crédit, l'industrie et le commerce chez les indigènes des Indes Néerlandaises**, par M. J. H. Abendanon. — Rapport sur l'**Assistance intercoloniale au point de vue du maintien de l'ordre**, par M. Enrico Catellani.

— Rapport sur l'**Utilisation des organismes politiques indigènes pour l'administration des colonies intertropicales,** par M. F. Cattier. — **Note sur l'utilisation des organismes politiques indigènes aux Indes orientales Néerlandaises,** par M. J. C. Van Eerde. — Rapport sur l'**Utilisation des organismes politiques indigènes pour l'administration de l'Etat Indépendant du Congo,** par M. C. Janssen. — Rapport sur l'**Enseignement colonial général,** par M. Henri Froidevaux.

Compte rendu de la session tenue à Paris en juin 1908. — Discussion de la question : **Le crédit à accorder aux indigènes.** — Discussion de la question : **Des conditions de recrutement des fonctionnaires coloniaux, y compris ceux de l'ordre judiciaire et de la surveillance de leur action aux colonies.** — Discussion de la question : **La meilleure manière de légiférer pour les colonies.** — Discussion de la question : **De la constitution et de l'organisation du capital aux colonies.** — Discussion de la question : **Les maladies tropicales.** — Discussion de la question : **La valeur, la nature et la méthode de l'enseignement aux indigènes.** — Rapport de M. Karl von der Heydt sur **les Banques coloniales.** — Rapport de M. Arthur Girault sur **la Surveillance à exercer sur les fonctionnaires aux colonies.** — Rapport du Prince Auguste d'Arenberg sur **Les résultats de la lutte engagée contre le Paludisme, la fièvre jaune et la maladie du sommeil.** — Rapport du R. P. Piolet sur l'**Utilisation des organismes politiques indigènes pour l'administration de la colonie de Madagascar.** — Rapport de M. A. L. d'Almada Negreiros sur l'**Organisation judiciaire dans les colonies portugaises.**

Compte rendu de la session tenue à La Haye, en juin 1909. — Discussion de la question : **De l'enseignement aux indigènes.** — Discussion de la question : **De l'acclimatement de la race blanche dans les colonies tropicales.** — Discussion de la question : **De l'utilisation des organismes politiques indigènes pour l'administration des colonies intertropicales.** — Discussion de la question : **De l'organisation de la lutte contre l'opium et l'alcool dans les diverses colonies.** — Discussion de la question : **De l'organisation du crédit à accorder aux indigènes au point de vue industriel et commercial.** — Rapport de M. C. Th. van Deventer sur l'**organisation de la lutte contre l'opium et l'alcool en Extrême-Orient, aux Indes Orientales Néerlandaises, à Surinam et à Curaçao.** — Rapport de M. Camille Janssen sur **le régime des boissons alcooliques dans la colonie du Congo belge.** — Rapport de M. Carlo Rossetti sur l'**organisation de la lutte contre l'alcool dans la colonie d'Erythrée et au Soudan Anglo-Egyptien.** — Rapport de M. J. H. Abendanon sur l'**organisation du crédit aux indigènes au point de vue industriel et commercial.** — Rapport de M. Marcel Morand sur l'**importance de l'islamisme pour la colonisation européenne.** — Rapport de M. le Dr Snouck-Hurgronje sur l'**importance de l'islamisme pour la colonisation européenne aux Indes Orientales Néerlandaises.** — Rapport de M. H. Soeyer sur la **force exécutoire des jugements métropolitains dans les colonies et des jugements coloniaux dans la métropole (1).**

Compte rendu de la session tenue à Brunswick, en avril 1911.

TOME I. — Discussion de la question : **De l'acclimatement de la race blanche dans les pays tropicaux.** — Discussion de la question : **De l'utilisation des organismes politiques indigènes pour l'administration des colonies intertropicales.** — Discussion de la question : **De l'organisation de la lutte contre l'alcool dans les diverses colonies.** — Discussion de la question : **Des banques coloniales et de l'organisation du crédit aux indigènes au point de vue industriel et commercial.** — Discussion de la question : **Du recrutement des fonctionnaires coloniaux y compris ceux de l'ordre judiciaire** — Discussion de la question : **Quelle doit être l'attitude des Gouvernements vis-à-vis des missions ?** — Dis-

(1) Les autres rapports déposés sur la question de l'*Enseignement aux indigènes* se trouvent reproduits dans le Tome I de la 9me série de la Bibliothèque Coloniale Internationale.

cussion de la question : **De la condition des métis et de l'attitude des Gouvernements à leur égard.** — Rapport de la Commission chargée de l'étude de la question : **De l'acclimatement de la race blanche dans les pays tropicaux.** — Notes sur l'utilisation des **organismes politiques indigènes dans les colonies tropicales : Congo belge, Inde Britannique, Nouvelle Guinée allemande, Samoa, Togo.**

Tome II. — Rapport de M. le Dr C. Th. van Deventer sur **l'organisation de la lutte contre l'alcool dans les diverses colonies.** — Rapport de M. le Comte A. de Pouvourville sur **l'opium et l'alcool en Indo-Chine.** — Rapport de M. le Comte de Penha Garcia, sur **La lutte contre l'alcool dans les colonies portugaises.** — Rapports de M. le Dr J. H. Abendanon sur **Le crédit à accorder aux indigènes.** — Rapport de M. A. Girault sur **Le recrutement des fonctionnaires coloniaux de l'ordre judiciaire.** — Rapport de MM. E. Vohsen et C J. Hasselman sur la question : **Quelle doit être l'attitude des Gouvernements vis-à-vis des missions ?** — Rapport de M. E. Moresco sur **La condition des métis et l'attitude des Gouvernements à leur égard.** — Rapports de M. Carlo Rossetti sur **Les lois pour la conservation de la faune indigène en Afrique** et sur **La conservation de la faune indigène aux pays neufs.** — Rapport de M. C. de Laveleye sur **Le régime monétaire aux colonies.**

Publications éditées sous les Auspices de l'Institut Colonial International

M. le professeur Dr **G. K. Anton** : « **LE RÉGIME FONCIER AUX COLONIES,** précédé d'une préface de M. **J. Chailley.** — **Indes Orientales néerlandaises.** — **Politique domaniale et agraire dans l'Etat Indépendant du Congo.** — **Colonies françaises.** — **Colonies anglaises** . . . . 1 vol., 415 pages. fr. 10.00.

LES DROITS DE CHASSE DANS LES COLONIES

ET

LA CONSERVATION DE LA FAUNE INDIGÈNE

BIBLIOTHÈQUE COLONIALE INTERNATIONALE
Institut colonial international. — Bruxelles

10me SÉRIE

LES
roits de Chasse
dans les Colonies
et la
Conservation
de la Faune indigène

TOME I

INSTITUT COLONIAL INTERNATIONAL
36, RUE VEYDT, BRUXELLES

BRUXELLES	PARIS	LONDRES
Établissements Généraux d'Imprim., successeurs de Ad. Mertens, 14, rue d'Or, 14.	Augustin CHALLAMEL rue Jacob, 17.	LUZAC & Co Great Russel street, 46, W. C.

BERLIN	LA HAYE
A. ASHER & Co 56, Unter den Linden, W.	Librairie Nationale et Étrangère. successeur de Belinfante Frères Kneuterdijk, 3.

1911

De la conservation de la faune dans les pays neufs et des problèmes qui s'y rattachent

par M. Carlo ROSSETTI, *membre associé*.

I. — *Introduction.*

C'est un phénomène bien connu aujourd'hui que celui de la rapidité avec laquelle les races indigènes, tant humaines qu'animales, disparaissent dans les pays neufs devant le développement de la civilisation.

La disparition totale, même en des temps tout à fait récents, de races humaines entières est un fait qui sort complètement du sujet que je me propose de traiter. Toutefois, s'il m'est permis de recourir à un souvenir personnel, je rappellerai l'impression de profonde horreur que j'ai ressentie lorsque, au musée de Hobart, on me montra un crâne de femme qui avait appartenu à la dernière représentante de la race indigène de la Tasmanie, la vieille Trukanini, morte à Melbourne en 1877, alors que depuis plusieurs années déjà elle représentait l'unique survivante de cette race malheureuse.

Et si l'on pense que la première descente fatale de l'homme blanc sur les côtes de la Terre de Van Diemen date d'environ un siècle, on ne peut s'empêcher d'éprouver un sentiment d'effroi en constatant la grande puissance destructive de notre civilisation.

Or, si la destruction de toute une race humaine s'accomplit si facilement et si rapidement, qu'adviendra-t-il des races animales qui ne peuvent invoquer pour

leur défense la possession d'une âme faite à notre image ou avoir recours à ce principe de fraternité universelle au nom duquel notre civilisation se répand dans les pays neufs ?

Comme preuve de la rapidité avec laquelle certaines races d'animaux ont disparu devant l'invasion de l'homme blanc, on cite souvent le fameux troupeau septentrional de bisons, au Canada, qui, dit-on, comptait encore en 1867 plus de 4,000,000 d'individus et que l'on considéra comme complètement détruit dès 1882. Non moins impressionnante, pour rappeler un événement survenu en Europe dans des temps peu éloignés de nous, fut la disparition, dans les plaines de la Russie, du cheval sauvage, l'*equus Prschewalski*, dont l'extermination se produisit, dit-on, avec une telle rapidité, il y a une trentaine d'années, que les musées russes ne purent s'en procurer ni un squelette ni une peau que beaucoup plus tard, lorsque le même animal fut retrouvé dans les steppes de l'Asie centrale.

Il est difficile d'établir par des chiffres précis ce qui s'est produit en Afrique concernant la destruction plus ou moins complète, dans quelques régions, de certaines races d'animaux ; cependant nous ne pouvons passer sous silence quelques faits qui donneront une idée très claire de l'état de choses actuel dans ce pays.

Dans la colonie du Cap, quoique ce pays offre le plus ancien exemple d'une législation protectrice de la faune locale, l'éléphant qui y était d'abord très répandu, se trouve maintenant depuis plusieurs d'années réduit à un seul troupeau d'environ 200 individus, les seuls qu'une législation sévère ait réussi à sauver en temps utile.

Le couagga, *equus quagga* (cheval du Cap), qui s'y trouvait il y a un demi-siècle en troupeaux très nombreux,

a maintenant complètement disparu de la colonie du
Cap. Il en est de même du zèbre typique que l'on ne
trouve plus dans cette colonie.

Le rhinocéros blanc peut être considéré comme disparu
au sud du Zambèze : on dit qu'en 1904 il en existait encore
13 dans le Zoulouland. Le rhinocéros noir a disparu de
l'Orange depuis 1842 et de la colonie du Cap depuis 1853.
La race du blauwbok, *hippotragus leucophaeus*, y est
éteinte depuis plusieurs années et l'antilope bleue,
connochoctus gnu, a été vue pour la dernière fois dans le
Transvaal en 1895.

Dans la Côte d'Or, la destruction d'une espèce de singe,
le *colobus villerosus*, a eu lieu dans des proportions tellement vastes et rapides que l'exportation de cette seule
colonie, qui s'élevait en 1892 à 188,846 peaux ayant une
valeur d'environ 34,000 L. st. est tombée en 1898, à cause
de la rareté de ces animaux, à 1,067 peaux.

Le buffle et l'*hartebeeste*, encore nombreux en 1900
dans quelques territoires de la colonie de Lagos (la Nigerie
méridionale actuelle), en étaient déjà disparus en 1905.

Dans la même colonie, les éléphants d'abord nombreux
dans la forêt située près du fleuve Ofosho, s'ils existent
encore dans d'autres régions, ne se rencontrent plus dans
cette localité. Il ne faut pas s'en étonner quand on songe
que dans le seul village d'Erele, on ne comptait, il n'y a que
quelques années, pas moins de 200 chasseurs professionnels d'éléphants sur une population de 2,000 habitants !

Les territoires qui forment aujourd'hui la colonie de
l'Érythrée étaient classés, avant l'occupation italienne,
parmi les plus riches en gibier de toutes les espèces. Les
éléphants, les rhinocéros, les girafes, les autruches et les
buffles, s'y trouvaient en très grand nombre, surtout
dans les régions occidentales. Aujourd'hui on peut dire

que tous ces animaux ont complètement disparu du territoire de la colonie.

Le nombre des grands kudus (*strepscicerus capensis*) qui était encore très élevé dans la Somalie anglaise en 1899, était réduit en 1905 à environ 1,000 individus, des femelles pour la plupart, et se trouvait en danger de disparaître complètement. Dans la même colonie, l'*hartebeeste* de Swayne, le *klipspringer beira* et la gazelle de Clarke, animaux propres à la région Somalienne, sont eux aussi tellement réduits en nombre que l'on peut craindre pour leur disparition prochaine.

L'Océanie, comme l'Afrique, offre également des exemples frappants. Tout le monde connaît la disparition récente de la Nouvelle-Zélande du *kivi*, l'étrange oiseau sans ailes et sans queue et au corps recouvert de poils, ainsi que celle du *moa*, l'oiseau gigantesque qui fut peut-être le dernier représentant sur le globe des grands oiseaux-coureurs de l'époque quaternaire.

L'*opossum* (Sarigue), ou tout au moins quelques-unes des variétés des espèces classées sous ce nom générique, a disparu de la Tasmanie et des autres régions de l'Australie où autrefois cet animal était très abondant. De même plusieurs espèces de kangourous ne se trouvent plus dans ce continent qu'à l'état domestique.

Et, pour terminer avec un pays qu'on peut compter peut-être parmi ceux qui sont le moins en contact permanent avec notre civilisation occidentale, je rappellerai la destruction des oiseaux de paradis qui se poursuit et s'achève dans la Nouvelle-Guinée. Un correspondant du *Times* relevait en 1899, d'après des publications officielles, le nombre de dépouilles d'oiseaux de paradis qui avaient été vendues sur le marché de Londres pendant la seule année 1898; ce nombre, s'élevant au delà de

35,000, permet de se faire une idée de la chasse impitoyable dont ces oiseaux sont l'objet.

Les exemples de cette espèce pourraient être cités à l'infini. Mais le peu qui vient d'en être dit dans ce rapide examen me paraît suffisant pour établir la preuve de la destruction irréfléchie et progressive qui s'accomplit au préjudice de la faune indigène des pays neufs et pour justifier la nécessité d'un système efficace de protection.

II. — *Causes de la diminution de la faune indigène dans les pays neufs.*

En ce qui concerne les causes auxquelles il faut attribuer la disparition rapide de quelques espèces indigènes et leur importance relative, les opinions ne sont rien moins que concordantes.

Si l'on devait rechercher ces causes dans la législation protectrice existante qui, plus ou moins, ne réglemente que l'exercice de la chasse par les Européens, on aboutirait à cette déduction trompeuse que le principal élément de la disparition consisterait justement dans la chasse exercée par les sportsmen.

Sans vouloir entrer dans l'examen des opinions exprimées par le petit nombre de ceux qui s'occupent de cette question, je crois que les causes principales de la diminution du gibier peuvent se classer comme suit, d'après Butler :

1º Augmentation de la population, progrès de l'agriculture et accroissement du nombre des animaux domestiques;

2º Destruction par les carnassiers;

3º Destruction par les indigènes;

4º Destruction par les Européens;

5º Maladies épidémiques.

Nous allons examiner séparément chacune de ces causes.

Tous les gouvernements coloniaux cherchent de toutes les manières possibles à augmenter la population de leurs propres territoires, à encourager et à étendre la culture. Or, il est évident que tout territoire ouvert à l'agriculture est un territoire soustrait à la faune sauvage qui l'habitait : les animaux, ainsi déroutés, expulsés de leur habitat naturel, même si on ne les chasse pas, s'inquiètent, dépérissent et éventuellement disparaissent.

On a déjà observé que la rapide disparition des animaux qui vivent en troupeaux, tels que les bisons et les autres variétés du genre solipède, ne dépend pas exclusivement de leur destruction effective, mais aussi à un certain degré du dérangement qui leur est causé par les hommes : les troupeaux se dispersent, les animaux deviennent nerveux et inquiets, cessent de s'accoupler et de prendre soin de leurs petits ; c'est ainsi que s'explique leur diminution arrivée si rapidement dans les dernières périodes. C'est là une chose fatale : la civilisation s'avance et détruit tout ce qui s'oppose à sa marche.

La destruction par les carnassiers, qui est également considérable, n'est pas toujours appréciée à sa juste valeur. En évaluant à 50 têtes de gibier la destruction accomplie dans une année par un seul lion, on reste certainement au-dessous de la réalité ; or, avec un chiffre si peu élevé et en supposant que dans un pays aussi vaste que le Soudan anglo-égyptien, la population féline ne soit que de 1,000 individus, il y aura déjà une destruction annuelle de 50,000 animaux. Quelle valeur ont, en présence d'un tel chiffre, les deux ou trois mille bêtes tuées annuellement dans le même pays par les sportsmen européens ?

Toutefois, ce **moyen** de destruction qui se **produit** depuis qu'il existe des carnassiers sur la surface de la terre n'aurait jamais pour effet la disparition totale de races entières si d'autres causes concomitantes n'en venaient augmenter l'importance. Alors que le dommage causé par un lion qui tue une antilope est limité à la perte de celle-ci, le dommage produit par la chasse exercée par l'homme s'étend, pour les raisons indiquées ci-dessus, non seulement aux animaux tués, mais aussi à tous ceux qui vivent dans le territoire de chasse.

Par la combinaison de ces deux effets la puissance destructive de chacun d'eux vient naturellement à s'accroître : c'est pourquoi il ne suffit pas, pour la protection efficace du plus grand nombre d'espèces, de réglementer la chasse de l'homme, il est également nécessaire de limiter la destruction par les carnassiers : il faut, en d'autres termes, encourager la destruction systématique de ces derniers.

Les maladies épidémiques font partie de ces causes naturelles contre lesquelles l'homme ne peut guère se défendre. Dans certaines régions on a vu périr par milliers des animaux atteints par l'épizootie.

La diminution rapide du *kudu* et de l'*hartebeeste* dans la Somalie anglaise est due, en grande partie, à l'épizootie qui, dans les années 1897, 1899, 1901 et 1903, dévasta toutes les régions de l'Afrique orientale. En voyageant en Afrique, il n'est pas rare de rencontrer sur son chemin de vastes cimetières d'animaux, des étendues considérables de terrain couvertes de cornes et d'ossements ayant appartenu à des animaux évidemment frappés de quelque maladie épidémique.

Ainsi que nous l'avons déjà remarqué, on considère généralement les sportsmen comme les principaux res-

ponsables de la grande diminution du gibier constatée en
Afrique et dans d'autres parties du globe en ces derniers
temps. Cela est loin d'être exact. A part quelques exceptions déplorables, le sportsman aime la chasse comme
un noble exercice qui produit de fortes et saines émo-
tions, qui trempe l'âme, habitue aux périls, exerce
l'œil et les nerfs, met l'homme en lutte avec la nature
et lui donne l'orgueil de la vaincre. Le vrai sportsman
dédaigne le coup facile : l'animal qui se laisse atteindre
facilement n'a pas d'attraits pour lui et dès qu'il s'en
est assuré un bel exemplaire pour sa collection, il n'en
désire pas d'autres. Il aime la nouveauté : une chasse
déjà faite perd pour lui beaucoup de ses agréments ;
s'il a déjà tué un buffle, il poursuivra un éléphant ;
s'il a tué un kudu, il est probable qu'il n'en cherchera
pas un autre, mais son coup prochain visera un animal
qu'il ne possède pas encore.

Je me souviens d'un sportsman réellement digne de
ce nom et tireur excellent à la collection duquel il man-
quait une antilope d'une espèce très rare. Il vint au
Soudan pour s'en procurer une, porteur de trois cartouches ; il en utilisa une et reporta les deux autres en Europe.
Certes, un chasseur de cette espèce est l'exception, non
la règle : toutefois, quiconque a quelque connaissance des
chasseurs et des chasses d'Afrique admettra difficilement
que la grande chasse, exercée comme sport, puisse avoir
un effet considérable sur la diminution du gibier.

Pour en finir avec les sportsmen, je noterai encore que
ce sont eux surtout qui ont le plus efficacement contribué
à engager les gouvernements dans la voie d'une législation protectrice. La Société pour la conservation
de la faune sauvage dans l'Empire Britannique, dont
on ne pourra jamais assez louer et encourager les efforts

sous ce rapport, est précisément composée des sportsmen les plus notables du Royaume-Uni et de ses colonies. C'est à son activité que sont dues presque toutes les nouvelles mesures protectrices de la faune indigène prises dans ces dernières années dans les colonies anglaises du continent africain.

De même c'est à un autre sportsman notable, le major von Wissman, qu'est due, comme on le verra par la suite, l'idée première d'une conférence internationale pour la protection de la faune africaine.

Le cas des chasseurs de profession est différent. Ceux-ci, conjointement avec les indigènes avec lesquels ils se confondent d'ailleurs, comptent certainement parmi les facteurs les plus efficaces du phénomène que nous déplorons. Cependant, étant donné leur nombre actuellement très limité, il n'y a pas lieu de s'y arrêter longtemps. La presque totalité des chasseurs de profession est fournie par les indigènes et un profond connaisseur de la matière observait judicieusement, il y a quelque temps, que sur 1000 défenses d'éléphants vendues sur la place de Londres, trois au maximum pouvaient être attribuées au fusil d'un Européen : toutes les autres proviennent de la chasse indigène.

L'indigène : voilà le grand destructeur de la faune sauvage. On aurait tort d'objecter que l'indigène a chassé depuis un temps immémorial les animaux dans sa région et que cependant ce n'est que depuis ces dernières années que l'on se plaint d'une diminution si rapide de la faune locale. Car il ne faut pas perdre de vue que ce n'est que dans ces derniers temps que la civilisation a pris contact avec l'indigène et lui a mis entre les mains les deux puissants instruments de destruction dont elle dispose : l'argent et le fusil.

L'indigène chassait autrefois pour subvenir à ses besoins; aujourd'hui il chasse par esprit de lucre; et tandis qu'autrefois les moyens primitifs dont il disposait limitaient efficacement son action destructive, aujourd'hui le fusil constitue dans ses mains un engin de destruction dont les effets, à en juger par les résultats, sont désastreux.

Il ne suffit cependant pas de dire que l'indigène ne chasse plus aujourd'hui pour subvenir à ses besoins et qu'il le fait pour gagner de l'argent : il faut encore ajouter que ce gain est le résultat de l'énorme demande dont les produits de la chasse sont l'objet sur les marchés du monde civilisé.

Il paraît donc évident, quel que soit le système de protection de la faune indigène dans les pays neufs, qu'il ne sera efficace que s'il est accompagné de deux réglementations sévères : l'une pour régler, modérer, maintenir dans de justes limites l'exercice de la chasse dans ces pays; l'autre pour diminuer sur les marchés de nos pays la demande des produits de la chasse.

III. — *Étendue et limites du problème de la protection de la faune indigène.*

Avant de passer à l'examen de ce qui a été fait par les divers gouvernements pour protéger la faune africaine, qui est celle dont j'entends spécialement m'occuper dans ce travail, il faut voir quelles sont l'étendue et les limites du problème qui nous occupe.

Ce problème peut évidemment être examiné sous de nombreux points de vue.

Il en existe un avant tout, que j'appellerai préjudiciel, d'après lequel la conservation de la faune existante devrait être envisagée, abstraction faite de toute considé-

ration utilitaire, comme un devoir de l'homme envers la Nature et envers la Terre.

Cette conception fut déjà exprimée par Lord Curzon dans une réunion de notre Société pour la protection de la faune sauvage dans l'Empire britannique. Cependant, dans ces temps d'utilitarisme à outrance, une idée s'inspirant d'un sentiment aussi idéaliste du devoir risquerait de faire naufrage avant même d'avoir été manifestée. Contentons-nous donc de l'avoir rappelée en condamnant la destruction de la faune existante comme une des formes que notre illustre collègue Jean Brunhes appelle « les formes brutales de la domination qui tarissent les sources mêmes de la rénovation féconde de la vie végétale et animale ».

Et passons à l'examen de ces points de vue pratiques, les seuls qui puissent avoir aujourd'hui quelque valeur.

Avant tout, il y a l'intérêt de la science pure. Je le mentionne en premier lieu à cause du respect que nous devons avoir pour la science, et non pas parce que je suppose que ce point de vue puisse influencer fortement l'esprit de ceux qui siègent ordinairement dans les assemblées législatives. L'intérêt scientifique exigerait la conservation de toutes les espèces vivantes, qu'elles soient ou ne soient pas utiles à l'homme. C'est un principe que tous les savants, les zoologues en tête, n'auront pas de peine à admettre.

La conception dérivant de la considération du problème sous un point de vue économique, est plus controversée parce que nous nous trouvons alors en présence de deux termes opposés : d'une part, la nécessité d'utiliser et, par conséquent, de réduire le nombre de ces espèces d'animaux qui fournissent les produits demandés par le commerce, et, d'autre part, la nécessité de con-

server et, par conséquent, de protéger ces mêmes espèces afin que l'offre de ces produits continue à satisfaire à la demande. En considérant la question sous ce point de vue, il est évident que la destruction des espèces qui nuisent aux espèces utiles s'impose.

A la question de la destruction des espèces nuisibles se rattache le point de vue sanitaire sous lequel tout le problème peut être envisagé ; car l'instinct de la conservation, supérieur à toute idée abstraite et, on peut le dire, à toute présupposition économique, nous indique comme indispensable et même comme urgente la destruction de toutes les espèces que la science signale ou simplement suppose (la prudence n'est jamais trop grande !) comme étant des foyers ou des agents de transmission de germes pathogènes.

En considérant le problème sous un point de vue agricole, il y a peu d'espèces qui échapperaient à une destruction complète. Si, en effet, l'agriculture réclame la conservation de quelques espèces d'animaux qui lui sont utiles, elle exige avec insistance la destruction de toutes celles qui lui sont nuisibles dans une mesure plus ou moins grande. Rappelons-nous à ce sujet les plaintes récentes des agriculteurs dans l'Afrique orientale anglaise, dans le Nyassaland et ailleurs concernant la protection accordée aux éléphants. Même dans la colonie du Cap, où cependant les éléphants, comme on l'a vu, sont réduits à 200 au maximum, certains cultivateurs en demandent la destruction complète pour mettre à la disposition de l'agriculture ce dernier reste de l'Afrique classique.

En se plaçant à un point de vue exclusivement sportif, la protection des espèces indigènes ne serait demandée que pour les animaux qui font l'objet des exploits cyné-

gétiques. Ici encore les termes sont contradictoires :
on voudrait conserver pour pouvoir tuer.

Nous arrivons, enfin, au dernier et au plus compliqué
des points de vue sous lesquels on peut, selon moi, envi-
sager la question : le point de vue fiscal, celui qui inté-
resse plus directement le trésor public, le fisc et en même
temps l'économie générale des pays africains.

On admet généralement que le gibier représente, dans
la majeure partie des pays africains, une vraie richesse,
une chose publique d'une valeur non méprisable.

C'est de cette source, en effet, que proviennent trois
catégories diverses de revenus :

1° Revenus directs, représentés par les droits d'importation sur les armes et munitions, par les taxes sur
les permis de chasse, par les droits d'exportation sur
les produits de la chasse et enfin par tous les droits
fiscaux intéressant l'industrie de la chasse;

2° Revenus indirects dus à l'argent dépensé dans le
pays par les sportsmen et à l'augmentation des affaires
que cette circulation d'étrangers produit dans le pays;

3° Revenus indirects dus à l'augmentation de la richesse
privée provenant des industries et des commerces ali-
mentés par la chasse.

Chacune de ces trois catégories de revenus a son importance spéciale et aucune d'elles n'a une valeur négli-
geable dans les budgets coloniaux. Au Soudan anglo-
égyptien, pour parler du pays avec lequel je suis le
plus familiarisé, les revenus de la première catégorie,
les seuls qui soient susceptibles d'évaluation exacte, se
sont chiffrés comme suit en 1910 :

Droit régalien sur l'ivoire . . . . .fr.　160.000
Droit régalien sur les plumes d'autruche.. »　108.000
Taxe sur les permis de chasse . . . . »　　86.000

Vente de l'ivoire saisi .... » 6.000
Droit d'exportation sur les produits de la
    chasse .... » 15.000

        Total ....fr. 375.000

A ces chiffres il faut ajouter : 1º un minimum de 13.000 fr. de recettes encaissées par les chemins de fer soudanais pour le transport des produits de la chasse; et 2º un minimum de 26.000 fr. pour le transport des sportsmen venus dans le pays pendant l'année. On arrive déjà ainsi à la somme de 415.000 fr. entrée directement dans la caisse du Gouvernement par le fait du gibier du pays; il est à remarquer en outre que nous n'avons pas calculé toutes les taxes et tous les droits compris dans cette catégorie.

Si l'on ajoute en outre que l'exportation de l'ivoire récolté annuellement au Soudan, qui n'est cependant qu'un des pays de l'Afrique tropicale qui en produit le moins, représente une valeur de 1,200.000 fr. et que celle des plumes d'autruche atteint environ 400.000 francs, soit un commerce de plus d'un million et demi de francs pour ces deux seuls articles; si on évalue enfin à 500.000 fr., chiffre peu élevé, l'argent dépensé annuellement dans le pays par les sportsmen d'Europe et d'Amérique, on ne peut nier l'importance que l'existence du gibier a pour l'économie publique d'un pays africain.

Et encore faut-il observer que le Soudan anglo-égyptien ne compte pas parmi les pays les plus giboyeux, ni parmi ceux où les sportsmen se rendent de préférence.

Si, au contraire, nous examinions les chiffres correspondants de pays notoirement plus riches en gibier comme, par exemple, le Congo belge, l'Uganda et l'Afrique Orien-

tale anglaise, nous arriverions à des résultats encore plus surprenants.

On voit par là combien grand est l'intérêt des pays neufs à assurer le maintien de ces revenus; d'ailleurs cet intérêt ne diminuera ou ne cessera que lorsque, avec le développement de ces pays, l'ouverture à l'agriculture de nouveaux territoires donnera l'espérance de revenus plus élevés.

IV. — *Caractères généraux d'une législation protectrice de la faune indigène.*

Une fois admise, en thèse générale, la nécessité d'une législation protectrice de la faune, on peut déduire de ce que nous venons de dire ces trois principes généraux :

1° La législation protectrice doit naturellement, dans les divers pays, se ressentir de la préférence que le législateur a accordée à l'un ou à l'autre des points de vue exposés.

2° La législation protectrice adoptée ou à adopter doit tenir compte du degré de développement de la civilisation dans le pays où elle doit être appliquée.

3° Avec le cours du temps, le développement des pays neufs tendra à accorder une importance toujours plus grande aux intérêts agricoles; ceux-ci seront donc favorisés au détriment des autres intérêts et notamment des intérêts scientifiques et sportifs.

C'est ce troisième principe qui doit nous guider dans la détermination des caractères de la législation protectrice.

Si nous admettons en effet que la presque totalité des territoires des pays neufs devra avec le temps être ouverte à l'exploitation agricole, la nécessité surgit immédiatement de déterminer d'ici là, dans chaque

région, des zones convenablement choisies, pour les soustraire définitivement à toute entreprise agricole, et dans lesquelles la faune locale puisse continuer à vivre en paix et à l'abri de toute tentative cynégétique. Ces « réserves », en prévoyant le développement successif des pays dans lesquels elles se trouvent, constituent le seul moyen efficace d'assurer la conservation de la faune locale. Toutes les autres mesures n'ont de l'efficacité que pour le présent; ce moyen est le seul dont les effets s'étendront aussi à l'avenir.

Il se peut que l'on trouve que c'est grever d'une bien lourde hypothèque la valeur éventuelle future d'une région, mais en y réfléchissant bien on s'aperçoit qu'il n'en est pas ainsi. En effet, les régions propres à faire prospérer le plus grand nombre d'espèces d'animaux sauvages sont en général celles qui se prêtent le moins, à cause de leur nature montagneuse, forestière ou marécageuse, à l'exploitation agricole; aussi peut-on dire que le dommage éventuel à prévoir de ce côté ne sera jamais bien grand, tandis qu'en assurant au pays la conservation de sa faune caractéristique, on lui apporte un avantage appréciable sous beaucoup de rapports.

Dans ces réserves toute espèce de chasse devra être rigoureusement interdite, sauf toutefois lorsque l'accroissement excessif du nombre des animaux qui s'y trouvent conseillera d'y effectuer une réduction méthodique et raisonnable. De là la nécessité d'exercer sur ces réserves mêmes une surveillance rigoureuse, soit pour empêcher le braconnage, soit pour maintenir dans une juste mesure le développement du gibier. Les frais de cette surveillance peuvent être considérablement réduits lorsqu'au problème de la conservation de la faune se joint celui de la conservation forestière; la sur-

veillance peut alors être exercée par le même personnel.
Ce système, qui se pratique déjà aujourd'hui dans
l'Inde, pourrait être introduit très avantageusement
dans d'autres régions et spécialement dans les colonies
africaines dont plusieurs, même trop nombreuses, ne
donnent pas encore à ces deux problèmes toute l'importance qu'ils comportent.

Ces réserves inviolables étant organisées (et éventuellement d'autres encore dans lesquelles la chasse ne sera
qu'exceptionnellement autorisée) jusqu'au moment où les
intérêts de l'agriculture ne réclameront pas l'usage de tout
le domaine disponible, il conviendra de limiter la destruction inconsidérée des espèces en établissant des saisons de
clôture de chasse, soit en général pour tous les animaux,
soit en particulier pour quelques espèces, de façon à protéger le gibier spécialement à l'époque des amours et
pendant la période de nidification. Il faudra aussi défendre la destruction des femelles, toutes les fois où
il est possible de les reconnaître à distance, ainsi que la
destruction des petits. Il conviendra ensuite de réglementer convenablement la réduction systématique des
carnivores et des oiseaux de proie, afin de diminuer le
dommage que ceux-ci occasionnent aux autres espèces.

En ce qui concerne la faune ailée il convient, à part
les autres mesures de caractère général, d'assurer efficacement la protection des nids et des œufs; à cet effet,
le moyen le plus efficace consiste dans l'interdiction non
seulement de la chasse, mais encore de la vente des animaux mêmes pendant la période de la nidification et
des œufs en tout temps.

Pour la faune aquatique il faudra : a) déterminer des
sections de rivières, de fleuves et même des cours d'eau tout
entiers que l'on considérera comme réserves de pêche;

b) interdire la pêche dans toutes les eaux pendant la saison correspondant à la période du frai et, *c)* interdire l'usage de la dynamite ou d'autres explosifs, de poisons ou de tout autre moyen puissant de destruction.

Comme mesure générale et réellement importante, il faut imposer l'obligation du permis à quiconque, indigène ou Européen, veut s'adonner à la chasse ou à la pêche par agrément ou par profession, en grevant de taxes d'un montant progressif l'octroi de ces permis selon qu'ils seront délivrés aux résidents, aux sportsmen ou aux professionnels.

La chasse doit être considérée comme un droit régalien. Le gibier doit être envisagé comme une chose publique et le droit de chasse comme un droit inhérent à la possession.

A propos du régime de la chasse dans la colonie Érythrée, un distingué magistrat italien a fait remarquer ce qui suit :

« En principe, tous les animaux à l'état sauvage font partie du domaine de la colonie. La faculté de parcourir les terres domaniales peut être considérée par la seule administration publique..... Les conceptions juridiques réglant la propriété foncière dans la colonie et les antécédents historiques qui s'y rapportent n'admettent pas, *stricto jure*, la théorie fondée sur le double droit de propriété et d'occupation d'après laquelle l'exercice cynégétique ne doit céder que devant la défense du propriétaire de la terre..... C'est le droit adhérent à la terre qui concède; non le droit du chasseur qui cède. Ce n'est pas l'interdiction qui arrête ou limite le prétendu droit de chasse, mais c'est la permission qui le crée. » Et il poursuit en affirmant que même en matière de chasse on peut s'inspirer des principes de notre belle juridiction

latine : « Vénérable est la maxime : *Qui in alienum fundum ingreditur venandi aut aucupandi gratia, potest a domino, si id praevideat, prohiberi ne ingrediatur.* »

«C'est sur l'interprétation de la pensée renfermée dans ces mots « *potest a domino, etc.* » qu'est basée la différence juridique du traitement à employer vis-à-vis du chasseur dans la colonie. En d'autres termes, l'interdiction ne doit pas être manifeste comme chez nous, mais présumée, de sorte qu'on ne peut passer sur le fonds d'autrui sans autorisation, comme cela est d'ailleurs prescrit par la loi française en vigueur de 1884 sur la chasse qui, en principe, est conforme aux règles du droit romain : « Nul ne peut chasser sur le terrain d'autrui, sans le consentement du propriétaire ou de ses ayants-droit (art. 2). » Et notre auteur continue : « L'interdiction de la chasse doit former la règle à laquelle les permis spéciaux apportent une exception modérée et équitable, comme l'exigent les intérêts légitimes de l'agriculture, du commerce et de la propriété érythréenne... Un *jus venandi* propre du chasseur érythréen serait dénué de toute base rationnelle ou historique. »

Ces principes, inspirés par les conditions locales de la colonie Érythrée, peuvent plus ou moins être considérés comme admissibles pour toutes les régions de l'Afrique, à l'exception de celles, très rares d'ailleurs, qui sont habitées par des peuples chasseurs, tels que les Migdans de la Somalie et les Dorobos, les Wasanias et les Wabonis de l'Afrique orientale anglaise.

A ceux qui pourraient penser qu'il est injuste et exorbitant de défendre l'exercice de la chasse à des peuplades indigènes, il suffira de faire remarquer que la plus grande partie de ces peuplades ne peuvent faire

remonter l'origine de ce prétendu droit à une époque antérieure à l'arrivée des Européens dans leur territoire.

Tel est le cas notamment des Wakambos et des Kavirondos qui fournissent aujourd'hui le plus grand nombre de chasseurs de l'Afrique orientale anglaise et qui, habitant un district dépourvu de gibier, ne s'étaient jamais hasardés à en sortir par crainte des Masaïs; l'occupation britannique ayant rendu inoffensifs les Masaïs, les Wakambos et les Kavirondos se sont disséminés dans les régions environnantes pour s'y livrer à la chasse de la façon la plus meurtrière.

A l'époque où l'Afrique centrale était sous la domination de puissants chefs indigènes, le droit de chasse était presque partout considéré, et il l'est encore dans beaucoup de régions, comme un droit du chef qui prélevait, et prélève encore aujourd'hui, une forte redevance sur les revenus des chasses de ses sujets. Les gouvernements européens, s'étant emparés des droits des chefs locaux par voie de conquête ou par des traités d'amitié, on ne voit pas pourquoi ils n'auraient pas, comme tous les autres droits, conquis aussi le droit de chasse.

D'ailleurs, sans pousser plus loin la discussion sur le point de savoir si, dans la plupart des pays africains il existe au profit des indigènes un véritable *jus venandi*, nous faisons encore remarquer combien différents et combien plus importants sont les droits coutumiers des indigènes auxquels, soit par mesure de moralité, de sécurité publique ou de défense, soit simplement pour des raisons fiscales, les gouvernements coloniaux substituent journellement les dispositions de leur nouveau droit positif.

Prenons par exemple le Soudan anglo-égyptien : personne ne mettra en doute le droit de l'indigène de culti-

ver sa propre terre, le plus élémentaire parmi tous les droits; ce droit y est cependant soumis, comme ailleurs, à une taxe de culture; non moins incontestable est le droit à l'eau et cependant, celui qui puise de l'eau dans le Nil doit payer une taxe et celui qui abreuve ses propres bêtes aux puits situés le long des routes de caravanes en paye une autre.

Ailleurs on rencontre des taxes de foyer, des taxes de capitation, etc., etc. qui toutes sont de véritables limitations de droits bien établis.

Pourquoi donc une pareille sensibilité uniquement pour ce qui a trait à la chasse? Pense-t-on que l'indigène qui paye une taxe parce qu'il fait partie d'une tribu déterminée, — parce qu'il vit dans une hutte, — parce qu'il cultive sa terre ou puise l'eau dont il a besoin, trouvera étrange de devoir en payer une autre pour le plaisir de chasser? Il s'étonnera plutôt de ce qu'on ne la lui ait pas encore réclamée.

A toutes les mesures que nous venons d'indiquer et qui sont de nature à maintenir dans de justes limites l'exercice de la chasse, il convient enfin d'ajouter des mesures fiscales appropriées : des droits d'exportation, des droits régaliens, etc., tendant à augmenter le prix des produits de la chasse et, par conséquent, à en diminuer la demande.

V. — *Conférence de Londres pour la protection de la faune africaine.*

Passons maintenant à l'examen de ce qui a été fait récemment par les gouvernements européens pour protéger la faune indigène dans leurs possessions africaines respectives.

Il est évident qu'une législation de ce genre doit avoir un caractère international — parce que, à cause de la nature même des territoires africains, l'observation des lois restrictives en vigueur dans l'un d'entre eux pourrait être facilement éludée là où les mêmes lois n'existeraient pas dans les territoires voisins. Le braconnage et la contrebande y seraient très faciles et toute disposition protectrice tournerait en définitive au détriment économique immédiat du pays où elle serait appliquée pour le plus grand profit des pays voisins.

La première idée d'une Conférence Internationale pour réglementer d'une façon uniforme l'action des divers gouvernements européens dans leurs possessions africaines respectives émane, comme il est dit plus haut, du major von Wissman, ancien gouverneur de l'Est africain allemand qui en parlait dans une lettre au baron Richtofen en avril 1897.

Cependant, l'année précédente déjà, le Dr Kaiser avait signalé à l'ambassadeur d'Angleterre à Berlin la nécessité d'un accord international relatif à la prohibition du commerce des petites défenses d'éléphants et le marquis de Salisbury, se ralliant à cette idée, ajoutait qu'il serait désirable de conclure aussi une convention internationale fixant une saison de clôture de la chasse et un système de permis pour les chasseurs européens.

Le gouvernement anglais s'empara de l'idée et s'adressa à ses gouvernements coloniaux, au gouvernement de l'Inde anglaise et aussi, suivant l'excellente habitude anglaise, aux particuliers compétents en la matière, pour leur demander leurs avis respectifs concernant un problème aussi complexe.

Les conclusions générales auxquelles arrivèrent les

gouvernements et les personnes consultées furent les suivantes pour toutes les possessions africaines :

a) interdiction de l'exportation des défenses d'éléphants pesant moins d'un poids déterminé à fixer ;

b) établissement de réserves ;

c) fixation d'une saison de clôture de la chasse pour tous les animaux et interdiction de la destruction des femelles en tout temps ;

d) introduction d'un système de permis pour les indigènes comme pour les européens ;

e) application rigoureuse des dispositions de l'Acte général de Bruxelles concernant la vente des armes et des munitions aux indigènes ;

f) protection d'une façon absolue de toutes les espèces utiles de mammifères et d'oiseaux.

Après avoir obtenu cet accord presque général d'opinions, le Cabinet anglais, en reconnaissance de ce que la première idée était partie de l'Allemagne, demanda l'avis du gouvernement allemand, qui reconnut l'opportunité des mesures proposées et d'une conférence internationale pour les discuter ; il proposa seulement de remettre la réunion de cette conférence jusqu'au retour d'Afrique, où il se trouvait alors, du major von Wissman ; l'Allemagne attachait, en effet, beaucoup d'importance à la participation de ce dernier aux travaux de la Conférence.

Dès que l'intervention à la Conférence de cette éminente personnalité fut possible, en novembre 1899, le Cabinet anglais, par une circulaire à ses représentants accrédités près les gouvernements de Paris, Constantinople, Rome, Le Caire, Lisbonne, Madrid, Bruxelles, invita ces gouvernements, de concert avec le gouvernement allemand, à se faire représenter à une confé-

rence à tenir à Londres pour y discuter le problème de la conservation de la faune. Cette circulaire contenait les principes suivants comme bases des travaux de la Conférence :

« 1. — Interdiction de tuer des animaux sauvages âgés de moins d'un an, ou les femelles de ces animaux quand elles sont accompagnées de leurs petits, exception faite pour les animaux nuisibles et les animaux de proie ;

» 2. — Organisation de réserves dans lesquelles il sera interdit de chasser, capturer, ou tuer toute espèce quelconque d'animaux, à l'exception de ceux exclus de toute protection aux termes du paragraphe précédent ;

» 3. — Prohibition du commerce en gros des peaux, cornes, dents d'animaux sauvages et des peaux et plumes d'oiseaux ;

» 4. — Prohibition de l'usage de la dynamite ou autres explosifs ou de poison dans les fleuves, rivières, ruisseaux, lacs et étangs dans un but de pêche ;

» 5. — Établissement d'une saison de clôture de la chasse pour quelques espèces d'animaux et protection complète à accorder aux autres ;

» 6. — Interdiction de l'exportation de défenses d'éléphants pesant moins de 10 livres anglaises et imposition sur les défenses pesant moins de 30 livres d'une taxe d'exportation plus élevée que celle imposée sur les défenses d'un poids supérieur ;

» 7. — Introduction d'un système de permis pour les personnes, non indigènes, qui se proposent de chasser, tuer ou capturer des animaux sauvages ; et d'un système de permis collectifs par tribus ou d'autres systèmes applicables aux indigènes ;

» 8. — Surveillance sévère, dans la zone à laquelle

l'acte final s'appliquera, de la vente d'armes et de munitions ;

» 9. — Application de l'acte final dans la zone définie
par l'article VIII de l'Acte général de Bruxelles de 1890,
avec cette différence toutefois que la limite méridionale
sera la limite septentrionale de l'Afrique sud-occidentale
allemande jusqu'au point où elle rencontre le Zambèze
et à partir de cette rencontre, la rive droite de ce fleuve
jusqu'à l'Océan Indien. L'acte sera également applicable à Madagascar et aux îles Aldabra. »

L'invitation des gouvernements anglais et allemand
fut accueillie avec assez de faveur. La France, cependant, tout en acceptant de participer à la Conférence,
souleva quelques objections :

« Après avoir soumis la question à l'examen qu'elle
comporte — fit observer l'ambassadeur français à
Londres — le Ministre des affaires étrangères de France
me charge de faire connaître à votre Seigneurie que
le gouvernement de la République ne verrait en principe aucun inconvénient à se faire représenter à la Conférence dont il s'agit, sous la réserve toutefois, que les
délibérations de celle-ci ne tendraient pas, comme pourraient le faire craindre à première vue certaines dispositions du projet britannique, à apporter à la liberté du
commerce des restrictions préjudiciables aux intérêts
français. Il y aurait lieu de citer notamment dans cet
ordre d'idées la disposition de l'article 3 du projet, relatif
à la prohibition du commerce en gros des peaux, cornes
et plumes ; j'ajouterai en outre, que mon gouvernement
ne saurait admettre que les dispositions que la Conférence pourrait éventuellement adopter, s'appliquassent
à l'île de Madagascar, qui n'est pas comprise dans les

territoires visés par l'Acte général de Bruxelles et où nous entendons garder notre entière liberté d'action ».

A ces observations, le Cabinet anglais répondit que les dispositions proposées pour la discussion étaient celles que les gouvernements de la Grande-Bretagne et de l'Allemagne avaient, après mûr examen, cru les meilleures pour former la base d'une discussion; mais que naturellement il était loisible aux représentants de tout gouvernement prenant part aux travaux de la Conférence de faire valoir tout argument favorable ou défavorable aux bases précitées.

De son côté, le gouvernement du Congo, tirant argument de sa situation internationale particulière, fit observer par son représentant que :

« L'adhésion de l'État du Congo à un système général de protection du genre animal ne saurait être douteuse.

» Tout en se ralliant en principe, il est toutefois amené, en raison de ses obligations internationales, à faire des réserves quant à l'applicabilité aux territoires du bassin conventionnel du Congo de certaines suggestions indiquées dans la lettre de Votre Excellence comme pouvant servir de base à l'accord à intervenir. C'est ainsi notamment que la prohibition du commerce en gros des peaux, cuirs, et défenses d'animaux sauvages, des peaux et plumes d'oiseaux, ne semble pas être conforme aux principes de l'Acte général de Berlin, de même que la prohibition d'exporter des défenses d'éléphants d'un poids inférieur à 10 livres.

» D'autre part, la proposition de frapper d'un droit de sortie plus élevé les défenses d'ivoire entre 10 et 30 livres que celles d'un poids au-dessus de 30 livres, nécessiterait la modification — que nous ne pouvons préjuger — — de l'accord existant entre la France, le Portugal

et l'État du Congo, réglant le tarif des droits de sortie dans la zone occidentale du bassin conventionnel du Congo. »

Il ne fut pas fait d'autres objections et la Conférence se réunit à Londres en avril et mai 1900. En général, les divers gouvernements s'y firent représenter par quelques fonctionnaires de leur mission diplomatique à Londres, et quelques-uns y envoyèrent aussi des fonctionnaires administratifs spécialement délégués. Seules l'Angleterre et l'Allemagne furent représentées aussi par des délégués techniques, celle-ci par le major Wissman, celle-là par le prof. Ray Lankester, directeur de la section d'histoire naturelle au Musée Britannique.

Les travaux commencèrent le 24 avril par un discours de circonstance de Lord Houpeton, élu président de la Conférence; celle-ci chargea une commission d'élaborer un projet qui fut approuvé, après de légères modifications, et accepté par les représentants des gouvernements contractants dans la quatrième séance de la Conférence, le 19 mai 1900. (Voir Annexe.)

Les dispositions définitives adoptées pour la conservation de la faune africaine furent les suivantes :

1. Interdiction de chasser ou de tuer certains animaux déterminés et ceux que chaque gouvernement local jugera nécessaire de protéger, soit à cause de leur utilité, soit à cause de leur rareté ou du danger de leur disparition.

2. Interdiction de chasser ou de tuer les animaux non adultes de certaines espèces déterminées.

3. Interdiction de chasser ou de tuer les femelles d'espèces déterminées quand elles sont accompagnées de leurs petits.

4. Interdiction de chasser, si ce n'est en nombre restreint, les animaux d'espèces déterminées.

5. Organisation, autant que possible, de Réserves dans lesquelles il sera interdit de chasser ou de tuer toute espèce d'animaux, sauf ceux qui seront spécialement exceptés par l'autorité locale.

6. Institution de saisons de clôture de chasse pour favoriser l'élevage des petits.

7. Interdiction de chasser à toute personne non pourvue d'un permis spécial.

8. Restriction de l'usage des filets ou des trappes pour capturer les animaux.

9. Prohibition de l'usage de la dynamite ou d'autres explosifs ou de poison pour pêcher.

10. Établissement de droits d'exportation sur les peaux de girafe, d'antilope, de zèbre, de rhinocéros et d'hippopotame, sur les cornes de rhinocéros et d'antilope et sur les dents d'hippopotame.

11. Interdiction de chasser et de tuer les jeunes éléphants, sous menace de peines sévères et, dans tous les cas, confiscation des défenses d'éléphant pesant moins de 5 kilogrammes.

12. Application de mesures propres à empêcher que les maladies contagieuses parmi les animaux domestiques ne se transmettent aux animaux sauvages.

13. Application de mesures propres à assurer la réduction du nombre des animaux nuisibles.

14. Application de mesures efficaces pour assurer la protection des œufs d'autruche.

15. Destruction des œufs de crocodiles, de serpents venimeux et de pithons.

La Convention, après avoir déterminé la zone à laquelle elle devait être applicable (celle du projet même

avec l'exclusion des îles), stipula que les Puissances contractantes se réservaient de prendre, ou de proposer aux législatures coloniales autonomes de leurs propres colonies avoisinant la zone prévue par la Conférence, les dispositions nécessaires pour y assurer aussi l'exécution des clauses de la Convention (art. VII).

Il fut en outre convenu que les autres Puissances non représentées à la Conférence et possédant des territoires dans la zone prévue par la Convention, seraient admises à y adhérer (art. VI).

Il fut décidé, enfin, que la Convention n'entrerait en vigueur qu'à partir de la signature du procès-verbal de dépôt des ratifications par les gouvernements adhérents (art. VIII).

Au moment de la signature de la Convention, la France déclara, par l'intermédiaire de son plénipotentiaire, qu'elle se réservait de ne ratifier la Convention que lorsque les Puissances indiquées à l'art. VI y auraient donné leur adhésion. Ces Puissances sont l'Éthiopie et la république de Libéria. Ceux qui connaissent le caractère de l'administration publique de ces deux Puissances feront peut-être remarquer que leur adhésion n'aurait en définitive pas changé grand' chose à la situation ; mais la diplomatie a ses mystères que nous, qui ne faisons pas ici de politique, sommes en devoir de respecter.

Le Portugal fit déclarer de son côté qu'il se réservait de ne ratifier la Convention que lorsque les pays situés au sud de la zone d'application y auraient adhéré aux mêmes conditions que les Puissances signataires.

VI. — *État actuel de la législation protectrice de la faune africaine.*

Dès que la Convention de 1900 fut signée, le gouvernement anglais n'épargna aucun effort pour que la législation de toutes ses colonies, aussi bien de celles comprises dans la zone prévue par la Convention que de celles situées au sud de cette zone, se conformât aux principes stipulés et, après la Conférence intercoloniale de 1908 qui réunit tous les premiers ministres des colonies autonomes, on peut dire qu'aujourd'hui toutes les colonies anglaises de l'Afrique sont placées sous le régime de la Convention.

La Belgique et l'Italie, tout en n'étant pas légalement tenues à s'y conformer, ont cependant donné pleine exécution aux stipulations de la Convention dans leurs colonies respectives.

Il en est de même du Portugal, quoiqu'il maintienne sa réserve relative à la ratification.

De son côté, l'Allemagne a décrété pour ses colonies un grand nombre de bonnes dispositions ; elle refuse cependant de ratifier la Convention et elle a récemment réduit de 5 à 2 kilogrammes le poids minimum des défenses d'éléphant commerçables au Cameroun, ce qui a soulevé beaucoup de protestations de la part des gouvernements des colonies anglaises limitrophes.

La France paraît avoir modifié récemment son attitude ; elle se serait en effet déclarée disposée à ratifier la Convention même, sans attendre l'adhésion de l'Ethiopie et de la république de Libéria ; mais il n'en résulte pas qu'elle ait adopté jusqu'à présent dans ses colonies, du moins pour la plupart, les mesures stipulées par la Convention.

Il résulte de cet état de choses que les gouvernements qui y seraient les mieux disposés, éprouvent une grande difficulté à fixer des lois protectrices de la faune et à en assurer l'observation.

Récemment, Lord Crewe, insistant, dans une lettre adressée au Foreign Office, sur l'acceptation définitive par toutes les Puissances européennes intéressées de la Convention de Londres, soit dans sa forme actuelle, soit dans une forme modifiée de quelque façon que ce soit, fit remarquer avec raison que n'importe quelle forme d'accord entre ces Puissances serait préférable à l'état chaotique actuel.

Toutefois, il ne faut pas être trop pessimiste. La Convention de Londres, quoiqu'elle ne soit pas encore légalement reconnue, a déjà produit des résultats très bienfaisants, dont le plus important a été de persuader ceux qui président aux destinées des possessions européennes en Afrique que la protection de la faune indigène est un problème capital qui requiert, comme tout autre problème colonial, les sollicitudes empressées de tous les gouvernements.

Que l'on ajoute à cela les excellentes mesures législatives déjà prises en conformité des stipulations de la Convention, dans la plupart des colonies et des protectorats africains : ce qui reste à faire, nous le souhaitons, n'est plus qu'une question de temps.

VI. — *Conclusion.*

Il se passe donc quelque chose de sérieux en Afrique pour protéger la faune indigène. Or, l'Afrique est « le pays neuf » par excellence; le régime des Conventions internationales peut donc lui être appliqué avec une facilité relative, alors que se présentent presque toujours,

quand on veut l'indroduire ailleurs, des difficultés insurmontables.

Combien nombreux sont pourtant les pays pour lesquels une législation rigoureusement protectrice de la faune locale serait d'une nécessité urgente?

On peut dire qu'il n'y a pas de région sur notre globe où quelque espèce animale particulière ne soit sur le point de disparaître. Il en est ainsi dans les pays d'Europe comme dans ceux d'Amérique, d'Asie et d'Océanie. Mais ici le problème devient d'une complexité telle qu'il est impossible d'espérer le résoudre en fixant des principes uniformes pour régler l'exercice de la chasse ou de la pêche.

Il n'est pas dit cependant que même dans ce domaine on ne puisse aboutir à des mesures utiles décrétées de commun accord par les gouvernements civilisés.

Les animaux les plus frappés sont naturellement ceux qui fournissent les produits demandés par l'industrie de l'habillement, cet effet suprême de la vanité humaine : sous ce rapport, l'*homo sapiens* n'a guère fait de progrès depuis l'époque des troglodytes jusqu'à nos jours et l'usage de se vêtir des dépouilles d'animaux est resté invariable. Chose plus triste encore : alors que nos ancêtres habitant les cavernes recherchaient les dépouilles des animaux pour obéir au besoin naturel de se protéger contre le froid, nous ne le faisons généralement que pour faire montre de notre vanité. Le sentiment qui pousse le riche banquier de Chicago à se pavaner dans son imposante pelisse de loutre, ne diffère pas beaucoup de celui qui amène un indigène de l'Afrique équatoriale à pendre à son cou une boîte de sardines vide jetée par un voyageur de passage. Et ce n'est point là une constatation nouvelle. .

Les uniformes militaires, d'un côté, et la mode, de l'autre, sont les deux facteurs qui déterminent l'énorme demande de quelques produits de l'industrie de la chasse et la décimation, qui en est la conséquence, des animaux qui fournissent ces produits.

S'il est possible de faire quelque chose en ce qui concerne les uniformes militaires, et l'Angleterre en a donné l'exemple en remplaçant récemment par d'autres ornements les aigrettes de certains uniformes, les temps sont loin où l'autorité tutélaire pouvait légiférer sur l'habillement féminin, prescrire certaines façons, en proscrire d'autres, prohiber certains ornements. De pareilles lois se retrouvent en grand nombre dans les anciens statuts, mais par leur fréquence même elles nous indiquent que même dans ces temps éloignés, c'était une entreprise bien difficile que celle de faire triompher le froid raisonnement du législateur sur le caprice bizarre de l'humanité féminine.

Plusieurs fois dans ces derniers temps, même de personnages royaux, sont partis des appels fervents à nos élégantes contemporaines pour que l'usage barbare de se parer de dépouilles d'oiseaux eût une limite décente; mais ce furent des paroles jetées au vent et les queues d'oiseaux de paradis, les aigrettes, les plumes de marabout et autres semblables affiquets continuent plus que jamais à décorer ces monuments gigantesques que la femme de notre époque a adoptés comme couvre-chef habituel.

Ce qui se passe pour les dépouilles d'oiseaux se produit dans la même mesure pour les fourrures dont l'usage n'est pas imposé par le froid, mais par la mode. S'il n'en était pas ainsi, on n'en verrait pas porter, comme je l'ai vu, *horresco referens*, dans la ville de Khartoum que j'habite.

Le seul moyen capable de limiter ce déplorable abus, ce serait l'établissement, par un accord général de tous les pays civilisés, d'une taxe très élevée sur ces produits : l'homme moderne, et par conséquent la femme moderne, ne sont plus guère sensibles qu'aux impositions financières ; c'est donc par ce moyen qu'il faut les réduire à la raison.

Il est nécessaire que tous les produits de la chasse destinés uniquement à l'ornementation, tels que l'ivoire, les fourrures, les cornes, les peaux, les plumes, etc., soient frappés, dans tous les pays d'Europe comme d'Amérique, de droits d'importation ou de droits régaliens, selon les cas, tellement élevés que la demande de ces produits se réduise de plus en plus. C'est seulement ainsi que pourra diminuer l'offre et cesser en grande partie le dommage causé par les chasseurs de profession.

Ce n'est que lorsque les droits d'exportation des colonies, d'une part, les droits régaliens et les taxes d'importation d'autre part, auront fait monter les produits de la chasse à des prix réellement prohibitifs et que la demande et l'offre de ces produits seront automatiquement réduites, qu'on pourra dire que la conservation de toutes les espèces animales vivant encore sur notre globe sera définitivement assurée. Et la civilisation aura ainsi avancé d'un pas.

CARLO ROSSETTI.

Khartoum, mars 1911.

ANNEXE.

—

CONVENTION DE LONDRES
du 19 Mai 1900.

———

Au nom de Dieu tout-puissant

Sa Majesté l'Empereur d'Allemagne, Roi de Prusse, au nom de l'Empire Allemand;

Sa Majesté le Roi d'Espagne et en son nom Sa Majesté la Reine-Régente du Royaume;

Sa Majesté le Roi-Souverain de l'État Indépendant du Congo;

Le Président de la République française;

Sa Majesté la Reine du Royaume-Uni de la Grande-Bretagne et d'Irlande, Impératrice des Indes;

Sa Majesté le Roi d'Italie;

Sa Majesté le Roi de Portugal et des Algarves, &c., &c., &c.;

Animés du désir d'empêcher le massacre sans contrôle et d'assurer la conservation des diverses espèces animales vivant à l'état sauvage dans leurs possessions africaines qui sont utiles à l'homme ou inoffensives, ont résolu, sur l'invitation à eux adressée par le gouvernement de Sa Majesté la Reine du Royaume-Uni de la Grande-Bretagne et d'Irlande, Impératrice des Indes, d'accord avec le gouvernement de Sa Majesté l'Empereur d'Allemagne, Roi de Prusse, de réunir à cet effet une Conférence à Londres et ont nommé pour leurs Plénipotentiaires, savoir :

. . . .

Lesquels, munis de pleins pouvoirs, qui ont été trouvés

en bonne et due forme, ont adopté les dispositions suivantes :

ARTICLE PREMIER.

La zone dans laquelle s'appliqueront les dispositions édictées par la présente convention est délimitée comme suit : au nord, par le 20° degré de latitude nord ; à l'ouest, par l'Océan Atlantique ; à l'est, par la Mer Rouge et par l'Océan Indien ; au sud, par une ligne qui suit la frontière septentrionale des possessions allemandes du sud-ouest de l'Afrique, depuis son extrémité occidentale jusqu'au point où elle rencontre le Zambèze, et qui, à partir de cette rencontre, longe la rive droite de ce fleuve jusqu'à l'Océan Indien.

ARTICLE 2.

Les Hautes Parties contractantes déclarent que les mesures les plus efficaces pour préserver les espèces animales vivant à l'état sauvage dans la zone définie par l'art. 1er sont les suivantes :

1. Interdiction de chasser et de tuer les animaux visés au tableau I annexé à la présente convention, ainsi que tous les autres animaux que chaque gouvernement local jugera nécessaire de protéger soit à cause de leur utilité, soit à cause de leur rareté et du danger de leur disparition.

2. Interdiction de chasser et de tuer les animaux non adultes des espèces mentionnées dans le tableau II annexé à la présente convention.

3. Interdiction de chasser et de tuer les femelles des espèces mentionnées dans le tableau III annexé à la présente convention, lorsqu'elles sont accompagnées de leurs petits.

Interdiction, dans une certaine mesure, de tuer toute femelle, autant qu'elle peut être reconnue, à l'exception de celles des espèces mentionnées au tableau V annexé à la présente convention.

4. Interdiction de chasser et de tuer, si ce n'est en nombre restreint, les animaux des espèces mentionnées au tableau IV annexé à la présente convention.

5. Organisation, autant que possible, de réserves, dans lesquelles il sera interdit de chasser, capturer ou tuer aucun oiseau ou autre animal vivant à l'état sauvage, sauf ceux qui seront spécialement exceptés par l'autorité locale.

Par le terme « réserves » sont entendus d'assez grands territoires ayant toutes les qualités requises au point de vue de la nourriture, de l'eau, et, si faire se peut, du sel, pour la conservation des oiseaux et autres animaux vivant à l'état sauvage, et leur assurant le repos nécessaire pour favoriser leur reproduction.

6. Établissement de saisons de clôture de chasse pour favoriser l'élevage des petits.

7. Interdiction de chasser à toute personne non pourvue d'un permis délivré par le gouvernement local et révocable en cas d'infraction aux dispositions de la présente convention.

8. Restriction de l'usage de filets et de trappes pour capturer les animaux.

9. Prohibition de l'usage de dynamite ou d'autres explosifs ou de poison pour la capture du poisson dans les fleuves, rivières, lacs, étangs ou lagunes.

10. Établissement de droits d'exportation sur les cuirs et peaux de girafe, d'antilope, de zèbre, de rhinocéros et d'hippopotame, ainsi que sur les cornes de rhinocéros et d'antilope et les dents d'hippopotame.

11. Interdiction de chasser et de tuer les jeunes éléphants et, pour assurer l'efficacité de cette mesure, établissement de peines sévères contre les chasseurs, et confiscation dans tous les cas, par les gouvernements locaux, des défenses d'éléphant pesant moins de 5 kilogrammes.

La confiscation n'aura pas lieu lorsqu'il sera dûment prouvé que la possession des défenses pesant moins de 5 kilogrammes était antérieure à la date de l'entrée en vigueur de la présente convention. Aucune preuve ne sera plus admise un an après cette date.

12. Application de mesures propres à empêcher que les maladies contagieuses parmi les animaux domestiques ne se transmettent aux animaux vivant à l'état sauvage, telles que surveillance du bétail malade, &c.

13. Application de mesures propres à assurer la réduction suffisante du nombre des animaux des espèces mentionnées au tableau V annexé à la présente convention.

14. Application de mesures propres à assurer la production des œufs d'autruche.

15. Destruction des œufs de crocodiles, des serpents venimeux et des pithons.

Article 3.

Les Parties contractantes s'obligent à édicter, à moins qu'elles n'existent déjà, dans un délai d'un an à partir de l'entrée en vigueur de la présente convention, des dispositions rendant applicables dans leurs possessions respectives situées dans la zone déterminée à l'art. 1er les principes et mesures visés dans l'art 2, et à se communiquer les unes aux autres, aussitôt que possible après la promulgation, le texte de ces dispositions et,

dans le délai de dix-huit mois, l'indication des territoires qui pourront être organisés en réserves.

Il est cependant entendu que les principes posés dans les paragraphes 1, 2, 3, 5 et 9 de l'art. 2 pourront être l'objet de dérogations, soit en vue de permettre de recueillir des spécimens pour les musées et jardins zoologiques, ou dans tout autre but scientifique, soit dans un intérêt supérieur d'administration, soit en cas de difficultés temporaires dans l'organisation administrative de certains territoires.

ARTICLE 4.

Les Parties contractantes s'engagent à appliquer autant que possible, chacune dans ses propres possessions, des mesures destinées à favoriser la domestication du zèbre, de l'éléphant, de l'autruche, etc.

ARTICLE 5.

Les Parties contractantes se réservent le droit d'introduire d'un commun accord dans la présente convention telles modifications ou améliorations dont l'expérience ferait reconnaître l'utilité.

ARTICLE 6.

Les Puissances ayant des territoires ou possessions dans la zone définie à l'art. 1er qui n'ont pas signé la présente convention seront admises à y adhérer. Le gouvernement de Sa Majesté Britannique est chargé, à cet effet, de leur communiquer la présente convention avant l'échange des ratifications.

L'adhésion de chaque Puissance sera notifiée par la voie diplomatique au gouvernement de Sa Majesté

Britannique et, par celui-ci, à tous les États signataires ou adhérents.

Cette adhésion emportera de plein droit l'acceptation de toutes les obligations stipulées dans la présente convention.

ARTICLE 7.

Les Puissances contractantes se réservent de prendre, ou de proposer à leurs législatures coloniales autonomes, les dispositions nécessaires pour assurer l'exécution des stipulations de la présente convention dans leurs possessions et colonies avoisinant la zone définie à l'art. 1er.

ARTICLE 8.

La présente convention sera ratifiée. Les ratifications en seront déposées à Londres aussitôt que faire se pourra, et elles resteront déposées dans les archives du gouvernement de Sa Majesté Britannique.

Aussitôt que toutes les ratifications auront été produites, il sera dressé un procès-verbal de dépôt dans un Protocole qui sera signé par les représentants à Londres des Puissances qui auront ratifié.

Une copie certifiée de ce procès-verbal sera adressée à chacune des Puissances intéressées.

ARTICLE 9.

La présente convention entrera en vigueur un mois après la date de la signature du procès-verbal de dépôt des ratifications prévu par l'art. 8.

ARTICLE 10.

La présente convention restera en vigueur pendant un délai de quinze années, et dans le cas où aucune des

Parties contractantes n'aura notifié douze mois avant l'expiration de la dite période de quinze années son intention d'en faire cesser les effets, elle continuera à rester en vigueur une année, et ainsi de suite d'année en année.

Dans le cas où une des Puissances ayant signé ou adhéré dénoncerait la convention, cette dénonciation n'aura d'effet qu'à son égard.

En foi de quoi les plénipotentiaires respectifs ont signé la présente convention et y ont apposé leurs sceaux.

Fait en sept exemplaires, autant que de parties, à Londres, le dix-neuvième jour du mois de mai de l'année mil neuf cent.

(Suivent les signatures)

ANNEXE.

TABLEAU I.

Animaux visés au paragraphe 1er de l'article 2 et dont on veut assurer la conservation.

(Série *A*) — A cause de leur utilité :

1. Les vautours.
2. L'oiseau secrétaire.
3. Les hiboux.
4. Les pique-bœufs.

(Série *B*) — A cause de leur rareté et du danger de leur disparition :

1. La girafe.
2. Le gorille.
3. Le chimpanzé.
4. Le zèbre des montagnes.
5. Les ânes sauvages.
6. Le gnou à queue blanche.
7. Les élans (*Taurotragus*).
8. Le petit hippopotame de Libéria.

TABLEAU II.

Animaux visés au paragraphe 2 de l'article 2 et dont on veut interdire la destruction à l'état non adulte.

1. L'éléphant.
2. Le rhinocéros.
3. L'hippopotame.
4. Les zèbres des espèces non visées au tableau 1.
5. Les buffles.
6. Les antilopes et gazelles, notamment les espèces des genres *Bubalis, Damaliscus, Connochoetes, Cephalophus, Oreotragus, Oribia, Rhaphiceros, Nesotragus*.

*Madoqua, Cobus, Cervicapra, Pelea, Æpyceros, Anti-
dorcas, Gazella, Ammodorcas, Lithocranius, Dorcotragus,
Oryx, Addax, Hippotragus, Taurotragus, Strepsiceros, Tragelaphus.*

7. Les ibex.

8. Les chevrotains (*Tragulus*).

TABLEAU III.

**Animaux visés au paragraphe 3 de l'article 2 et dont il est défendu
de tuer les femelles quand elles sont accompagnées de leurs
petits.**

1. L'éléphant.

2. Le rhinocéros.

3. L'hippopotame.

4. Les zèbres des espèces non visées au tableau I.

5. Les buffles.

6. Les antilopes et gazelles, notamment les espèces
des genres *Bubalis, Damaliscus, Connochoetes, Cephalophus, Oreotragus, Oribia, Rhaphiceros, Nesotragus, Madoqua, Cobus, Cervicapra, Pelea, Æpyceros, Antidorcas,
Gazella, Ammodorcas, Lithocranius, Dorcotragus, Oryx,
Addax, Hippotragus, Taurotragus, Strepsiceros, Tragelaphus.*

7. Les ibex.

8. Les chevrotains (*Tragulus*).

TABLEAU IV.

**Animaux visés au paragraphe 4 de l'article 2, qui ne doivent être
tués qu'en nombre restreint.**

1. L'éléphant.

2. Le rhinocéros.

3. L'hippopotame.

4. Les zèbres des espèces non visées au tableau I.

5. Les buffles.

6. Les antilopes et gazelles, notamment les espèces des genres *Bubalis*, *Damaliscus*, *Connochoetes*, *Cephalophus*, *Oreotragus*, *Oribia*, *Rhaphiceros*, *Nesotragus*, *Madoqua*, *Cobus*, *Cervicapra*, *Pelea*, *Æpyceros*, *Antidorcas*, *Gazella*, *Ammodorcas*, *Lithocranius*, *Dorcotragus*, *Oryx*, *Addax*, *Hippotragus*, *Taurotragus*, *Strepsiceros*, *Tragelaphus*.

7. Les ibex.

8. Les chevrotains (*Tragulus*).

9. Les divers sangliers.

10. Les collobus et tous les singes à fourrure.

11. Les fourmiliers (genre *Orycteropus*).

12. Les Dugongs (genre *Halicore*).

13. Les lamantins (genre *Manatus*).

14. Les petits félins.

15. Le serval.

16. Le guépard (*Cynaelurus*).

17. Les chacals.

18. Le faux-loup (*Proteles*).

19. Les petits singes.

20. Les autruches.

21. Les marabouts.

22. Les aigrettes.

23. Les outardes.

24. Les francolins, pintades, et autres oiseaux « gibier ».

25. Les grands chéloniens.

TABLEAU V.

Animaux nuisibles visés aux paragraphes 3 et 14 de l'article 2 et dont on désire réduire suffisamment le nombre.

1. Le lion.

2. Le léopard.

3. Les hyènes.

4. Le chien-chasseur (*Lycaon pictus*).

5. La loutre (*Lutra*).

6. Les cynocéphales (*Cynocephalus*) et autres singes nuisibles.

7. Les grands oiseaux de proie sauf les vautours, l'oiseau secrétaire, et les hiboux.

9. Les serpents venimeux.

10. Les pithons.

Les lois pour la conservation de la faune indigène dans l'Afrique du Sud

par M. Carlo ROSSETTI

Membre associé.

———

Dans ce rapport sont examinées en détail les lois relatives à la conservation de la faune indigène dans les pays de l'Afrique méridionale, situés au sud de la ligne qui délimite, au midi, la zone prévue par l'article premier de la Conférence internationale de Londres, de 1900.

Ces pays sont :

L'Union de l'Afrique du Sud *(Union of South Africa)*, établie le 31 mai 1910, par la fédération des colonies suivantes : Colonie du Cap, Natal, Transvaal et Orange;

Les protectorats de Bechouanaland, Basoutoland et Swaziland;

La Rhodésie méridionale;

L'île Maurice;

Madagascar et dépendances;

Le Sud-Ouest Africain Allemand;

Le district de Laurenço-Marquès *(Afrique orientale portugaise)*.

Toutefois, les lois de ce dernier pays ne sont pas mentionnées dans ce rapport, car elles sont actuellement les mêmes que celles du restant de l'Afrique orientale portugaise et elles seront examinées dans un autre rapport(1). De même, on ne trouvera pas mention des lois de la pro-

———

(1) Voir *Les lois pour la préservation de la faune indigène dans la zone africaine visée par la Conférence internationale de Londres.*

vince de l'État Libre d'Orange, ci-devant Colonie d'Orange, puisqu'il m'a été impossible de me les procurer. Quant aux lois du Protectorat de Swaziland, elles sont, en cette matière, les mêmes que celles de la Province du Transvaal.

Enfin, j'ai cru utile de comprendre parmi les lois examinées celles relatives à la Rhodésie nord-occidentale. Quoique ce pays se trouve au nord de la ligne mentionnée ci-dessus, il convient de passer ici ses lois en revue, à cause de ses liens politiques avec les autres pays de l'Afrique méridionale britannique et de l'affinité législative qui en est la conséquence.

Je dois presque toutes les lois examinées à l'obligeance des gouvernements coloniaux respectifs, à la majeure partie desquels je ne me suis pas adressé en vain. Je profite de cette occasion pour adresser, au nom de notre Institut, les plus vifs remercîments à l'*Under Secretary for agriculture*, de la Colonie du Cap. Celui-ci ne s'est pas borné à me transmettre simplement les lois demandées : il y a joint un mémoire concis et utile auquel j'ai emprunté la plus grande partie des renseignements relatifs à la législation de la Colonie.

Ces remercîments vont aussi au *Resident Commisioner Office*, Mafeking, Bechuanaland ; au *Colonial Secretary's Office*, Pietermaritzburg, Natal ; au *Gouverneur général* de Madagascar, et au *Colonial Secretary's Office*, Maurice ; de tous ces pays j'ai reçu beaucoup de documents accompagnés de lettres aimables.

Quant aux lois relatives à l'Afrique allemande, et au Basutoland (1) je les dois à l'activité infatigable et à

(1) Le *Government Secretary's Office*, Maseru, Basutoland, auquel je m'étais adressé pour obtenir les documents relatifs à la législation sur la conservation de la faune, m'a répondu brièvement qu'on n'avait pas d'exemplaires disponibles.

l'extrême obligeance de notre Secrétaire général à qui j'adresse également à cette occasion l'expression de ma plus vive reconnaissance. *c. r.*

I. — Colonie du Cap.

1. La Colonie du Cap est incontestablement la région de l'Afrique dans laquelle la question de la conservation de la faune attira plus que partout ailleurs, l'attention constante du Gouvernement. Il faut dire que jusqu'à la fin de la dernière partie du XIXe siècle, cette région constituait presque l'unique champ ouvert aux chasseurs de profession et aux sportsmen d'Europe et que, sans les mesures sages, quoique souvent insuffisantes, des autorités gouvernementales, la faune indigène y aurait presque totalement disparu et beaucoup d'espèces, propres à la région, seraient irrémédiablement perdues.

Les premières mesures gouvernementales suivirent de près la colonisation entreprise en 1652 par Van Riebeek et diverses affiches *(placaten)* portant la date des toutes premières années de la vie civile dans cette région concernent précisément la conservation de la faune.

La Compagnie hollandaise des Indes orientales fut toujours pénétrée de la nécessité de préserver la faune herbivore du pays, à tel point que dans les premiers temps de l'occupation, l'exercice de la chasse n'était permis à personne, sous menace de peines sévères; c'était un privilège réservé aux deux chasseurs de la Compagnie. A la suite de l'extension de la Colonie, ces restrictions devaient naturellement être modifiées, et aux personnes désirant se livrer à la chasse fut imposée depuis lors l'obligation de se munir d'une autorisation.

La législation constituée par ces divers *placaten* n'avait d'ailleurs pour but que de pourvoir aux besoins spéciaux

qui se manifestaient de temps en temps et la nécessité d'une loi générale provoqua, en 1822, la proclamation de Lord Charles Somerset, alors gouverneur du Cap. Les lois précédentes furent ainsi consolidées et améliorées et, entr'autres, la fermeture de la chasse fut décrétée pendant une certaine période de temps; des mesures furent prises concernant la délivrance de permis de chasse et il fut stipulé que pour certaines espèces de gibier, communément connu sous le nom de gibier royal *(royal game)*, il fallait obtenir, pour le chasser, le capturer, etc., une autorisation spéciale du gouverneur.

Cette proclamation resta en vigueur jusqu'en 1886; à ce moment on s'aperçut que, pour plusieurs raisons, la destruction du gibier se faisait dans beaucoup de cas si rapidement que son extermination totale n'était plus qu'une question de temps. Parmi ces raisons il convient de citer les principales : l'extension des limites de la Colonie, l'augmentation de la population, les progrès dans les armes à feu, leur prix moins élevé, les facilités plus grandes des voyages, etc., etc.Pour quelques espèces, comme les élans et les hippopotames, on pouvait dire que leur disparition du territoire de la Colonie était un fait accompli.

Puisque la législation de la Colonie se montra insuffisante pour combattre le mal, une nouvelle loi fut promulguée, *The Game Law Amendment Act*, n. 36 de 1886. (Voir annexe n° 1.) Cette loi est encore en vigueur aujourd'hui avec certaines additions et modifications introduites successivement par les actes « n° 38 de 1891 », « n° 33 de 1889» et « n° 11 de 1908» (voir annexes n°s 2, 3 et 5); loi et modifications qui ont été consolidées en 1909 par « The Game Laws (1886-1908) Consolidation Act, 1909» « n° 11 de 1909» (voir annexe n° 6).

Il résulte de l'examen de ces lois et décrets que des pouvoirs très étendus sont conférés au gouverneur, et principalement celui de légiférer par voie de proclamations d'après les divers besoins de la Colonie. En effet, étant données la morphologie et l'étendue du pays, il est nécessaire de subdiviser son territoire en zones soumises à un régime différent sous le rapport de la fermeture de la chasse ; de même, il arrive quelquefois qu'une certaine espèce de gibier devient rare dans une région et qu'il est nécessaire de la protéger : le gouverneur pourvoit à tout cela au moyen de ses proclamations.

D'autre part, il importe souvent de publier une proclamation pour exclure certaines espèces de gibier de la protection de la loi à cause de leur augmentation extraordinaire, nuisible à l'agriculture. Tels sont spécialement les lièvres, les pintades, les perdrix de Namaqua, etc.

Afin d'accorder un refuge au gibier royal, le gouvernement de la Colonie a créé deux réserves où la chasse est absolument prohibée : une de ces réserves se trouve dans le Namaqualand (voir annexe n° 4) peuplée spécialement de gazelles *oria* (*Gemsbokken*) et d'autruches sauvages ; l'autre, beaucoup plus grande, est établie dans le Bechuanaland (voir annexe n° 7) où se trouvent spécialement des *hartebeesten (Bubalis Caama)*, des *wildebeesten (Connochoctus taurinus* et *Connochoctus gnu)*, des gazelles *oria*, des autruches sauvages et de nombreuses espèces de petites antilopes.

La réserve du Namaqualand, qui fonctionne depuis plus eurs années, a déjà donné d'excellents résultats. En effet, les gazelles *oria* dont on craignait la complète disparition à brève échéance, s'y sont extraordinairement multipliées ; et on espère que des résultats heureux semblables seront obtenus avec la réserve du Bechuanaland quoique,

à cause des conditions moins favorables de cette région, on rencontre de grandes difficultés à y empêcher le braconnage exercé par les Boschimans nomades qui errent dans cette contrée.

Les autruches sauvages, qui se trouvent en nombre considérable dans différentes régions de la Colonie, ne tombent pas sous les dispositions de la loi générale sur la chasse, mais sous celles d'une loi spéciale *The Wild Ostriches Act*, n° 33 de 1889 (voir annexe n° 8) successivement complétée par l'acte « n° 30 de 1890 » (voir annexe n° 9).

A la protection des oiseaux non considérés comme gibier, pourvoit *The Protection of Birds Act*, 1899, qui en laisse l'initiative aux corps municipaux (voir annexe n° 10).

Des dispositions législatives (voir annexe n° 11) pourvoient à la protection de la faune aquatique fluviale, et notamment à celle des truites, introduites dans les eaux de la Colonie par les soins judicieux du Gouvernement.

La haute surveillance sur tout ce qui regarde la conservation de la faune indigène et la bonne exécution des lois susmentionnées est confiée au Département de l'agriculture de la Colonie; celui-ci publie chaque année une brochure contenant toutes les dispositions relatives à la chasse et à la pêche pour chacune des divisions administratives dans lesquelles se subdivise le territoire de la Colonie.

2. En analysant et en résumant les divers textes législatifs que l'on vient de mentionner, les caractères distinctifs de la législation de la Colonie du Cap sur la matière examinée sont donc les suivants :

1° Interdiction de chasser toute espèce de gibier sans une autorisation régulière ;

2° Protection générale de tout le gibier avec fixation de

périodes spéciáles de fermeture de la chasse pour les divers districts de la Colonie ;

3º Protection spéciale du gibier royal (voir annexe nº 12) qui ne peut être chassé sans avoir d'abord obtenu une autorisation spéciale du gouverneur, avec la seule exception qu'il est permis aux propriétaires de tuer les éléphants qui se trouveraient dans les limites de leurs propres terrains ;

4º Interdiction absolue de chasser les éléphants portant des défenses pesant chacune moins de 11 livres ;

5º Interdiction absolue de chasser les femelles des éléphants et des hippopotames ;

6º Interdiction d'enlever, détruire, vendre, etc., les œufs d'oiseaux ;

7º Pouvoir du gouverneur de suspendre la protection générale et la protection spéciale dans des districts déterminés, pour certains animaux et pendant des périodes de temps déterminées ;

8º Pouvoir du gouverneur d'étendre la protection spéciale pendant des périodes de temps successives ne dépassant pas trois ans, pour certaines espèces de gibier, soit dans toute la Colonie, soit dans des districts déterminés ;

9º Nécessité d'une autorisation spéciale pour la vente de gibier ;

10º Interdiction de chasser, tuer, blesser ou capturer des autruches sauvages sur les terres inoccupées appartenant à la Couronne ou sur les terres d'autrui sans un permis spécial délivré, dans le premier cas, par le Gouvernement, moyennant le payement de vingt livres sterling, et dans le second cas, par le propriétaire du terrain ;

11º Création de réserves de chasse ;

12º Pouvoir des corps municipaux de requérir le Gouvernement d'interdire, pendant un temps déterminé, la

chasse de certains oiseaux dans les limites de la circonscription municipale;

13º Pouvoir des mêmes corps de demander, moyennant certaines conditions, que la vente de gibier soit interdite dans les limites de leur juridiction, pendant une période de temps fixée ne dépassant pas trois années;

14º Interdiction absolue d'exporter des autruches ou œufs d'autruches, sauf dans les colonies ou les États voisins qui imposent la même interdiction (Natal, Transvaal, Orange, Basutoland, Bechuanaland, Swaziland et Mozambique);

15º Interdiction de posséder des cornes, peaux, dépouilles de chasse, etc., sans pouvoir en justifier la provenance licite;

16º Imposition d'un droit d'exportation élevé sur tous les produits de la chasse;

17º Interdiction de chasser avec des engins autres que les armes à feu;

18º Pour ce qui concerne la faune aquatique fluviale, établissement d'une saison de pêche fermée judicieusement déterminée pour les diverses eaux de la Colonie; interdiction de pêcher, même aux époques pendant lesquelles la pêche est ouverte, au moyen d'engins très destructifs; obligation pour celui qui veut pêcher de se munir d'une autorisation spéciale de pêche; obligation de rejeter immédiatement dans l'eau les truites pêchées dont la longueur serait inférieure à 12 pouces et interdiction de pêcher plus de six truites (d'une longueur supérieure à 12 pouces) par personne et par jour.

La loi prévoit diverses pénalités qui peuvent aller jusqu'à six mois de prison avec travaux forcés, pour les contraventions aux dispositions mentionnées; d'autre part, diverses mesures de police de moindre importance

témoignent de la sollicitude du Gouvernement du Cap pour la protection efficace de la faune locale.

Les permis de chasse ordinaires sont sujets à une taxe variable prescrite par la loi; ceux pour le gibier royal sont assujettis à une taxe de trois livres sterling pour les résidents dans le pays et de 25 livres sterling pour les non résidents; ne sont pas soumis à ces taxes les propriétaires fonciers, résidant ou non dans le pays, pour la chasse sur leurs terrains.

3. Quoique la Colonie du Cap ne soit pas comprise dans la zone prévue par l'article premier de la Convention internationale de Londres de 1900, la majeure partie des mesures arrêtées par cette convention y trouve son application à la lettre et notamment celles correspondant aux paragraphes 5, 6, 7, 8, 9, 10, 11 et 14 de l'article 2 (1).

Les autres, celles qui correspondent aux paragraphes 1, 2, 3 et 4 y sont appliquées, sinon à la lettre, du moins dans leur esprit, puisque les soins incessants apportés au règlement de la chasse, les interdictions, l'octroi de permis spéciaux en nombre limité et surtout l'intelligente coopération des propriétaires fonciers pour assurer la conservation de la faune permettent d'atteindre les mêmes résultats que ceux auxquels visent les dispositions des paragraphes précités de l'article 2 de la Convention de Londres.

Il faut aussi noter, comme observait judicieusement le Ministre de l'agriculture de la Colonie, que les conditions d'une ancienne colonie bien ordonnée sont bien différentes de celles de territoires d'acquisition récente et que beaucoup de mesures et de restrictions applicables à ceux-ci ne le sont pas à celle-là.

(1) **Voir pages 86 et suiv.**

En examinant la liste annexée (voir annexe n° 12) contenant l'énumération approximative du gibier royal de la Colonie en 1909, on peut facilement se rendre compte de l'effet bienfaisant obtenu par la législation de la Colonie du Cap en matière de préservation de la faune, et comment quelques espèces qui, il y a peu d'années, semblaient condamnées à disparaître rapidement s'y sont non seulement conservées, mais singulièrement accrues en nombre. Dans les régions orientales de la Colonie, par exemple, sont maintenant relativement abondants les kudus (très rares il y a peu d'années) et les propriétaires de terres où ces animaux se trouvent sont les premiers à en désirer la conservation; de cette façon, l'application de la loi est chose facile pour les autorités qui règlent, d'année en année, en rapport étroit avec le nombre des têtes existantes, le nombre des kudus qui peuvent être chassés moyennant une autorisation spéciale. Pour les autres espèces, à l'exception du *gemsbok* se trouvant dans le Namaqualand, qui sont presque complètement confinées dans le Bechuanaland et dans les districts voisins, la répression du braconnage est beaucoup moins facile : il s'agit là d'un pays à population dense, avec peu d'eaux permanentes, et situé dans le voisinage du grand désert de Kalahari; le gibier y émigre continuellement d'une localité à l'autre; et dans de telles conditions la répression du braconnage y est très difficile. Cependant, grâce à la récente création de la réserve du Bechuanaland, les autorités de la Colonie nourrissent l'espoir que cet inconvénient disparaîtra aussi à bref délai.

En terminant cette brève notice, on ne peut que féliciter le Gouvernement de la Colonie du Cap de l'œuvre accomplie relative à la conservation de la faune indigène, et il est à espérer que cet exemple sera suivi par les gou-

vernements de colonies plus jeunes, car pour beaucoup de celles-ci la promulgation de nouve les lois est une chose bien plus facile que pour un pays soumis à un régime parlementaire.

II. — TRANSVAAL.

1. Sans parler de la législation éventuelle précédente des Boers, la première loi sur la préservation de la faune de la Colonie du Transvaal porte la date de 1902 *(The Game Preservation Ordinance, 1902)*.

Cette loi fut modifiée en 1903 *(Game Preservation Amendment, 1903)* et remplacée, par suite de l'action énergique de la *Transvaal Game Protection Society*, par une autre loi, *The Game Preservation Ordinance, 1905*, actuellement en vigueur (voir annexe n° 14) quoique modifiée elle-même par *The Game Preservation Amendment Act, n° 13 of 1907* et *The Game Preservation Further Amendment Act, n° 11 of 1909* (voir annexe n° 15).

De nombreuses notifications et proclamations sont publiées de temps en temps par le Gouverneur et, entre autres, nous rappellerons, comme étant encore en vigueur, la notification n° 231 de 1906, les proclamations n° 31 de 1906, n° 36 de 1907, n° 44 (Swatziland) de 1907, n° 20 de 1909 et les notifications n°s 79 et 244 de 1908 (voir annexes n°s 16, 17 et 18).

A la préservation de la faune des rivières pourvoient *The Fish Preservation Ordinance, n° 5 of 1906* et les règles données par les notifications n° 869 de 1906 et n° 222 de 1907 (voir annexes n°s 19 et 20).

2. Quoique le Transvaal ne soit pas non plus compris dans la zone prévue par l'article premier de la Convention de Londres, ses lois reproduisent à peu près les mêmes

dispositions que celles des lois analogues de la Colonie du Cap.

Un aperçu général de la législation du Transvaal est donné par le *Handbook of The Game Laws of The Transvaal*, 1908 (voir annexe n° 13).

III. — NATAL

1. Dans la Colonie de Natal et dans le territoire dépendant du Zoulouland, la législation sur la préservation de la faune locale présente un ensemble de bonnes mesures analogues à ce que nous avons déjà vu pour la Colonie du Cap.

La première loi sur la matière promulguée dans le Natal, lorsque ce pays cessa de faire partie de la Colonie du Cap, porte la date de 1866, *A Law to prevent the indiscriminate destruction of certain valuable wild animals within the colony of Natal, n° 10 of 1866*. Cette loi reproduit, avec peu de variantes, les mêmes dispositions que celles contenues dans la loi alors en vigueur dans la Colonie du Cap, et notamment l'établissement d'une saison de fermeture de la chasse et la protection de certaines catégories d'animaux.

Cette loi fut remplacée par une autre semblable en 1884 (même titre que la précédente *n° 23 de 1884)* qui n'en modifia que quelques dispositions de détail.

A son tour, la loi de 1884 fut successivement modifiée en 1885, en 1890, en 1891, en 1894 et en 1904 jusqu'à ce qu'enfin fut promulguée la loi actuellement en vigueur, *An Act to consolidate and amend the laws relating to Game, n° 8 de 1906*, complétée par les règles publiées en 1907, *Government notice n°ˢ 244, 322 et 356. — Regulations under section 18 of Act n° 8 of 1906* (voir annexes n°ˢ 21 et 22).

Il faut encore ajouter, pour compléter la législation du

Natal, l'*Act to regulate the export of elephant tusks and the horns, hides and skins of certain game* (n° 33 de 1909) qui fut adopté à la suite de l'*Inter-Colonial Conference* de 1908, dans le but de rendre uniforme la législation en cette matière des colonies de l'Afrique du Sud (voir annexe n° **24**).

Pour le territoire du Zoulouland, jusqu'à la promulgation de l'acte de 1906, il fut pourvu au moyen de proclamations dont les principales furent celles décrétées en 1890, 1892, 1893, 1895 et 1897. Cette dernière publication resta en vigueur jusqu'en 1906 lorsque, par l'acte mentionné ci-dessus, le Zoulouland fut placé sous le régime de la loi commune à tout le Natal. Les réserves créées au Zoulouland restèrent d'ailleurs en vigueur aux termes de la proclamation de 1897 (voir annexe n° 23).

2. Les caractères distinctifs principaux de la législation en vigueur au Natal relativement à la préservation de la faune sont :

1° Interdiction de chasser toute espèce de gibier sans autorisation;

2° Protection générale de tout le gibier avec l'institution d'une saison de fermeture de la chasse;

3° Protection spéciale de quelques catégories d'oiseaux et de quadrupèdes dont la chasse n'est permise que moyennant une autorisation spéciale délivrée par le Ministre compétent;

4° Protection encore plus grande des autres catégories de quadrupèdes (hippopotames, rhinocéros noirs, buffles mâles, kudus mâles, élans mâles); pour chasser ceux-ci il faut, à part l'autorisation spéciale du Ministre compétent, le payement préalable d'une taxe élevée pour chaque pièce de gibier qu'on a l'intention de tuer;

5° Protection complète de quelques catégories de

quadrupèdes (éléphant, rhinocéros blanc, antilope roane, springbok, la femelle du buffle et du kudu) dont la chasse n'est autorisée sous aucun rapport;

6º Interdiction de chasser avec des filets, trappes, pièges, etc.;

7º Faculté de changer l'époque de la chasse fermée, d'étendre ou de suspendre la protection des diverses catégories d'animaux, sauf pour celles dont il est question au paragraphe 6 et pour la seule province du Zoulouland;

8º Pouvoir du gouverneur d'accorder protection complète à quelques catégories d'animaux quand il le juge convenable;

9º Création de réserves de chasse.

Ici encore la loi prévoit des pénalités diverses allant jusqu'à une amende de 100 livres sterling ou six mois de prison avec ou sans travaux forcés, pour les contrevenants aux diverses dispositions de la même loi.

3. Il résulte de ce qui précède, que dans la Colonie de Natal (quoique n'étant pas non plus comprise dans la zone prévue par l'article premier de la Convention de Londres) sont appliquées dans leur esprit les dispositions des paragraphes 1, 2, 3 et 4 de l'article 2 de la dite convention et à la lettre celles des paragraphes 5, 6, 7, 8 et 10.

La disposition du paragraphe 11 devient superflue, étant donnée la protection complète accordée à l'éléphant. Celles qui font l'objet des paragraphes 9, 12 et 14 ne trouvent pas place dans la législation examinée, mais il est probable qu'il en soit question dans d'autres parties de la législation locale. Comme dans tous les autres pays passés en revue jusqu'ici, nous ne trouvons pas de trace de dispositions inspirées par les paragraphes 13 et 15 de l'article cité; mais il importe de faire remarquer qu'il s'agit de mesures qui, étant prises par les populations

intéressées, n'exigent pas la sanction gouvernementale ni, souvent, des encouragements spéciaux.

IV. — BECHUANALAND.

1. La législation du Bechuanaland en matière de préservation de la faune consiste en proclamations du Haut Commissaire britannique pour l'Afrique méridionale.

La première proclamation sur la matière portant la date du 19 septembre 1893, resta en vigueur jusqu'en 1904; à cette époque elle fut remplacée par la proclamation *nº 22 de 1904* (voir annexe nº 25), complétée ensuite par les deux autres proclamations *nº 5 de 1906 et nº 2 de 1905* (voir annexes nᵒˢ 26 et 27).

2. Les caractères distinctifs de la législation du Bechuanaland sur la matière sont :

1º Interdiction de chasser le gros gibier sans une autorisation spéciale subordonnée au payement d'une taxe élevée;

2º Protection générale du gros gibier par l'établissement d'une période de temps pendant laquelle la chasse est fermée;

3º Protection complète de l'éléphant, de la girafe et des élans; toutefois, le Haut Commissaire pour l'Afrique méridionale peut accorder, sans appel, s'il le juge utile, l'autorisation de tuer quelques-uns de ces animaux;

4º Exemption de la population indigène de toutes les obligations imposées aux autres en cette matière, avec la seule exception visée au paragraphe suivant;

5º Interdiction à chacun — indigène ou non — de tuer les femelles des autruches, d'en enlever ou posséder les œufs ou les plumes, sans la permission spéciale du commissaire résident;

6º Pouvoir accordé au Haut Commissaire de créer des

réserves et des zones déterminées dans lesquelles sera interdite, pendant des périodes de temps fixées, non supérieures à trois ans, la chasse de tous les animaux ou de ceux spécifiés ; toutefois, les ind·gènes auront toujours la faculté de chasser dans les limites du territoire de leur propre tribu.

Les pénalités ordinaires sont appliquées aux contrevenants.

3. Le Bechuanaland n'est pas compris dans la zone prévue par l'article premier de la Convention de Londres et, en vérité, les mesures arrêtées par l'article 2 de cette convention n'y trouvent pas une large application.

L'exception plus importante, que l'on rencontre trop fréquemment dans presque tous les territoires soumis au régime du protectorat, est celle qui se rapporte à l'exemption de la population indigène des règles qui tendent à assurer la conservation de la faune. C'est d'autant plus grave que ce sont précisément les indigènes, beaucoup plus que les rares sportsmen qui s'aventurent dans ces pays, qui se livrent sur la plus grande échelle à la destruction des espèces les plus appréciées. C'est ainsi que cette mesure prise en faveur des indigènes rend pour ainsi dire complètement illusoire le sanction donnée par la loi à plusieurs des principales dispositions de la Convention internationale dont il s'agit.

V. — BASOUTOLAND.

1. Au Basoutoland aussi la législation en matière de préservation de la faune consiste en proclamations du Haut Commissaire britannique pour l'Afrique méridionale.

La proclamation actuellement en vigueur porte la date du 27 août 1907 (voir annexe n° 28).

2. Les dispositions de cette proclamation peuvent être ainsi résumées :

1° Interdiction de chasser sans licence;

2° Nécessité d'une autorisation spéciale pour chasser le gros gibier;

3° Protection générale du gibier par l'établissement d'une saison de chasse fermée;

4° Exemption de la population indigène de toute obligation relative aux licences.

3. On voit par là que la législation du Basoutoland est encore très rudimentaire et que, plus encore qu'au Bechouanaland, les mesures arrêtées par l'article 2 de la Convention de Londres n'y trouvent qu'une très faible application.

VI. — Rhodésie méridionale.

1. Dans la Rhodésie méridionale, administrée par la *British South Africa Company*, étaient d'abord en vigueur les lois de la Colonie du Cap, jusqu'à ce que fut promulguée en 1909 une loi spéciale, *The Game Preservation Ordinance, 1899*, d'abord modifiée par une autre ordonnance de 1903 et remplacée en 1906 par celle aujourd'hui en vigueur, *The Game Law Consolidation Ordinance*, 1906 (voir annexe n° 29).

2. La législation sur la préservation de la faune dans la Rhodésie méridionale présente les mêmes caractères généraux que celle de la Colonie du Cap dont elle est une émanation. Aux termes de celle-ci sont appliqués dans leur esprit les paragraphes 1, 2, 3 et 4 de l'article 2 de la Convention de Londres et à la lettre les paragraphes 5, 6, 7, 8 et 14. L'observation des dispositions du paragraphe 11 est assurée par la protection complète accordée à l'éléphant.

VII.— Rhodésie nord-occidentale (Barotziland).

La loi commune *(Common Law of England)* était d'abord en vigueur dans le territoire de la Rhodésie nord-occidentale et s'appliquerait encore à la préservation de la faune, si en 1905 le Haut Commissaire pour l'Afrique méridionale n'avait pas promulgué une loi spéciale *Proclamation n° 1*, 1905 (voir document annexé n° 30); celle-ci, légèrement modifiée en 1906 (voir annexe n° 31) reproduit, *mutatis mutandis*, les mêmes dispositions que celles de la loi similaire de la Rhodésie méridionale et est actuellement en vigueur.

Des réserves ont été établies par les notifications n° 94 de 1907 et n° 11 de 1908 (voir annexe n° 32*)*.

VIII. — Ile Maurice.

1. La loi relative à la préservation de la faune actuellement en vigueur dans l'île Maurice est datée de 1869 (voir annexe n° 33) et ne fut que légèrement modifiée en 1877 (voir annexe n° 34), en 1881 (voir annexe n° 35), en 1885 et en 1895 (voir annexe n° 36).

Pour compléter la législation sur la matière en vigueur dans l'île, il faut encore mentionner l'ordonnance n° 42 de 1882, *An ordinance to provide for the lease of certain rights on crown lands* (voir annexe n° 37). Cette ordonnance pourvoit à la location du droit de pêche et de chasse dans les eaux et sur les terres de la Couronne; elle a été légèrement modifiée en 1901, en 1902 et en 1903 (voir annexes n° 38, 39 et 40).

2. Les caractères distinctifs de la législation en vigueur dans l'île Maurice en ce qui concerne la préservation de la faune sont :

1° Interdiction de chasser sans une autorisation spéciale;

2º Interdiction de chasser sur les terrains d'autrui ou sur ceux de la Couronne sans une permission spéciale du propriétaire des terrains dans le premier cas, ou du Gouvernement dans le second cas;

3º Institution d'une saison de chasse fermée limitée aux cerfs, aux perdrix, aux pintades, aux cailles et aux canards sauvages, mais applicable à tout autre animal lorsque le gouverneur le juge nécessaire;

4º Pouvoir du gouverneur d'accorder pour un temps déterminé protection complète de tout animal quelconque;

5º Autorisation à chacun de tuer les chiens errants et, moyennant des conditions déterminées, les cerfs trouvés sur des terres cultivées;

6º Location aux particuliers, aux enchères publiques, du droit de chasse et de pêche sur les terrains et dans les eaux de la Couronne.

Les peines ordinaires sont prévues pour les infractions aux dispositions de la loi.

3. L'île Maurice n'étant pas comprise dans la zone prévue par la Convention de Londres et sa faune étant très différente de celle des régions de l'Afrique continentale, il ne convient pas d'examiner si, et dans quelle mesure, les dispositions de la dite convention y sont applicables. Il suffit de faire remarquer que la législation examinée présente un ensemble complet de sages mesures qui sont plus que suffisantes, espérons-le, pour protéger la conservation de la faune locale.

IX. — ILE DE MADAGASCAR.

1. Le décret du 22 mai 1907 pourvoit à la préservation de la faune dans l'île de Madagascar et dans ses dépendances. Il faut y ajouter le décret précédent du 26 décem-

bre 1906 relatif à l'interdiction absolue de la chasse aux bœufs sans maître connu (voir annexes n^cs 41 et 42).

2. Les dispositions de ces décrets peuvent être résumées comme suit :

1° Interdiction de chasser sans une permission régulière ;

2° Institution d'une saison générale de chasse fermée, avec la réserve que la chasse aux animaux nuisibles peut toujours être autorisée ;

3° Défense absolue de chasser les bœufs sans maître connu.

3. Relativement à la portée de ces dispositions applicables à Madagascar, également exclu de la zone prévue par la convention de Londres, il faut répéter tout ce qui a été dit plus haut à propos de l'île Maurice.

X. — Laurenço Marquez.

Une première loi sur la préservation de la faune fut promulguée pour le district de Laurenço Marquez, le 28 décembre 1903. Cette loi fut ensuite étendue, le 22 octobre 1904, aux territoires de Inhambane et de Gaza. Le 30 juillet 1906 furent promulguées les dispositions relatives aux territoires de Manica et Sofala, administrés par la Compagnie du Mozambique et, le 6 septembre de la même année, celles relatives aux territoires administrés par la Compagnie du Nyassa.

Toutes ces lois sont aujourd'hui abrogées et remplacées par une loi générale pour toute la province de Mozambique, promulguée le 2 juin 1909 ; cette loi sera examinée en temps et lieu.

XI. — Afrique allemande du Sud-Ouest.

Aux lois promulguées en 1892 et en 1902 est actuellement substituée l'ordonnance du 15 février 1909 (voir

annexe n° 43). On peut dire que cette ordonnance donne pleine et entière exécution aux dispositions de la Conférence Internationale de Londres, quoique ce territoire ne soit pas compris dans la zone prévue par l'article premier de la Convention dont il s'agit.

Il convient d'ajouter à cette ordonnance celle du 4 mars 1909, qui règle la chasse aux phoques (voir annexe n° 44).

Khartoum, février 1911.

CARLO ROSSETTI.

ANNEXES

COLONIE DU CAP

COLONIE DU CAP

ANNEXE N° 1.

LOI

pour rendre plus efficace la conservation du gibier.

Approuvée le 25 juin 1886.

Considérant qu'il est utile de renforcer et d'amender les lois sur la chasse :

Il est arrêté ce qui suit par le Gouverneur du Cap, de l'avis et avec le consentement du Conseil législatif et de l'Assemblée législative :

1. Sont abrogées : la proclamation du 21 mars 1822, intitulée «Proclamation de la loi sur la chasse»; la proclamation du 23 août 1822, portant le titre de « Loi amendée sur la chasse à l'éléphant»; et la proclamation

---

CAPE COLONY

SCHEDULE N° 1.

ACT

for the better Preservation of Game.

Assented to June 25, 1886.

Whereas it is expedient to consolidate and amend the laws relating to game :

Be it therefore enacted by the Governor of the Cape of Good Hope, with the advice and consent of the Legislative Council and House of Assembly thereof :

1. The following Game Law Proclamations are hereby repealed, that is to say, the Proclamation dated the 21st March, 1822, entitled « Game Law Proclamation », the Proclamation dated the 23rd August, 1822, entitled « Amendment of Game Law —

du 14 mars 1823, intitulée « Loi amendée sur la chasse à l'élan ».

2. Aux fins de la présente loi, le terme « gibier » comprendra les divers oiseaux et animaux non apprivoisés de cette colonie, généralement connus sous les noms de *pauw*, francolin, pintade, faisan, perdrix, coq de bruyère *dikkop*, éléphant, caméléopard, hippopotame, buffle, zèbre, quagga, zèbre Burchelli, daim (comprenant le gnou ou wildebeest et toutes les espèces d'antilopes à l'exception des springboks actuellement immigrants), lièvre et lapin; par « permis de chasse » il faut entendre aux fins de la présente loi une licence dûment délivrée par le Gouvernement.

3. Le Gouverneur pourra, par ordonnance, déterminer et prescrire pour chaque district dans cette colonie le temps prohibé ou les saisons de clôture de la chasse pendant lesquelles il sera interdit de tuer, de poursuivre,

---

Elephants », and the Proclamation dated the 14th March, 1823, entitled « Amendment of Game Law—Elands ».

2. The word « game » shall, for the purposes of this Act, be taken and understood to mean and comprehend the several birds and animals of this Colony following, not being domesticated, commonly known as pauw, korhan, guinea-fowl, pheasant, partridge, grouse, and dikkop, elephant, camelopard, sea-cow (hippopotamus), buffalo, zebra, quagga, Burchell zebra, buck (comprehending the whole antelope species, with the exception of springbucks actually migrating, but including the gnu or wildebeest), hare and rabbit (not being coneys); and the words « game licence » shall, for the purposes of this Act, be taken and understood to mean a game licence duly issued by Government.

3. It shall be lawful for the Governor, by Proclamation to be by him issued, to fix and prescribe for each district in this Colony the close time or fence seasons within which it shall not be lawful to kill, pursue, hunt, or shoot at, the different kinds of game

de chasser ou de tirer les différentes espèces de gibier dans ce district avec ou sans permis ou avec ou sans l'autorisation du propriétaire.

4. A l'exception de ce qui est stipulé ci-après, nul ne pourra tuer, prendre, capturer, poursuivre, chasser, vendre, colporter ou exposer en vente du gibier dans toute partie de la colonie sans avoir au préalable obtenu un permis. La première infraction sera punie d'une amende ne dépassant pas 30 s. et toute infraction ultérieure d'une amende de 5 £ au maximum. Cette disposition n'est pas applicable à celui qui capture, tue, etc. des animaux endommageant les récoltes dans des terres cultivées ou jardins. Toutefois, nul ne pourra poursuivre, tirer, tuer, détruire ou capturer un éléphant, un hippopotame, buffle, élan, koudou, hartebeest, bontebok, blesbok, gemsbok, rietbok, zèbre, quagga, zèbre Burchelli, gnou, wildebeest ou toute autre variété, sans

---

respectively within such district either with or without a game licence respectively, or with or without the land-owners' permission.

4. No person shall, save as is hereinafter provided, kill, catch, capture, pursue, hunt, or shoot at, sell, hawk, or expose for sale, game in any part of this Colony, without having previously obtained a game licence, under the penalty of not exceeding 30s. for the first offence, and not exceeding £ 5 for every subsequent offence, excepting herefrom any game found injuring crops in cultivated lands or gardens. No person, however, shall be at liberty to pursue, shoot, kill, destroy, or capture any elephant, hippopotamus, buffalo, eland, koodoo, hartebeest, bontebok, blesbok, gemsbok, rietbok, zebra, quagga, Burchell zebra, or any gnu or wildebeest of either variety, without having obtained a special permission to that effect from the Governor, under a penalty of not exceeding £ 10 for each offence, or, on failure of payment thereof, not exceeding one month's imprisonment

permis spécial du Gouverneur. Toute contravention est passible d'une amende ne dépassant pas 10 £ ou, en défaut de payment, d'un mois de prison au maximum avec ou sans travaux forcés : toutefois, les propriétaires fonciers ou les personnes autorisées par eux pourront, sans être munis de ce permis spécial, tuer l'éléphant sur leurs propriétés.

5. Pendant le temps prohibé, nul ne pourra tuer, poursuivre ou tirer le gibier dans un district de la colonie, ni en posséder, vendre, colporter ou exposer en vente après l'expiration d'une semaine à partir de la fermeture de la chasse qui sera proclamée dans le district. La première contravention sera punie d'un amende de 4 £ et chaque contravention suivante d'une amende de 8 Livres sterling.

6. Nul ne pourra, à aucun moment, sans permis spécial du Gouverneur qui indiquera les motifs de l'autorisation, enlever intentionnellement ou détruire, vendre, colporter, exposer en vente ou acheter des œufs d'oi-

---

with or without hard labour : Provided, however, that landed proprietors and persons authorized by them shall, without having such special permission, be at liberty to shoot elephant upon the property of such landed proprietors.

5. No person shall kill, pursue, or shoot at game in any district in the Colony during the close time, or shall possess, sell, hawk, or expose for sale game in such district after the expiration of one week from the commencement of the close time which shall be proclaimed for any such district, under a penalty of £ 4 for the first offence, and £ 8 for every subsequent offence.

6. No person shall, without special permission of the Governor, for purposes to be mentioned in such permission as hereinafter is provided, at any time wilfully take away, disturb, or destroy eggs, or sell, hawk, or expose for sale, or shall purchase eggs of any game birds in any part of this Colony, under the penalty of

seaux dans toute partie de la colonie sous peine d'une amende de 4 Livres sterling au maximum pour la première infraction et de 8 à 10 Livres sterling pour toute infraction ultérieure; les œufs, quel que soit leur détenteur, seront confisqués au profit du gouvernement et pourront être saisis *brevi manu* par tout propriétaire foncier, occupant de terres, juge de paix, officier de l'armée, constable ou fonctionnaire de police.

Toutefois, le Gouverneur pourra toujours autoriser par écrit des personnes compétentes à prendre ou à transporter des œufs d'oiseaux ou des jeunes d'oiseaux ou d'autre gib·er aux fins d'élevage, d'acclimatement ou de recherches scientifiques; celui qui a obtenu cette autorisation écrite du Gouverneur peut recevoir ou prendre des œufs, oiseaux ou animaux. Cette autorisation renseignera distinctement le nombre et l'espèce des œufs, oiseaux ou animaux que les intéressés peuvent recevoir ou prendre; ce nombre ne pourra dépasser celui indiqué dans l'autorisation écrite du Gouverneur. Celui qui

---

any sum not exceeding £ 4 for the first offence, and not less than £ 8, nor exceeding £ 10, for every subsequent offence ; and the said eggs shall be confiscated to Government, in whose custody soever the same may at any time be found, and may be seized *brevi manu* by any land-owner, occupier of land, justice of the peace, field-cornet, constable, or police officer : Provided, always, that it shall be lawful for the Governor to permit under his hand any fit or proper person or persons to take, or carry away the eggs of any game bird, or the young of any game, whether bird or other game, for the purpose of rearing or breeding the same, or for the purpose of acclimatization or scientific investigation ; and any person so obtaining the Governor's written permission as aforesaid may himself obtain or take the said eggs, birds, or animals : Provided, always, that such writing shall distinctly state the number and denomination of such eggs,

reçoit ou prend un plus grand nombre ou d'autres espèces d'œufs, d'oiseaux ou d'animaux que ceux stipulés dans la licence' délivrée par le Gouverneur, ou qui donne ou essaye de donner à d'autres l'autorisation d'en recevoir ou d'en prendre, de manière qu'avec ce qu'il recevra ou prendra lui-même, il possédera un plus grand nombre d'œufs, d'oiseaux et d'animaux et d'autres spécimens que ceux indiqués dans cette licence, sera considéré comme coupable d'avoir pris intentionnellement tous les jeunes ou œufs qu'il possédera ou comme ayant donné ou voulu donner l'autorisation de les prendre ou recevoir à sa place.

7. Nul ne pourra, à aucun moment, avec ou sans permis de chasse, tuer, prendre, capturer, poursuivre, chasser ou tirer le gibier dans la colonie sur les propriétés privées sans l'autorisation du propriétaire, sous peine d'une amende ne dépassant pas 5 Livres sterling pour la pre-

---

birds, or animals which the holders are employed to obtain or take, which shall collectively not exceed the number specified by the Governor's permission aforesaid. And any person obtaining or taking a greater number or other kinds of such eggs, birds, or animals than those specified in the Governor's permission as aforesaid, or giving or affecting to give any person or persons authority to take or obtain, together with what he shall himself take or obtain in the whole, more than the number or other than the kinds specified in such permission as aforesaid, shall be held guilty of wilfully taking all such young or eggs as he shall have taken or obtained, or shall have given or affected to give authority in the whole to take or obtain.

7. No persons shall at any time, either with or without a game licence, kill, catch, capture, pursue, hunt, or shoot at any game on any lands within this Colony, without the permission of the owner of such lands, if private property, under the penalty of any sum not exceeding £ 5 for the first offence, and not exceeding £ 10

mière infraction et de 10 Livres sterling au maximum pour toute infraction ultérieure; le contrevenant est en outre tenu de payer au propriétaire de la terre toute autre amende dont il serait passible en vertu de toute autre section de la présente loi; toutefois, l'autorisation donnée par le propriétaire après la contravention à laquelle se rapporte l'amende sera valable comme si elle avait été donnée avant l'infraction. L'amende encourue en vertu de cette section ne sera appliquée qu'après notification faite et avertissement donné, soit personnellement, soit par lettre, soit dans la *Gazette* ou dans un journal local par le propriétaire, qu'il désire conserver le gibier sur ses terres.

8. Lorsqu'un particulier est accusé d'avoir sans permis tué, capturé, poursuivi, chassé, tiré, vendu, colporté ou exposé en vente du gibier dans une partie quelconque de la colonie et qu'il allègue pour sa défense que ce gibier

---

for every subsequent offence, in addition to any penalty, if any, to which he may be liable under any other section of this Act, the penalty provided by this section to be paid to the owner of the land; but any permission given by such owner after the event with reference to the offence shall be as valid as if given before the offence. But no penalty under this section shall in any case be enforced unless notice and warning shall have been given, either personally or by letter, or in the *Gazette*, or in a local newspaper, by the owner that he is desirous to preserve the game thereon.

8. Whenever any person shall be charged with killing, capturing, pursuing, hunting, or shooting at, selling, hawking, or exposing for sale, game in any part of the Colony without a licence, and shall allege in defence that such game was injuring crops in cultivated lands or gardens, the proof of the truth of such allegation shall be with the person charged.

9. In any case prosecuted under this Act every game animal

endommageait les récoltes sur des terres cultivées ou dans des jardins, il sera tenu de fournir la preuve du fondement de cette allégation.

9. Dans toutes les contraventions poursuivies en vertu de la présente loi, tout animal-gibier sera présumé vivre à l'état sauvage, à moins qu'il ne soit démontré qu'il a été apprivoisé.

10. Lorsque les diverses amendes indiquées ci-dessus sont inférieures à 25 Livres sterling, le recouvrement peut en être poursuivi par toute personne,, pour son compte comme pour le compte de la Couronne,, devant le Tribunal du magistrat résident du district où la contravention a été commise; dans les autres cas, l'action doit être portée selon le cas devant la Cour suprême, la Cour dés districts orientaux ou la Haute Cour de Griqualand, ou devant la Cour itinérante pour le district où l'infraction a été commise; sauf dans le cas spécial prévu ci-dessus, la moitié de l'amende imposée au contrevenant pour infraction à une disposition de la présente loi

---

shall be presumed to have been wild until shown to have been domesticated.

10. The several fines above-mentioned may be recovered by any person, on behalf as well as of himself as of the Crown, in all cases where the fine shall not exceed £ 25, in the Court of the Resident Magistrate of the district where the offence may have been committed, and in other cases in the Supreme Court, the Court of the eastern districts or the High Court of Griqualand, as the case may be, or the Circuit Court for the district where the offence may have been committed; and a moiety of any fine imposed upon any offender on conviction, for contravening any of the provisions of this Act, shall, save as is hereinbefore otherwise specially provided, be paid to the person on whose information such conviction shall have taken place, provided such person be not an accessory.

sera payée à celui qui aura dénoncé l'infraction, si toutefois le dénonciateur n'est pas un complice.

11. Le Gouverneur pourra, par ordonnance publiée dans la *Gazette*, proclamer et déclarer pour toutes parties quelconques de la colonie que les oiseaux ou les animaux indiqués dans cette ordonnance seront protégés et ne pourront pas être détruits pendant toute période ne dépassant pas trois années; il pourra aussi étendre à tous les oiseaux ou animaux la protection de la présente loi, comme s'ils étaient compris parmi les animaux-gibier y définis, ou étendre à ces oiseaux ou animaux le bénéfice de certaines dispositions de la loi indiquées dans l'ordonnance, comme si ces oiseaux ou animaux étaient expressément et nominalement protégés par ces dispositions; il pourra aussi de temps en temps retirer, modifier ou amender cette ordonnance.

12. En cas d'opportunité démontrée par le *Divisional Counsil* d'une des divisions de la colonie, le Gouverneur pourra, par ordonnance publiée dans la *Gazette*,

---

11. It shall be lawful for the Governor, by Proclamation in the « Gazette », to proclaim and declare as to any parts of this Colony that any bird or animal, to be specified in such Proclamation, shall be protected and not destroyed for any number of years not exceeding three, to be mentioned in such Proclamation, and also to extend to any such bird or other animal the protection of this Act, as if the same were included among the game animals in this Act defined, or to extend to any such bird or other animal the protection of such of the provisions of this Act as may be specified in such Proclamation, as if such bird or other animal were expressly protected by name in such provisions respectively; and also from time to time to revoke, alter, or amend such Proclamation.

12. It shall be lawful for the Governor, on good cause shown by the Divisional Council of any of the divisions of the Colony,

suspendre dans cette division en tout ou en partie,comme il le juge utile, l'effet de la présente loi, soit pour un temps déterminé *ou* pour tout animal, soit pour un temps déterminé *et* pour tout animal selon qu'il sera indiqué dans la dite ordonnance.

13. Tout contravenant condamné pour infraction à une disposition de la présente loi en défaut de payer l'amende qui lui a été imposée et de se conformer à une stipulation spécialement prévue sera passible d'un emprisonnement d'un mois au maximum, avec ou sans travaux forcés, à moins que l'amende ne soit payée plus tôt.

14. Dans toute poursuite du chef de contravention à une section de la présente loi, pour avoir agi sans permis, il suffira *primâ facie* au plaignant d'établir que l'accusé ne paraît pas être le porteur d'un permis dans la liste des personnes à qui le permis aura été délivré; cette liste est tenue au bureau du magistrat résident

---

to suspend, by Proclamation in the *Gazette*, in whole or in part, as may seem right, the operation of this Act, or any part or parts thereof, in the said division, for any time or with regard to any animal, or both, for any time and with regard to any animal to be specified in the said Proclamation.

13. Any offender being convicted for contravention of any of the provisions of this Act, in default of payment of the fine imposed upon him, and in default of other provision in that behalf in this Act specially provided, shall be liable to imprisonment for any period not exceeding one month, with or without hard labour, unless the fine be sooner paid.

14. In any prosecution for infringement of any section of this Act, by doing anything without licence, it shall be *primâ facie* sufficient for the prosecutor to show that the accused does not appear as the holder of a licence in the list of persons to whom the requisite licence in such case shall have been issued, respec-

devant qui ou dans le district duquel la cause sera introduite pour jugement devant un tribunal; mais le prévenu pourra repousser l'accusation en prouvant qu'il était en fait le possesseur légal du permis au moment de l'introduction de l'instance.

15. Jusqu'à ce qu'il en soit ordonné autrement par le Gouverneur en vertu des dispositions de la présente loi, la saison de clôture de la chasse actuellement établie par la loi sera maintenue.

16. Les propriétaires fonciers ne seront pas tenus de se munir d'un permis pour chasser le gibier sur leurs propres terres.

17. La présente loi peut être citée sous le nom de « Loi sur la chasse de 1886».

---

tively, kept in the office of the Resident Magistrate before whom, or in whose district, such case shall be brought for trial in any Court; but it shall be lawful for such accused person to rebut such evidence by proof that he was in fact, at the time of the commission of the offence charged, the lawful holder of such a licence.

15. Until otherwise proclaimed by the Governor under the provisions of this Act, the fence or close season at present established by law shall continue to be such fence or close season.

16. No land-owner shall require a game licence for the purpose of shooting game on his own land.

17. This Act may be cited as « The Game Law Amendment Act, 1886 ».

Annexe Nº 2.

LOI

amendant celle de 1886, nº 36, citée généralement sous le nom de « Loi amendée de 1886 sur la chasse »,

Approuvée le 18 août 1891.

Il est arrêté ce qui suit par le Gouverneur du Cap de Bonne-Espérance, de l'avis et avec le consentement du Conseil législatif et de l'Assemblée législative :

1. Tous les mots après celui de « Gouverneur » dans la section 4 de la loi nº 36 de 1886, généralement citée sous le nom de « Loi amendée sur la chasse de 1886 », sont biffés et remplacés par les suivants : « Toute première contravention est passible d'une amende ne dépassant pas 25 livres ou, à défaut de payement de celle-ci, de trois

---

Schedule Nº 2.

ACT

to amend the Act Nº 36 of 1886, commonly called « The Game Law Amendment Act, 1886 ».

Assented to August 18, 1891.

Be it enacted by the Governor of the Cape of Good Hope, with the advice and consent of the Legislative Council and House of Assembly thereof, as follows :

1. All the words after « Governor » in the 4th section of the Act Nº 36 of 1886, commonly called « The Game Law Amendment Act, 1886 » are hereby expunged, and the following inserted in their stead : « under penalty for the first conviction of a fine not exceeding £ 25, or, in default of payment thereof, imprisonment, with or without hard labour, not exceeding three months,

mois d'emprisonnement au maximum avec ou sans travaux forcés ; pour toute contravention ultérieure l'amende sera de 50 livres ou, à défaut de payement, d'un emprisonnement, avec ou sans travaux forcés, de six mois au maximum.

« Toutefois, les propriétaires fonciers ou les personnes autorisées par eux pourront, sans permis spécial, chasser l'éléphant sur leurs propriétés. »

2. A partir de la mise en vigueur de la présente loi nul ne pourra, nonobstant toute disposition contraire dans la section 4 de la « Loi sur la chasse de 1886 » ou toute autre loi, vendre, trafiquer, colporter, ou exposer en vente du gibier sans avoir pris au préalable un permis à délivrer par le Receveur du timbre ou par tout autre fonctionnaire autorisé à cette fin ; cette pièce, dont la délivrance est subordonnée aux conditions énumérées ci-après, n'exclut pas l'obligation de la possession du permis pour tuer,

---

and for a second or any subsequent conviction, a fine of £ 50' or, in default of payment thereof, to imprisonment, with or without hard labour, for a period not exceeding six months : Provided, however, that landed proprietors and persons authorized by them shall, without having such special permission, be at liberty to shoot elephant upon the property of such landed proprietors. »

2. From and after the passing of this Act no person shall, anything to the contrary in the 4th section of « The Game Law Amendment Act, 1886 », or any law notwithstanding, sell, barter, hawk, or expose for sale any game without having previously taken out a licence to be duly issued by any Distributor of Stamps or any other authorized officer, which licence shall be in addition to the licence to kill, cath, capture, pursue, hunt, or shoot at game required by the said section of the said Act, and shall be issued subject to the following conditions :

(a) No such licence shall be issued by any Distributor of

capturer, poursuivre, chasser ou tirer le gibier exigé par la dite section de la loi précitée :

a) Ce permis ne sera délivré par le Receveur du timbre ou par tout autre fonctionnaire compétent sans un certificat du Magistrat résident du district portant que le requérant, est à sa connaissance et à son avis, un homme réunissant les conditions voulues pour vendre du gibier.

b) Le permis, quelle que soit la période de l'année à laquelle il a été pris, expirera le 31 décembre suivant. Toutefois, si le permis est pris après le 30 juin, la taxe à payer sera réduite à la moitié.

c) La somme de £ 3 sera payée pour chaque permis.

Celui qui vendra, trafiquera, colportera ou exposera en vente du gibier sans avoir pris ce permis sera passible d'une amende ne dépassant pas £ 10 ou, à défaut de payement, d'un emprisonnement, avec ou sans travaux forcés, d'un mois au maximum, à moins que l'amende ne soit payée plus tôt. Aucune clause de cette section ne

---

Stamps or any other authorized officer without a certificate from the Resident Magistrate of the district that the applicant for such licence is, to the best of his knowledge and belief, a fit and proper person to sell game.

(b) Every such licence shall, no matter at what period of the year the same be taken out, expire on the 31st December following : Provided that when any such licence shall be taken out from or after the 1st July, there shall be payable only one-half of the sum appointed in respect of such licence.

(c) The sum of £ 3 shall be payable in respect of every such licence.

Every person who shall sell, barter, hawk, or expose for sale any game without having previously taken out such licence shall be liable to a penalty not exceeding £ 10, or, in default of payment, to imprisonment, with or without hard labour, for a period not exceeding one month, unless the fine be sooner paid : Provi-

s'appliquera à la vente, au trafic, au colportage ou à l'exposition en vente, par les propriétaires ou les occupants de terres, de gibier tué sur les terres possédées ou occupées par eux.

3. Après « tirer du gibier » dans la 7e section de la dite loi seront insérés les mots suivants : « ou braconner au fusil ou au chien »; d'autre part, la phrase suivante sera ajoutée à la dite section : « Aux fins de cette section le mot « propriétaire » comprendra, comme signification, l'occupant ou la personne ayant le droit de tirer le gibier sur les terres en question. »

4. Aucune clause de la 5e section de la loi n° 36 de 1886 ne rendra illégale dans un district la possession de gibier pendant la saison de clôture, si ce gibier y a été importé d'un autre district où, au moment de l'importation, la chasse n'était pas fermée pour ce gibier.

5. Toutes les amendes et pénalités imposées en vertu de la présente loi seront recouvrables devant le tribunal

---

ded that nothing in this section contained shall apply to the selling, bartering, hawking, or exposing for sale by the owner or occupier of land of any game killed upon the land owned or occupied by him.

3. After the words « shoot any game » in the 7th section of the said Act there shall be inserted the following words : « or with gun or dog trespass, » and there shall be added to the said section the following : « For the purposes of this section the word 'owner' shall be taken to include the occupier or the person entitled to the right to shoot game on the lands in question. »

4. Nothing in the 5th section of Act N° 36 of 1886 contained shall render it illegal to possess game in any district during the close time of any district if such game shall have been transmitted into such district from some other district in which at the time of such transmission there shall not have been a close season for such game.

du Magistrat résident du district dans lequel la contravention aura été commise.

6. La présente loi peut être citée sous le nom de « Loi d'amendement sur la chasse de 1891 », et sera lue comme faisant corps avec la « Loi sur la chasse de 1886 ».

---

5. All fines and penalties under this Act shall be recoverable in the Court of the Resident Magistrate of the district in which the offence shall have been committed.

6. This Act may be cited as « The Game Law Amendment Act, 1891, » and shall be read as one with « The Game Law Amendment Act, 1886 »

ANNEXE N° 3.

LOI

amendant les lois sur la chasse.

Il est arrêté ce qui suit par le.Gouverneur du Cap, de l'avis et avec le consentement du Conseil législatif et de l'Assemblée législative :

1. Est abrogée toute disposition de la « Loi sur la chasse n° 36 de 1886 », de la « Loi d'amendement sur la chasse n° 38 de 1891 » et de toute autre loi contraire à la présente.

2. Celui qui a obtenu un permis de chasse spécial conformément à la section 4 de la loi n° 36 de 1886 informera le Magistrat résident du district pour lequel ce permis a été délivré de la date à laquelle il a l'intention d'en faire usage ; il sera tenu de renvoyer le dit permis à ce magistrat

SCHEDULE N° 3.

ACT

to amend the Game Laws.

Be it enacted by the Governor of the Cape of Good Hope, with the advice and consent of the Legislative Council and House of Assembly thereof, as follows :

1. So much of the « Game Law Amendment Act N° 36 of 1886 », the « Game Law Amendment Act N° 38 of 1891 », or any other law as is repugnant to or inconsistent with the provisions of this Act, is hereby repealed.

2. Every person to whom a special permit to shoot has been issued in terms of section four of Act N° 36 of 1886 shall give notice to the Resident Magistrate of the district for which such permit is issued of the date on which he proposes to make use of such permit and shall be bound to return the said permit to the

dans les quinze jours après avoir tué le nombre d'animaux y mentionné.

3. Quiconque est trouvé en possession de viande, peaux, cuirs ou cornes du gibier spécifié dans la section 4 de la loi n° 36 de 1886 peut être sommé par le Magistrat résident du district où il a été trouvé ou par tout autre fonctionnaire compétent, d'établir comment et quand il est entré en possession de ces dépouilles; l'inculpé doit prouver le fondement de ses allégations. Dans le cas où celui-ci ne donne pas d'explications suffisantes et ne fournit pas la preuve de possession, il sera traité comme ayant transgressé les dispositions de la section 4 de la dite loi concernant les permis spéciaux et encourra la pénalité prévue par la section I de la loi n° 38 de 1891.

4. Le Gouverneur pourra, par proclamation dans la *Gazette*, constituer en « réserves de chasse » toute partie quelconque des terrains domaniaux de la colonie ; il pourra aussi, par des proclamations ultérieures, modi-

---

said Resident Magistrate within fourteen days after the number of animals mentioned therein have been killed.

3. Any person found in possession of the flesh, skins, hides, or horns of any of the game specified in section four of Act N° 36 of 1886, may be called upon by the Resident Magistrate of the district in which he is so found, or by any officer duly authorised thereto, to show how and when he became possessed of such flesh, skins, hides or horns, and the proof of the truth of the allegations made by him shall rest with the person charged; and in the event of such person failing to give satisfactory explanation and proof of possession, he shall thereupon be dealt with as if he had infringed the provisions of section four of the said Act regarding special permits, and shall be liable to the penalty provided by section one of Act N° 38 of 1891.

4. It shall be lawful for the Governor, by proclamation in the *Gazette*, to define any area, being land the property of Her Ma-

fier, améliorer, restreindre ou étendre les limites de ces réserves, et arrêter des règlements pour en assurer le contrôle, l'opération, l'administration et le maintient ainsi que pour la préservation du gibier qui s'y trouve.

5. Chacun de ces règlements peut prévoir pour toute contravention une peine ne dépassant pas 25 £ ou, à défaut de payement, un emprisonnement, avec ou sans travaux forcés,de trois mois au maximum; toute personne contrevenant à ce règlement sera passible de la pénalité spéciale prévue à cette fin et, à défaut de celle-ci, d'une amende ne dépassant pas 10 £ ou, à défaut de payement de l'amende, d'un emprisonnement, avec ou sans travaux forcés, d'un mois au maximum.

6. La section 4 de la loi n° 36 de 1886 sera lue et interprétée comme si les mots « tirer au fusil » étaient insérés après le mot « tirer » dans la seconde partie de la section où ce dernier mot s'applique au gibier pour lequel le permis spécial du Gouverneur est exigé.

---

jesty in Her Colonial Government as a game preserve, and by subsequent proclamations to alter, amend, contract or extend the limits of such area or areas, and to make rules and regulations for the control, working, management and preservation of such game preserves and game therein.

5. Every such rule or regulation may prescribe a penalty for the breach thereof, not exceeding Twenty-five Pounds for each offence or in default of payment to imprisonment with or without hard labour for a period not exceeding three months, and every person contravening any such rule or regulation shall be liable to the particular penalty in that behalf prescribed, and if no such penalty be prescribed then to a penalty of not exceeding Ten Pounds or in default of payment to imprisonment with or without hard labour for a period not exceeding one month.

6. Section 4 of Act N° 36 of 1886 shall be read and construed as if the words « shoot at » were inserted after the word « shoot »

7. La présente loi sera lue comme formant corps avec la « Loi d'amendement sur la chasse de 1886 » et la « Loi d'amendement sur la chasse de 1891 » et peut être citée à toutes fins sous le nom de « Loi d'amendement sur la chasse de 1899 ».

---

in the second portion of the Section where the latter word refers to the game in respect of which the special permission of the Governor is required.

7. This Act shall be read as one with the « Game Law Amendment Act, 1886 », and the « Game Law Amendment Act, 1891 », and may be cited for all purposes as « The Game Laws Amendment Act, 1899 »,

ANNEXE N° 4.

ORDONNANCE

de S. E. l'honorable Sir Walter Francis Hely-Hutchinson.

Chevalier de Grand'Croix de l'Ordre des Saint Michel et Saint Georges, Gouverneur et Commandant en chef de la Colonie du Cap de Bonne-Espérance et des territoires qui en dépendent, etc., etc., etc.

En exécution et en vertu des pouvoirs qui me sont conférés par les sections 4 et 5 de la loi n° 33 de 1899, intitulée « La loi d'amendement sur la chasse de 1899 », j'ordonne, déclare et fais savoir que le territoire indiqué dans l'annexe ci-après, dans la province de Namaqualand, constituera une « réserve de chasse », dans laquelle il ne

SCHEDULE N° 4.

PROCLAMATION

*By His Excellency the honourable
Sir Walter Francis Hely-Hutchinson.*

Knight Grand Cross of the Most Distinguished Order of Saint Michael and Saint George, Governor and Commander-in-Chief of His Majesty's Colony of the Cape of Good Hope, and of the Territories and Dependencies thereof, &c, &c., &c.

Under and by virtue of the powers vested in me by Sections 4 and 5 of Act N° 33 of 1899, entitled « The Game Laws Amendment Act. 1899 », I do hereby proclaim, declare, and make known that the area specified in the Schedule hereto, in the Division of Namaqualand, shall, in terms of the said Act be and

sera pas permis de tuer, chasser, capturer ou poursuivre aucune espèce de gibier.

Dieu protège le Roi!

Donné sous ma signature et le sceau public de la Colonie du Cap, le 14 août 1903.

WALTER HELY-HUTCHINSON,
Gouverneur.

Par ordonnance de Son Excellence le Gouverneur en Conseil,

JOHN PROST.

Nº 241, 1903.

ANNEXE.

PROVINCE DE NAMAQUALAND.

A partir de la borne Sud-Est de la ferme « Koeries et Taukheis », appelée *N. E. Sector Berg*, comme l'indique le

continue a « Game Reserve, » within which it shall not be lawful to kill, hunt, capture, or pursue any species of Game whatsoever.

God save the King!

Given under my hand and the Public Seal of the Colony of the Cape of Good Hope, this 14th day of August, 1903.

WALTER HELY-HUTCHINSON,
Governor.

By Command of His Excellency the Governor in Council,

JOHN FROST.

Nº 241, 1903.

SCHEDULE.

DIVISION OF NAMAQUALAND.

From the south-eastern Beacon of the farm « Koeries and Taukheis », called « N.E. Sector Berg », as shown on plan Nº 5 O.P.,

plan nº 5 O. P., déposé au bureau de l'Inspecteur Général du cadastre; de là le long des bornes des fermes suivantes de façon à les exclure de cette étendue : «Koeries et Taukheis », « Taaibosch Mond», « Koams et Zout Vlei», « Naghas», « Oograbies», « Zuurwater», « Aggeneys», « Hartebeest Vlei», et « Banken», jusqu'à la borne Sud-Ouest; ensuite une ligne droite jusqu'à la borne mentionnée en premier lieu.

---

filed in the Surveyor-General's Office; thence along the boundaries of the following farms, so as to exclude them from this area : « Koeries and Taukheis», « Taaibosch Mond », « Koams and Zout Vlei», « Naghas», « Oograbies», « Zuurwater », « Aggeneys »,« Hartebeest Vlei», and « Banken», to its south-western Beacon; thence in a straight line to the Beacon first named.

LOI

amendant les lois sur la chasse.

Approuvée le 10 août 1908.

Il est arrêté ce qui suit par le Gouverneur du Cap, de l'avis et avec le consentement du Conseil législatif et de l'Assemblée législative :

1. Dans la présente loi, les termes suivants auront les significations ci-après :

Par « gros gibier » il faut entendre : l'éléphant, le rhinocéros, l'hippopotame, la girafe ou caméléopard, le buffle, l'élan, le koudou, le hartebeest, le bontebok, le blesbok, le gemsbok, le rietbok, le klipspringer, le zèbre, le quagga, le zèbre Burchell et tous les gnou ou wildebeest de chaque variété.

ACT

to amend the Game Laws.

Assented to 10th August, 1908.

Be it enacted by the Governor of the Cape of Good Hope, with the advice and consent of the Legislative Council and House of Assembly thereof, as follows :

1. In this Act the following terms shall bear the following meanings :

« Royal Game » shall mean the following animals, viz. : — elephant, rhinoceros, hippopotamus, giraffe or camelopard, buffalo, eland, koodoo, hartebeest, bontebok, blesbok, gemsbok, rietbok, klipspringer, zebra, quagga, Burchell zebra or any gnu or wildebeest of either variety.

Le mot « gibier » comprendra comme signification le « gros gibier» tel qu'il est défini ci-dessus, et les autres oiseaux et animaux compris ou à comprendre dans ce terme en vertu des sections 2 et 11 de la loi sur la chasse de 1886.

L'expression « Autorité locale» comprendra comme signification le Conseil provincial, le Conseil municipal et le Comité de direction du village.

2. Sauf les exceptions indiquées ci-après, nul ne pourra chasser le gibier dans une partie de la colonie sans avoir obtenu au préalable un permis de chasse pour lequel la taxe en vigueur et prescrite par la loi aura été payée; et nul ne pourra chasser le gros gibier sans être muni d'un permis spécial du Gouverneur et en même temps, sauf les exceptions ci-après, d'une autorisation appelée « permis de chasse pour gros gibier» pour lequel sera payée la somme de trois livres par les chasseurs domiciliés dans

---

« Game » shall include « Royal Game » as above defined and the other birds and animals included or which may be included in that term by or under sections two and eleven of the Game Law Amendment Act, 1886.

« Local Authority» shall include Divisional Council, Municipal Council, and Village Management Board.

2. No person, save as hereinafter provided, shall hunt any game in any part of this Colony without having previously obtained a game licence, in respect of which the fee for the time being prescribed by law has been duly paid, and no person shall hunt royal game without having previously obtained a special permit from the Governor, and, save as hereinafter provided, also a licence to be known as a royal game licence, in respect of which the sum of three pounds shall be payable by persons domiciled in, and twenty-five pounds by persons domiciled outside this Colony, or such other fee as may from time to time be prescribed by law, and for the issue of such

la colonie et celle de vingt-cinq livres par ceux domiciliés en dehors de la colonie ou une autre taxe prescrite de temps en temps par la loi; pour la délivrance de ces permis le Gouverneur peut arrêter des règlements à publier dans la *Gazette;* il est entendu que les propriétaires fonciers ou leurs enfants ne devront pas se pourvoir de la licence précitée pour tirer le gibier sur leurs terres. Celui qui transgresse les dispositions de cette section sera passible d'une amende ne dépassant pas cinq livres pour ce qui concerne le gibier autre que le gros gibier; à défaut de payement de l'amende, le contrevenant pourra être condamné à un emprisonnement maximum d'un mois, avec ou sans travaux forcés; lorsqu'il s'agit de gros gibier, l'amende pour la première contravention sera de vingt-cinq livres au maximum ou, à défaut de payement, d'un emprisonnement de trois mois au plus, avec ou sans travaux forcés; pour chacune des contraventions subséquentes, l'amende sera de cinquante livres au maximum ou, à défaut de payement, d'un empri-

permits and licences the Governor may make regulations to be published in the *Gazette*; provided that a landowner or his children shall not require either licence hereinbefore referred to for the purpose of shooting game on the land of such landowner. Any person contravening the provisions of this section shall, on conviction, be liable in regard to game other than royal game, to a fine not exceeding five pounds or, in default of payment thereof, to imprisonment with or without hard labour for a period not exceeding one month, and in the case of royal game, for the first offence, to a fine not exceeding twenty-five pounds or, in default of payment thereof, to imprisonment with or without hard labour for a period not exceeding three months, and for a second or any subsequent offence, to a fine not exceeding fifty pounds, or, in default of payment thereof to imprisonment with or without hard labour for a period no

sonnement de six mois au plus, avec ou sans travaux forcés; toute personne domiciliée en dehors de la colonie, mais y possédant des terrains, pourra obtenir un permis de chasse moyennant payement d'une somme de trois livres pour chasser le gros gibier sur ses terres dans la colonie.

3. (1) Est interdite la chasse à l'éléphant ayant des défenses pesant chacune moins de onze livres, à la femelle d'éléphant et à l'hippopotame; quiconque contreviendra aux dispositions de cette section sera passible d'une amende ne dépassant pas cinquante livres ou, à défaut de payement, d'un emprisonnement de six mois au plus, avec ou sans travaux forcés, à moins que l'amende ne soit payée plus tôt.

(2) Dans les six mois de la date de la présente loi, toute défense d'éléphant pesant moins de onze livres doit être déclarée par celui qui la possède au Commissaire civil, au Magistrat résident ou au Magistrat résident assistant le plus voisin; toute défense non déclarée sera confisquée.

(3) Tout Commissaire civil, Magistrat résident ou Ma-

---

exceeding six months : Provided that any person domiciled outside this Colony, but owning land therein, shall be entitled to obtain a royal game licence in respect of which the sum of three pounds shall have been paid by him, to shoot royal game on his own land within this Colony.

3. (1) The hunting of elephants with tusks weighing less than eleven pounds a piece or of cow elephants and hippopotami is prohibited; and any person who shall contravene the provisions of this section shall be liable upon conviction to a fine not exceeding fifty pounds, or in default of payment thereof, to imprisonment with or without hard labour for a period not exceeding six months unless such fine be sooner paid.

(2) Every elephant tusk weighing less than eleven pounds in the possession of any person shall within six months from the date of this Act be registered by the owner thereof with the

gistrat résident assistant tiendra un registre de toutes les défenses d'éléphant pesant moins de onze livres qui lui sont présentées pour inscription; ce registre indiquera le numéro et le poids de chaque défense ainsi que le nom et la résidence du propriétaire; celui-ci recevra du dit fonctionnaire pour chaque défense un certificat d'inscription dans la forme de la seconde annexe de la présente loi.

4. Les cornes, cuirs ou peaux de gros gibier et les défenses d'éléphants et d'hippopotames seront frappés à l'exportation de la Colonie d'un droit de vingt pour cent de leur valeur au port d'exportation; toute personne exportant ou essayant d'exporter des cuirs, peaux, défenses ou cornes sans payer ce droit sera passible d'une amende ne dépassant pas 10 livres sterling pour chaque article exporté ou dont l'exportation est tentée, ou, à défaut de payement, d'un emprisonnement de trois mois au plus, avec ou sans travaux forcés, à moins que l'amende

---

nearest Civil Commissioner or Resident Magistrate or Assistant Resident Magistrate, and every such tusk or tusks not so registered shall be liable to confiscation.

(3) Every Civil Commissioner, Resident Magistrate or Assistant Resident Magistrate shall keep a register of all elephant tusks weighing less than eleven pounds which may be presented to him for registration; and such register shall specify the number and weight of each tusk and the full name and residence of the owner, and the said official shall hand to the owner in respect of each such tusk a certificate of registration in the form set forth in the second schedule to this Act.

4. The horns, hides or skins of royal game, and the tusks of elephants and hippopotami shall be subject upon export from the Colony to a duty of twenty per centum of their value at the port of export; and any person exporting or attempting to export any hides, skins, tusks, or horns as aforesaid without payment of the said duty shall be liable on conviction to a fine

ne soit payée plus tôt; il est entendu en outre qu'aucune défense d'éléphant pesant moins de onze livres ne pourra être exportée, sous peine de confiscation de cette défense en cas de découverte; le Gouverneur pourra arrêter des règlements aux fins d'exécution de cette section.

5. Celui qui est trouvé en possession de viande, peaux, cuirs ou cornes de gros gibier sera passible, à moins qu'il ne puisse en justifier suffisamment la possession devant le Magistrat, d'une amende ne dépassant pas cinquante livres ou, en défaut de payement, d'un emprisonnement de six mois au maximum, avec ou sans travaux forcés. Celui qui sera trouvé en possession de ces dépouilles, ne sera pas admis à soutenir qu'il les a achetées ou acquises par trafic ou autrement.

6. Le Gouverneur pourra délivrer un permis spécial à toute personne pour tirer, tuer ou capturer sans licence et en tout temps des oiseaux et du gibier ou du gros

---

not exceeding ten pounds sterling for every such article exported or attempted to be exported or in default of payment thereof to imprisonment, with or without hard labour for a period not exceeding three months unless such fine be sooner paid; provided that no elephant tusk weighing less than eleven pounds shall be exported, under penalty of confiscation of such tusk when discovered; and it shall be lawful for the Governor to make regulations for the purpose of this section.

5. Any person found in possession of the flesh, skins, hides or horns of any royal game shall, unless he can satisfactorily account to the Magistrate for such possession, be liable on conviction to a penalty of not exceeding fifty pounds, and in default to imprisonment with or without hard labour for a period not exceeding six months. And it shall not be competent for any person found in possession of such flesh, skin, horns or hides, to plead that he has purchased or acquired the same by way of barter or otherwise.

gibier s'il a la conviction que ces oiseaux ou ces animaux sont destinés à des musées publics, à des institutions scientifiques, à des buts scientifiques, à la domestication ou à l'acclimatement.

7. Celui à qui a été délivré le permis du Gouverneur exigé par la loi pour tirer, tuer ou capturer des animaux ou pour transporter ou enlever des œufs ou des jeunes de gibier, donnera connaissance au Magistrat résident du district pour lequel le permis est délivré de la date à laquelle il a l'intention d'en faire usage ; il renverra le dit permis à ce fonctionnaire dans les quatorze jours après que le nombre d'animaux y mentionné a été tué ou capturé ou que le nombre d'œufs fixé a été transporté.

8. A partir de la mise en vigueur de la présente loi, la septième section de la loi d'amendement sur la chasse n⁰ 36 de 1886 sera lue et interprétée comme si les mots suivants y avaient été omis : « L'amende encourue en

---

6. It shall be lawful for the Governor to grant special permission to any person to shoot, kill or capture without taking out any licence and at any time any birds or animals whether royal game or not if he is satisfied that they are required for public museums or scientific institutions or for scientific purposes or for domestication or acclimatization.

7. Every person to whom the Governor's permit required by law to shoot, kill or capture animals or to remove or take away eggs or the young of game has been issued shall give notice to the Resident Magistrate of the district for which such permit is issued of the date on which he proposes to make use of the permit, and shall return the said permit to the said Resident Magistrate, within fourteen days after the number of animals mentioned therein have been killed or captured, or the eggs mentioned therein have been removed.

8. From and after the taking effect of this Act, the seventh section of the Game Law Amendment Act N⁰ 36 of 1886, shall

vertu de cette section ne. sera dans aucun cas appliquée qu'après notification faite personnellement, ou par lettre, ou dans la *Gazette* ou dans un journal local, par le propriétaire, qu'il désire conserver le gibier sur ses terres. »

9. Après la mise en vigueur de la présente loi, nul ne pourra intentionnellement tuer, prendre, capturer ou chasser dans une partie de la colonie ou tenter de tuer, prendre, capturer ou chasser du gibier de toute espèce si ce n'est qu'au fusil et moyennant un permis spécial à délivrer par le Gouverneur; le contrevenant sera passible d'une amende ne dépassant pas cinq livres ou, à défaut de payement, d'un emprisonnement avec ou sans travaux forcés d'un mois au maximum, à moins que l'amende ne soit payée plus tôt.

Ce qui précède n'est pas applicable aux rabatteurs légalement employés par les propriétaires fonciers pour

---

be read and construed as if the following words were omitted therefrom, namely : « But no penalty under this section shall in any case be enforced unless notice and warning shall have been given personally, or by letter, or in the *Gazette*, or in a local newspaper, by the owner, that he is desirous to preserve the game thereon. »

9. No person shall after the taking effect of this Act wilfully kill, catch, capture or hunt in any part of the Colony or attempt to wilfully kill, catch, capture or hunt game of any description except by shooting, save and except under special permit to be issued by the Governor; and any person contravening this section shall be liable to a penalty not exceeding five pounds or in default of payment to imprisonment with or without hard labour, not exceeding one month unless the fine be sooner paid : provided that the foregoing shall not apply to beaters lawfully employed by landowners in hunting large game, or by coursing by landowners or recognized clubs : provided further that it

la chasse au gros gibier, ou pour la chasse à courre organisée par ceux-ci ou par les clubs reconnus.

D'autre part, les propriétaires ou les occupants du terrain ou toutes autres personnes autorisées par ceux-ci pourront tuer ou capturer en tout temps et de toute manière le gibier à poil qui endommagerait les récoltes ou plantes sur des terres cultivées, dans des forêts, plantations ou jardins ; le gibier ainsi tué ou capturé en vertu des dispositions de cette section sera légitimement possédé par ces propriétaires, occupants ou personnes autorisées à la condition qu'en cas de poursuite en vertu des lois sur la chasse pour avoir tué, poursuivi ou tiré du gibier en temps prohibé, l'inculpé prouve que ce gibier a été légalement tué, poursuivi ou tiré en vertu des stipulations de cette section. Il est entendu en outre que le Gouverneur, agissant en vertu d'une résolution des deux tiers des membres du conseil provincial pourra, par proclamation, étendre le pouvoir de tuer ou de capturer

---

shall be lawful for the owner or occupier of land or for any person authorized thereto by such owner or occupier to kill or capture at any time, in any way, game not being winged or feathered game found injuring crops or plants in cultivated lands, forest, plantation or gardens; and any game so killed or caught under the provisions of this section may be lawfully possessed by such owner, occupier or person, as the case may be, provided that in any prosecution under the game laws for killing, pursuing or shooting at game in the close season, the proof that such game was lawfully killed, pursued or shot at by virtue of the provisions of this section, shall be on the person accused. Provided further that it shall be lawful for the Governor, acting on a resolution of two-thirds of the Divisional Council of any division, to extend, by proclamation, the power of killing or capturing game found injuring crops or plants in such division, so as to include the killing or capturing of winged or feathered game.

du gibier qui endommagerait les récoltes ou plantes dans cette province, de façon à y comprendre le massacre ou la capture du gibier à plumes.

10. Le Gouverneur pourra, à la demande de toute autorité locale, par proclamation dans la *Gazette* et dans un journal circulant dans la circonscription, interdire la chasse au gibier dans cette circonscription pendant la nuit et pendant les heures recommandées par cette autorité. Celui qui transgresse cette proclamation sera passible d'une amende ne dépassant pas cinq livres ou, à défaut de payement, d'un emprisonnement avec ou sanst ravaux forcés d'un mois au maximum.

11. *a)* Les lévriers ou lévriers bâtards seront, sauf l'exception prévue ci-après dans la sous-section *(b)*, soumis à une taxe annuelle de cinq livres sterling à payer par le propriétaire ou le possesseur légitime à l'autorité locale intéressée, à une date et dans une localité fixées par elle. Cette taxe sera levée par cette autorité

---

10. It shall be lawful for the Governor, on the recommendation of any local authority, by proclamation in the *Gazette* and in a newspaper circulating in the area of the local authority concerned, to prohibit the hunting of game at night in such area between such hours as may be recommended by such local authority; and any person contravening such proclamation shall be liable to a fine not exceeding five pounds, or, in default of payment thereof, to imprisonment with or without hard labour for a period not exceeding one month.

11. (*a*) Every greyhound or bastard greyhound, save as hereinafter in subsection *(b)* excepted, shall be subject to an annual tax of five pounds sterling, to be paid by the owner or person in lawful possession to the local authority concerned, on or before a date and at a place to be fixed by such local authority, which tax shall be levied by the local authority concerned under regulations framed by it and approved of by the Governor, and the proceeds

locale conformément aux règlements arrêtés par elle et
approuvés par le Gouverneur et les produits en seront
versés dans ses revenus généraux; le propriétaire ou le
possesseur d'un lévrier ou d'un lévrier bâtard imposé qui
ne paye pas la taxe à la date fixée par l'autorité locale et
dans les quinze jours après avertissement écrit pourra,
au gré du tribunal devant lequel est introduite l'action
de la taxe, être condamné à payer le double de celle-ci
ainsi que les frais du procès; de plus, le chien imposé
pourra être tué par ordre du tribunal si la taxe n'est pas
payée dans un délai fixé par celui-ci; l'animal ainsi condamné à être tué, sera tué de la manière et par le constable ou agent indiqué par le tribunal.

b) Les stipulations de la sous-section *(a)* ne seront
applicables que dans le territoire soumis à la juridiction
d'une autorité locale et seront mises en vigueur par le
Gouverneur à la suite d'une décision de cette autorité
prise à la majorité; dans tous les cas, ces clauses ne s'ap-

---

thereof shall go to the general funds of such local authority :
and the owner or person in possession of any greyhound or bastard
greyhound on which the aforesaid tax is payable, failing to pay
the same on or before the date fixed by the local authority, and
thereafter for one fortnight after written demand, shall be liable,
in the discretion of any Court before which an action for the
recovery of the tax is brought, to be condemned to pay double
the amount of the tax as well as the costs of such action; and in
addition, the greyhound or bastard greyhound, the tax on which
has been adjudged to be paid as aforesaid, may be destroyed by
order of such Court in case the tax so adjudged be not paid within
such time as the Court directs; and such dog so ordered to be
destroyed may be destroyed in such manner and by such constable or other officer as such Court may direct.

(*b*) The provisions of sub-section (*a*) above shall have force
only within the area of jurisdiction of a local authority, on the

pliqueront pas : 1º aux lévriers appartenant à un membre d'un club de chasse reconnu ou se trouvant sous sa surveillance et employés à la chasse; 2º aux lévriers inscrits conformément aux règles et règlements du *Kennel Club* sud-africain dans le registre de ce club; 3º aux lévriers ou lévriers bâtards appartenant à un propriétaire ou à un locataire de terrains ne se trouvant pas dans une circonscription municipale ou dans un ressort administratif d'un village, aussi longtemps qu'ils demeurent sous surveillance et se trouvent ordinairement sur les terrains de ce propriétaire ou locataire; 4º aux lévriers ou lévriers bâtards appartenant à l'occupant d'un lot de terres de la Couronne ou réserve qui paye l'impôt sur les huttes ou possède un titre de redevance, aussi longtemps que ces chiens sont sous la surveillance de cet occupant et se trouvent ordinairement dans les limites de ce lot de terres ou réserve.

12. A partir de la mise en vigueur de la présente loi, la

---

majority resolution of which the Governor shall proclaim the same to be in force, and shall in no case apply to any greyhound the property of or under the control of a member of any duly recognized coursing club, and used for coursing purposes; nor to any greyhound or whippet registered in accordance with the rules and regulations of the South African Kennel Club in the register of such club; nor to any greyhound or bastard greyhound the property of an owner or a lessee of land not falling within any municipal or village management board area, so long as it remains under the control and is ordinarily upon the land of such landowner or lessee; nor to any greyhound or bastard greyhound the property of a resident in a Crown Native location or reserve who is a hut tax payer or holder of a quitrent title, so long as it remains under the control of such resident, and is ordinarily within the limits of such native location or reserve.

12. From and after the taking effect of this Act, the Game

loi d'amendement sur la chasse n° 36 de 1886 sera lue et interprétée comme si les mots « à l'exception des springboks actuellement immigrants, mais, » dans la seconde section étaient omis : les stipulations de cette clause ne seront mises en vigueur dans aucune province qu'après proclamation du Gouverneur à la suite d'une demande faite à cet effet par le Conseil provincial intéressé.

13. La section 2 de la loi n° 38 de 1891 sera lue et interprétée comme si le renvoi qui y est fait à la « Loi d'amendement sur la chasse de 1886» se rapportait à la section correspondante de la présente loi.

14. Si les trois quarts des membres du Conseil provincial demandent par résolution au Gouvernement d'interdire la vente de gibier, sauf pour les propriétaires ou occupants de fermes dans la province pour le gibier tué sur les terres qui leur appartiennent ou sont occupées par eux, le Gouverneur pourra, par proclamation dans la

---

Law Amendment Act, N° 36 of 1886, shall be read and construed as if the words «with the exception of springbucks actually migrating, but,» in the second section thereof, were omitted therefrom : Provided that the provisions of this clause shall not take effect in any division except upon proclamation by the Governor, issued in compliance with a petition to that effect from the Divisional Council of such division.

13. Section two of Act N° 38 of 1891, shall be read as if the reference there to the « Game Law Amendment Act, 1886 », were to the corresponding section of this Act.

14. If three-fourths of the members of the Divisional Council of any division shall by resolution request the Government to prohibit the sale of game in such division except by landowners or occupiers of farms in the division in respect of game killed upon the land owned or occupied by them, it shall be lawful for the Governor by proclamation in the *Gazette*, to declare that such prohibition shall be in force in the division named for a period

Gazette, déclarer que cette interdiction sera en vigueur dans la province dénommée, pour une période ne dépassant pas trois ans. Cette résolution ne sera valable que si la notification de l'intention de la proposer a été donnée dans une réunion ordinaire préalable du Conseil et seulement après la notification formelle publiée au moins une fois par semaine pendant six semaines dans le journal où les avis du Conseil sont généralement insérés; celui qui contreviendra aux dispositions de cette proclamation à partir de sa promulgation sera passible d'une amende ne dépassant pas dix livres sterling ou, à défaut de payement, d'un emprisonnement avec ou sans travaux forcés d'un mois au maximum, à moins que l'amende ne soit payée plus tôt. Néanmoins, cette interdiction ne sera pas applicable avant l'expiration du permis pour vendre du gibier à celui qui était en possession de ce permis au moment de la publication de la proclamation.

---

not exceeding three years : provided, that no such resolution shall be valid unless notice of the intention to propose the same shall have been given at an ordinary meeting of the Council previously held and until formal notice thereof shall have been published at least once a week for six weeks in the newspaper in which the notices of the Council are usually published; and on and after the promulgation of the proclamation aforesaid anyone contravening the provisions thereof shall, upon conviction, be liable to a penalty not exceeding ten pounds, or in default of payment thereof to imprisonment with or without hard labour for a period not exceeding one month unless such fine be sooner paid.

The prohibition herein referred to shall not, however, apply to any person who at the time of issue of the proclamation was the holder of a licence to sell game, until the term of such licence shall have expired.

15. (1) Any person contravening any provision of this Act in

15. (1) Quiconque commet une infraction à une disposition de la présente loi pour laquelle aucune pénalité n'est spécialement déterminée sera passible, pour la première contravention, d'une amende ne dépassant pas vingt-cinq livres sterling ou, à défaut de payement, d'un emprisonnement avec ou sans travaux forcés de trois mois au maximum; la seconde ou toute contravention subséquente sera punie d'une amende ne dépassant pas cinquante livres sterling ou, à défaut de payement, d'un emprisonnement avec ou sans travaux forcés de six mois au maximum, ou de l'emprisonnement sans l'option d'une amende.

(2) Sauf stipulation contraire expresse ou sous entendue, la moitié de toutes les amendes récouvrées en vertu de la présente loi, sera payée au dénonciateur s'il n'est pas complice.

(3) Toutes les contraventions à la présente loi et à toute autre loi sur la chasse seront instruites et jugées par

respect of which no penalty is specially assigned shall be liable for the first offence to a fine not exceeding twenty-five pounds, and in default of payment to imprisonment with or without hard labour for a period not exceeding three months, and for a second or any subsequent offence to a fine not exceeding fifty pounds, and in default of payment to similar imprisonment for a period not exceeding six months, or to such imprisonment without the option of a fine.

(2) A moiety except where otherwise provided expressly or by implication of all fines recovered under this Act shall be paid to the informer not being an accessory.

(3) All offences under this Act and all offences against any other law relating to game may be heard and determined, and the penalties provided by the statute may be imposed by the Resident Magistrate.

le Magistrat résident ; celui-ci imposera aussi les pénalités prévues par les lois.

16. Les lois mentionnées dans la première annexe sont abrogées.

17. La présente loi sera lue comme formant corps avec « La loi d'amendement sur la chasse de 1886 », « La loi d'amendement sur la chasse de 1891 », et « La loi d'amendement sur la chasse de 1899 », et pourra être citée sous le nom de « Loi d'amendement sur la chasse de 1908 »; les dites lois peuvent être citées collectivement avec la présente comme « Les lois sur la chasse de 1886-1908 ».

Première Annexe.

Dispositions d'autres lois abrogées :
Section quatre, Loi N° 36 de 1886.
Section dix, Loi N° 36 de 1886.
Section seize, Loi N° 36 de 1886.
Section première, Loi N° 38 de 1891.

16. The enactments set out in the First Schedule hereto are repealed.

17. This Act shall be read as one with « The Game Law Amendment Act, 1886 », « The Game Law Amendment Act, 1891 », and the « Game Law Amendment, Act, 1899 », and may be cited as « The Game Law Amendment Act, 1908 »; and the said Acts may, with this Act, be cited collectively as « The Game Laws, 1886-1908 ».

First Schedule.

Provisions of other Acts repealed.
Section four, Act N° 36 of 1886.
Section ten, Act N° 36 of 1886.
Section sixteen, Act N° 36 of 1886.
Section one, Act N° 38 of 1891.

Section deux, Loi Nº 33 de 1899.
Section trois, Loi Nº 33 de 1899.
Section six, Loi Nº 33 de 1889.

SECONDE ANNEXE.

Certificat d'inscription.

Numéro....................

Je certifie par le présent que ....
..............................résidant à ....
m'a présenté aujourd'hui une défense d'éléphant pesant
.... livres et qu'elle a été dûment inscrite par moi
conformément à la section trois de la loi Nº .... de
1908, intitulée « La loi d'amendement sur la chasse
de 1908 ».

....
Commissaire civil.

Le .... 19.......

Section two, Act Nº 33 of 1899.
Section three, Act Nº 33 of 1899.
Section six, Act Nº 33 of 1899.

SECOND SCHEDULE.

Certificate of Registration.

Number ....

I hereby certify that ....
....................residing at ....
has this day exhibited to me an elephant tusk weighing.........
pounds, and that it has been duly registered by me as required by
section three of Act Nº...................of 1908, entitled « The
Game Law Amendment Act, 1908 ».

....
Civil Commissioner.

Dated at ....this ....day of...................

ANNEXE Nº 6.

LOI

renforçant et amendant les lois sur la chasse de 1886 à 1908.

Il est arrêté ce qui suit par le Gouverneur du Cap de l'avis et avec le consentement du Conseil Législatif et de l'Assemblée Législative :

1. Sont abrogées les lois nᵒˢ 36 de 1886, 38 de 1891, 33 de 1899 et 11 de 1908, ainsi que toute stipulation d'une autre loi quelconque contraire aux dispositions de la présente.

2. Dans la présente loi, les termes suivants auront respectivement les significations indiquées ci-après :

« Gros gibier » signifiera : l'éléphant, le rhinocéros, l'hippopotame, la girafe ou caméléopard, le buffle, l'élan, le koudou, le hartebeest, le bontebok, le blesbok, le gems-

---

SCHEDULE Nº 6.

ACT

to consolidate and amend the game laws 1886 to 1908.

Be it enacted by the Governor of the Cape of Good Hope with the advice and consent of the Legislative Council and House of Assembly thereof, as follows : —

1. The Acts Nos. 36 of 1886, 38 of 1891, 33 of 1899, and 11 of 1908, together with so much of any other law as is repugnant to or inconsistent with the provisions of this Act, are hereby repealed.

2. In this Act the terms following shall have the meanings herein assigned to them respectively : that is to say

« Royal Game » shall mean : Elephant, rhinoceros, hippopotamus, giraffe or camelopard, buffalo, eland, koodoo, hartebeest, bontebok, blesbok, gemsbok, rietbok, klipspringer, zebra, quagga,

bok, le rietbok, le klipspringer, le zèbre, le quagga, le zèbre Burchel, l'oribi et tout gnou ou wildebeest de toute variété.

Le mot « gibier » comprendra comme signification le « gros gibier » ainsi que les oiseaux et animaux suivants non apprivoisés : pauw, francolin, pintade, faisan, perdrix et dikkop; antilope (comprenant toutes les espèces d'antilopes à l'excepton des springboks de passage), lièvre et lapin; le gouverneur peut, par proclamation publiée à la suite d'une requête faite à cet effet par un conseil provincial, déclarer que l'exception concernant les springboks immigrants n'est pas applicable dans la province intéressée.

« Permis de chasse » signifiera un permis dûment délivré par le gouvernement.

« Autorité locale » comprendra comme signification le conseil provincial, le conseil municipal et le comité de direction du village.

3. Le Gouverneur pourra, par proclamation, déter-

Burchell zebra, oribi, or any gnu or wildebeest of either variety.

« Game » shall include « Royal Game » as well as the following birds and animals not being domesticated, viz. : — Pauw, korhaan, guinea fowl, pheasant, partridge and dikkop; buck (comprehending the whole antelope species with the exception of springbucks actually migrating), hare and rabbit; provided that it shall be lawful for the Governor by proclamation issued in compliance with a petition to that effect from the Divisional Council of any division, to declare the exception as regards springbucks actually migrating, not to have effect in such division.

« Game licence » shall mean a game licence duly issued by Government.

« Local Authority » shall include Divisional Council, Municipal Council, and Village Management Board.

miner et prescrire pour chaque district de cette colonie le temps prohibé ou les saisons de clôture de la chasse pendant lesquels il sera interdit de tuer, poursuivre, chasser ou tirer les différentes espèces de gibier dans ce district avec ou sans permis de chasse ou avec ou sans l'autorisation du propriétaire foncier; jusqu'à ce qu'il en soit autrement ordonné par le gouverneur en vertu de la loi, le temps prohibé ou la saison de la clôture établis aujourd'hui seront maintenus.

4. Pendant le temps prohibé, nul ne pourra tuer, poursuivre ou tirer du gibier dans un district de la colonie, ni en posséder, vendre, colporter ou exposer en vente après l'expiration d'une semaine à partir de la fermeture de la chasse dans le district. La première contravention sera punie d'une amende de quatre livres sterling et chaque contravention ultérieure d'une amende de huit livres sterling, ou, à défaut de payement dans chaque cas, d'un emprisonnement avec ou sans travaux forcés d'un mois au maximum, à moins que l'amende ne soit

---

3. It shall be lawful for the Governor, by proclamation to be by him issued, to fix and prescribe for each district in this Colony, the close time or fence seasons within which it shall not be lawful to kill, pursue, hunt, or shoot at, the different kinds of game respectively within such district either with or without a game licence respectively, or with or without the landowner's permission; until otherwise proclaimed by the Governor under the Act, the fence or close season at present established by law shall continue to be such fence or close season.

4. No person shall kill, pursue, or shoot at game in any district in the Colony during the close time, or shall possess, sell, hawk, or expose for sale game in such district after the expiration of one week from the commencement of the close time which shall be proclaimed for any such district, under a penalty of four pounds sterling for the first offence, and eight pounds sterling for every

payée plus tôt; toutefois, aucune disposition de cette section ne rendra illégitime la possession de gibier dans un district pendant le temps prohibé si le gibier y a été importé d'un autre district où, au moment de l'importation, il n'y avait pas de temps prohibé pour ce gibier.

5. Sauf les exceptions établies ci-après, nul ne pourra chasser le gibier dans une partie de la colonie sans avoir obtenu au préalable un permis de chasse pour lequel la taxe en vigueur prescrite par la loi aura été payée; et nul ne pourra chasser le gros gibier sans être muni d'un permis spécial du Gouverneur et en même temps, sauf les exceptions ci-après, d'une autorisation appelée « permis de chasse pour gros gibier » pour lequel sera payée la somme de trois livres sterling par les chasseurs domiciliés dans la colonie et celle de vingt-cinq livres sterling par ceux domiciliés en dehors de la colonie, ou toute autre taxe prescrite de temps en temps par la loi; pour la déli-

---

subsequent offence, and, in default of payment in each case, imprisonment with or without hard labour for any period not exceeding one month, unless the fine be sooner paid; but nothing in this section contained shall render it illegal to possess game in any district during the close time of such district if such game shall have been transmitted into such district from some other district in which at the time of such transmission there shall not have been a close season for such game.

5. No person, save as hereinafter provided, shall hunt any game in any part of this Colony without having previously obtained a game licence, in respect of which the fee for the time being prescribed by law has been duly paid, and no person shall hunt royal game without having previously obtained a special permit from the Governor, and, save as hereinafter provided, also a licence to be known as a royal game licence, in respect of which the sum of three pounds shall be payable by persons domiciled in, and twenty-five pounds by persons domiciled outside this Colony,

vrance de ces permis le Gouverneur peut arrêter des règlements à publier dans la *Gazette*; les propriétaires fonciers ou leurs enfants ne devront pas se pourvoir de la licence précitée pour tirer le gibier sur leurs terres. Quiconque transgressera les dispositions de cette section sera puni, lorsqu'il s'agit de gibier autre que gros gibier, d'une amende ne dépassant pas cinq livres sterling; à défaut de payement de l'amende, le contrevenant pourra être condamné à un emprisonnement d'un mois au maximum, avec ou sans travaux forcés; lorsqu'il s'agit de gros gibier, l'amende sera pour la première infraction de vingt-cinq livres sterling au plus ou, à défaut de payement, d'un emprisonnement de trois mois au maximum, avec ou sans travaux forcés; pour chacune des contraventions subséquentes, l'amende sera de cinquante livres sterling ou, à défaut de payement, de six mois de prison, avec ou sans travaux forcés : celui qui est domicilié en dehors de la

---

or such other fee as may from time to time be prescribed by law, and for the issue of such permits and licences the Governor may make regulations to be published in the *Gazette;* provided that a landowner or his children shall not require either licence hereinbefore referred to for the purpose of shooting game on the land of such landowner. Any person contravening the provisions of this section shall, on conviction, be liable in regard to game other than royal game, to a fine not exceeding five pounds, or in default of payment thereof, to imprisonment with or without hard labour for a period not exceeding twenty-five pounds, or, in default of payment thereof, imprisonment with or without hard labour for a period not exceeding three months, and for a second or any subsequent offence, to a fine not exceeding fifty pounds or, in default of payment thereof, to imprisonment with or without hard labour for a period not exceeding six months : Provided that any person domiciled outside this Colony, but owning land therein, shall be entitled to obtain a royal game licence in respect

colonie mais qui y possède des terres pourra obtenir un permis de chasse au gros gibier moyennant payement d'une somme de trois livres sterling pour tirer le gros gibier sur ses terres dans la colonie.

6. (1) Il est interdit la chasse à l'éléphant ayant des défenses pesant chacune moins de onze livres, et aux femelles d'éléphant et d'hippopotame; quiconque transgressera les dispositions de cette section sera passible d'une amende ne dépassant pas cinquante livres sterling ou d'un emprisonnement avec ou sans travaux forcés de six mois au plus, à moins que l'amende ne soit payée plus tôt.

(2) Dans les six mois de la date de la présente loi, toute défense d'éléphant pesant moins de onze livres doit être déclarée par celui qui la possède, au Commissaire civil, au Magistrat résident ou au Magistrat résident assistant le plus voisin; toute défense non déclarée sera confisquée.

---

of which the sum of three pounds shall have been paid by him, to shoot royal game on his own land within this Colony.

6. (1) The hunting of elephants with tusks weighing less than eleven pounds apiece or of cow elephants and hippopotami is prohibited; and any person who shall contravene the provisions of this section shall be liable upon conviction to a fine not exceeding fifty pounds, or in default of payment thereof, to imprisonment with or without hard labour for a period not exceeding six months unless such fine be sooner paid.

(2) Every elephant tusk weighing less than eleven pounds in the possession of any person shall within six months from the date of this Act be registered by the owner thereof with the nearest Civil Commissioner or Resident Magistrate or Assistant Resident Magistrate, and every such tusk or tusks not so registered shall be liable to confiscation.

(3) Every Civil Commissioner, Resident Magistrate or Assistant

(3) Tout Commissaire civil, Magistrat résident ou Magistrat résident assistant tiendra un registre de toutes les défenses d'éléphant pesant moins de onze livres qui lui sont présentées pour inscription, ce registre indiquera le numéro et le poids de chaque défense; le dit fonctionnaire remettra au propriétaire pour chaque défense un certificat d'inscription dans la forme prescrite par l'annexe de la présente loi.

7. Les cornes, cuirs ou peaux de gros gibier et les défenses d'éléphants et d'hippopotames seront frappées à l'exportation de la colonie d'un droit de vingt pour cent de leur valeur au port d'exportation; celui qui exporte ou tente d'exporter des cuirs, peaux et défenses ou cornes sans payer ce droit sera passible d'une amende ne dépassant pas dix livres sterling pour chaque article exporté ou dont l'exportation est tentée, ou, à défaut de payement, d'un emprisonnement de trois mois au plus avec ou sans travaux forcés à moins que l'amende ne soit

---

Resident Magistrate shall keep a register of all elephant tusks weighing less than eleven pounds which may be presented to him for registration; and such register shall specify the number and weight of each tusk and the full name and residence of the owner, and the said official shall hand to the owner in respect of each such tusk a certificate of registration in the form set forth in the schedule to this Act.

7. The horns, hides, or skins of royal game, and the tusks of elephants and hippopotami shall be subject upon export from the Colony to a duty of twenty per centum of their value at the port of export; and any person exporting or attempting to export any hides, skins, tusks, or horns, as aforesaid, without payment of the said duty shall be liable on conviction to a fine not exceeding ten pounds sterling for every such article exported or attempted to be exported or in default of payment thereof to imprisonment, with or without hard labour, for a period not

payée plus tôt; il est entendu en outre qu'aucune défense d'éléphant pesant moins de onze livres ne pourra
être exportée sous peine de confiscation de cette défense
en cas de découverte; le Gouverneur pourra arrêter des
règlements aux fins d'exécution de cette section.

8. Celui qui est trouvé en possession de viande, peaux,
cuirs ou cornes de gros gibier sera passible, à moins qu'il
ne puisse en justifier suffisamment la possession devant le
Magistrat, d'une amende ne dépassant pas cinquante
livres sterling ou, à défaut de payement, d'un emprisonnement de six mois au maximum, avec ou sans travaux forcés. Celui qui sera trouvé, en temps prohibé, en
possession de dépouilles de petit gibier ou de gibier spécialement protégé en vertu d'une proclamation faite en
exécution des dispositions de la section quatorze, dans la
circonscription et pendant la période fixées dans cette
proclamation, sera passible, à moins qu'il ne puisse justifier suffisamment cette possession devant le Magistrat,

---

exceeding three months unless such fine be sooner paid; provided
that no elephant tusk weighing less than eleven pounds shall be
exported, under penalty of confiscation of such tusk when discovered; and it shall be lawful for the Governor to make regulations for the purpose of this section.

8. Any person found in possession of the flesh, skins, hides, or
horns of any royal game shall, unless he can satisfactorily account
to the Magistrate for such possession, be liable on conviction to a
penalty of not exceeding fifty pounds, and in default of payment
thereof to imprisonment with or without hard labour for a period
not exceeding six months. And any person found in possession of
the flesh, skins, hides, or horns of any game other than royal
game during the close time, or fence season, or of game specially
protected under any proclamation issued under the provisions of
section fourteen, and within the area and period stated in such
proclamation, shall, unless he can satisfactorily account to the

des mêmes amendes et peines que celles indiquées dans la section quatre. D'autre part, celui qui sera trouvé en possession de ces dépouilles ne sera pas admis à soutenir qu'il les a acquises ou achetées par trafic ou autrement.

9. Le Gouverneur pourra délivrer un permis spécial à toute personne pour tirer, tuer ou capturer sans autorisation et en tout temps des oiseaux, du gibier ou du gros gibier, s'il a la conviction que ces oiseaux ou animaux sont destinés à des musées publics, à des institutions scientifiques, à des buts scientifiques, à la domestication ou à l'acclimatement.

10. A partir de la mise en vigueur de la présente loi, nul ne pourra, nonobstant toute stipulation contraire dans la section précédente ou dans toute autre loi, vendre, trafiquer, colporter ou exposer en vente du gibier, sans avoir pris au préalable un permis à délivrer par le Receveur du timbre ou par tout autre fonctionnaire compétent; ce permis est indépendant de celui pour tuer, prendre,

---

magistrate for such possession, be liable on conviction to the same fines and penalties as those set forth in section four. And it shall not be competent for any person found in possession of such flesh, skin, horns, or hides, to plead that he has purchased or acquired the same by way of barter or otherwise.

9. It shall be lawful for the Governor to grant special permission to any person to shoot, kill, or capture without taking out any licence and at any time any birds or animals whether royal game or not if he is satisfied that they are required for public museums or scientific institutions or for scientific purposes or for domestication or acclimatization.

10. From and after the passing of this Act, no person shall anything to the contrary in the preceding section or any other law notwithstanding, sell, barter, hawk, or expose for sale any game, without having previously taken out a licence, to be duly issued by any Distributor of Stamps or any other authorized

capturer, poursuivre, chasser ou tirer du gibier exigé par la dite section et sera délivré aux conditions suivantes :

(a) Ce permis ne sera délivré par le Receveur du timbre ou par tout autre fonctionnaire compétent sans un certificat du Magistrat résident du district, portant que le requérant est à sa connaissance et à son avis une personne réunissant les conditions voulues pour vendre du gibier.

(b) Le permis, quelque soit la période de l'année à laquelle il a été pris, expirera le 31 décembre suivant; si le permis est pris après le 30 juin il ne sera dû que la moitié de la taxe.

(c) Une somme de trois livres sterling sera payée pour ce permis.

Celui qui vendra, trafiquera, colportera ou exposera en vente du gibier sans avoir pris au préalable le permis encourra une amende ne dépassant pas dix livres sterling ou, à défaut de payement, un emprisonnement d'un

---

officer, which licence shall be in addition to the licence to kill-catch, capture, pursue, hunt, or shoot at game required by the said section, and shall be issued subject to the following conditions : —

(*a*) No such licence shall be issued by any Distributor of Stamps or any other authorized officer, without a certificate from the Resident Magistrate of the district, that the applicant for such licence is to the best of his knowledge and belief a fit and proper person to sell game.

(*b*) Every such licence shall, no matter at what period of the year the same be taken out, expire on the 31st December following; provided that when any such licence shall be taken out from or after the first of July, there shall be payable only one-half of the sum appointed in respect of such licence.

(*c*) The sum of three pounds sterling shall be payable in respect of every such licence.

Every person who shall sell, burter, hawk, or expose for sale any

mois au maximum avec ou sans travaux forcés, à moins que l'amende ne soit payée plus tôt.

Aucune stipulation de cette section ne s'appliquera à la vente, au trafic, au colportage ou à l'exposition en vente, par le propriétaire, de gibier tué sur ses terres.

11. Si les trois quarts des membres d'un Conseil provincial demandent par résolution au gouvernement d'interdire la vente de gibier dans la province, sauf par des propriétaires fonciers ou occupants de fermes dans la province concernant le gibier tué sur leurs terres, le Gouverneur pourra, par proclamation dans la *Gazette*, décréter que cette interdiction sera en vigueur dans cette province pendant une période de trois ans au plus ; il est entendu que cette résolution ne sera valable que si la notification de l'intention de la proposer a été donnée au préalable dans une séance ordinaire du Conseil et seulement après la notification formelle publiée au moins une fois par

---

game, without having previously taken out such licence, shall be liable to a penalty not exceeding ten pounds, or, in default of payment, to imprisonment, with or without hard labour, for a period not exceeding one month, unless the fine be sooner paid : Provided that nothing in this section contained shall apply to the selling, bartering, hawking, or exposing for sale by the owner of land of any game killed upon the land owned by him.

11. If three-fourths of the members of the Divisional Council of any division shall by resolution request the Government to prohibit the sale of game in such division except by landowners or occupiers of farms in the division in respect of game killed upon the land owned or occupied by them, it shall be lawful for the Governor by proclamation in the « Gazette, » to declare that such prohibition shall be in force in the division named for a period not exceeding three years; provided that no such resolution shall be valid unless notice of the intention to propose the same shall have been given at an ordinary meeting of the Council

semaine pendant six semaines dans le journal où sont ordinairement publiés les actes du Conseil; après la promulgation de la proclamation précitée, tout contrevenant aux dispositions de celle-ci sera passible d'une amende ne dépassant pas dix livres sterling ou d'un emprisonnement, avec ou sans travaux forcés, d'un mois au maximum, à moins que l'amende n'ait été payée plus tôt.

Cette interdiction ne s'appliquera pas avant l'expiration du permis pour vendre du gibier à celui qui était en possession de ce permis au moment de la publication de la proclamation.

12. Nul ne pourra à aucun moment, sans permis spécial du Gouverneur indiquant les motifs de l'autorisation, enlever intentionnellement ou détruire, vendre, colporter, exposer en vente ou acheter des œufs d'oiseaux dans toute partie de la colonie, sous peine d'une amende de quatre livres sterling au maximum pour la première infraction et de huit à dix livres sterling pour toute infraction ulté-

---

previously held and until formal notice thereof shall have been published at least once a week for six weeks in the newspaper in which the notices of the Council are usually published; and on and after the promulgation of the proclamation aforesaid anyone contravening the provisions thereof shall, upon conviction, be liable to a penalty not exceeding ten pounds, or in default of payment thereof to imprisonment with or without hard labour for a period not exceeding one month unless such fine be sooner paid.

The prohibition herein referred to shall not, however, apply to any person who at the time of issue of the proclamation was the holder of a licence to sell game, until the term of such licence shall have expired.

12. No person shall, without special permission of the Governor, for purposes to be mentioned in such permission as hereinafter is provided, at any time wilfully take away, disturb, or

rieure; les œufs, quel que soit leur détenteur, seront confisqués au profit du gouvernement et pourront être saisis *brevi manu* par tout propriétaire foncier, occupant de terres, juge de paix, magistrat de campagne, constable ou fonctionnaire de police. Toutefois, le Gouverneur pourra toujours autoriser par écrit des personnes qualifiées à prendre ou à transporter des œufs ou des jeunes d'oiseaux ou d'animaux aux fins d'élevage, d'acclimatation ou de recherches scientifiques; celui qui a reçu cette autorisation écrite du Gouverneur peut recevoir ou prendre des œufs, oiseaux ou animaux. Cette autorisation renseignera distinctement le nombre et l'espèce des œufs, oiseaux ou animaux que les intéressés peuvent recevoir ou prendre; ce nombre ne pourra dépasser celui indiqué dans l'autorisation écrite du Gouverneur. Celui qui reçoit ou prend un plus grand nombre ou d'autres spécimens d'œufs, d'oiseaux ou d'animaux que ceux stipulés dans l'autorisation du Gouverneur, qui donne ou essaye de donner à d'autres

---

destroy eggs, or sell, hawk, or expose for sale, or shall purchase eggs of any game birds in any part of this Colony, under the penalty of any sum not exceeding four pounds sterling for the first offence, and not less than eight pounds sterling, nor exceeding ten pounds sterling for every subsequent offence; and the said eggs shall be confiscated to the Government, in whose custody soever the same may at any time be found and may be seized *brevi manu* by any landowner, occupier of land, justice of the peace, field-cornet, constable or police officer; provided always that it shall be lawful for the Governor to permit under his hand any fit or proper person or persons to take, or carry away the eggs of any game bird, or the young of any game, for the purpose of breeding the same, or for the purpose of acclimatization or scientific investigation; and any person so obtaining the Governor's written permission as aforesaid may himself obtain or take the said eggs, birds, or animals, provided always that such wri-

la permission d'en prendre ou recevoir, de manière
qu'avec ceux qu'il prendra ou recevra lui-même, il en
possédera un plus grand nombre et d'autres spécimens
que ceux indiqués dans cette autorisation, sera considéré
comme coupable d'avoir pris intentionnellement tous les
jeunes ou œufs qu'il possédera ou comme ayant donné ou
voulu donner l'autorisation de les prendre ou recevoir à sa
place.

13. Nul ne pourra à aucun moment, avec ou sans
permis de chasse, tuer, prendre, capturer, poursuivre,
chasser ou tirer le gibier dans la colonie ou braconner au
fusil ou avec un chien sur les propriétés privées sans l'autorisation du propriétaire, sous peine d'une amende ne
dépassant pas cinq livres sterling pour la première
infraction et de dix livres sterling au maximum pour
toute infraction ultérieure. En cas de non payement de
l'amende, celle-ci pourra être remplacée par un emprisonnement, avec ou sans travaux forcés, d'un mois au maximum, à moins que l'amende ne soit payée plus tôt.

---

ting shall distinctly state the number and denomination of such
eggs, birds, or animals which the holders are employed to obtain
or take, which shall collectively not exceed the number specified
by the Governor's permission aforesaid. And any person obtaining or taking a greater number or other kinds of such eggs,
birds, or animals than those specified in the Governor's permission as aforesaid, or giving or affecting to give any person or persons authority to take or obtain, together with what he shall
himself take or obtain in the whole, more than the number or
other than the kinds specified in such permission as aforesaid,
shall be held guilty of wilfully taking all such young or eggs as he
shall have taken or obtained, or shall have given or affected to
give authority in the whole to take or obtain.

13. No person shall at any time, either with or without a game
licence, kill, catch, capture, pursue, hunt, or shoot at any game,

Le contrevenant est en outre passible de toute autre
pénalité, s'il y a lieu, qu'il aurait encourue en vertu d'une
autre section à l'égard du propriétaire de la terre ; cette
amende sera payée au propriétaire ; toutefois, l'autorisation donnée par le propriétaire après la contravention à
laquelle se rapporte l'amende sera valable comme si elle
avait été donnée avant l'infraction : il est entendu en
outre qu'aux fins de cette section le mot « propriétaire »
comprendra comme signification l'occupant ou la personne ayant le droit de tirer le gibier sur les terres en
question, et dans le cas de vaine pâture municipale, le
comité de direction du village.

14. Le Gouverneur pourra, par proclamation dans la
Gazette, proclamer et déclarer pour toutes parties quelconques de la colonie que les animaux indiqués dans cette
proclamation seront protégés et non détruits pendant
toute période ne dépassant pas trois ans ; il pourra aussi
étendre à tous les oiseaux ou animaux la protection de la
présente loi, comme s'ils étaient compris parmi les ani-

---

or with gun or dog trespass, on any lands within the Colony,
without the permission of the owner of such lands, if private
property, under the penalty of any sum not exceeding five pounds
sterling for the first offence, and not exceeding ten pounds sterling for every subsequent offence, and in default of payment in
each case, imprisonment with or without hard labour for any
period not exceeding one month unless the fine be sooner paid,
in addition to any penalty, if any, to which he may be liable
under any other section of this Act, the penalty provided by this
section to be paid to the owner of the land ; provided that any
permission given by such owner after the event with reference to
the offence shall be as valid as if given before the offence : provided further that for the purposes of this section the word « owner »
shall be taken to include the occupier or the person entitled to
the right to shoot game on the lands in question, and in the case

maux-gibier y définis, ou étendre à ces oiseaux ou animaux le bénéfice de certaines dispositions de la loi indiquées dans la proclamation, comme si ces oiseaux ou
animaux étaient expressément et nominalement protégés
par ces dispositions; il pourra aussi de temps en temps
retirer, modifier ou amender cette proclamation.

15. Après la mise en vigueur de la présente loi, nul ne
pourra intentionnellement tuer, prendre, capturer ou
chasser dans une partie de la colonie ou tenter de tuer,
prendre, capturer ou chasser du gibier de toute espèce si
ce n'est en tirant et moyennant un permis spécial à
délivrer par le Gouverneur; le contrevenant sera passible
d'une amende ne dépassant pas cinq livres ou d'un
emprisonnement avec ou sans travaux forcés d'un mois au
maximum, à moins que l'amende ne soit payée plus tôt;
ce qui précède n'est pas applicable aux rabatteurs légalement employés par les propriétaires fonciers pour la

---

of Municipal or Village Commonage, the Municipal or Village
Management Board respectively.

14. It shall be lawful for the Governor by proclamation in the
« Gazette, » to proclaim and declare as to any parts of this Colony
that any bird or animal, to be specified in such proclamation,
shall be protected and not destroyed for any number of years,
not exceeding three, to be mentioned in such proclamation, and
also to extend to any such bird or other animal the protection of
this Act, as if the same were included amongst the game animals
in this Act defined, or to extend to any such bird or other animal
such of the provisions of this Act as may be specified in such
proclamation, as if such bird or other animal were expressly
protected by name in such provisions respectively; and also from
time to time to revoke, alter, or amend such proclamation.

15. No person shall after the taking effect of this Act wilfully
kill, cath, capture, or hunt in any part of the Colony or attempt
to wilfully kill, catch, capture, or hunt game of any description

chasse du gros gibier, pour la chasse à courre organisée
par ceux-ci ou par des clubs reconnus.

D'autre part, les propriétaires ou les occupants du
terrain ou toutes autres personnes autorisées par ceux-ci
pourront tuer ou capturer en tout temps et de toute
manière le gibier à poil endommageant les récoltes ou les
plantes sur des terres cultivées, dans des forêts, plantations ou jardins ; le gibier ainsi tué ou capturé en vertu des
dispositions de cette section peut être légitimement possédé par ces propriétaires, occupants ou délégués à la condition qu'en cas de poursuite en vertu des lois sur la
chasse pour avoir tué, poursuivi ou tiré du gibier en temps
prohibé l'inculpé prouve que ce gibier a été légitimement
tué, poursuivi ou tiré en vertu des stipulations de cette
section. Il est entendu en outre que le Gouverneur, agissant en vertu d'une résolution des deux tiers des membres
d'un Conseil provincial pourra étendre, par proclamation, le

---

except by shooting, save and except under special permit to be
issued by the Governor; and any person contravening this
section shall be liable to a penalty not exceeding five pounds or
in default of payment to imprisonment with or without hard
labour, not exceeding one month unless the fine be sooner paid :
provided that the foregoing shall not apply to beaters lawfully
employed by landowners in hunting large game, or by coursing
by landowners or recognized clubs : provided further that it
shall be lawful for the owner or occupier of land or for any person
authorized thereto by such owner or occupier to kill or capture
at any time, in any way, game not being winged or feathered
game found injuring crops or plants in cultivated lands, plantations or gardens; and any game so killed or caught under the provisions of this section may be lawfully possessed by such owner,
occupier, or person, as the case may be, provided that in any
prosecution under the game laws for killing, pursuing, or shooting
at game in the close season, the proof that such game was lawfully

pouvoir de tuer ou de capturer du gibier qui endommagerait les récoltes ou les plantes dans cette province, de façon
à y comprendre le massacre ou la capture du gibier à plumes.

16. Sur la recommandation d'un Conseil municipal, du
Comité de direction d'un village ou du Conseil provincial
d'une province de cette colonie, le Gouverneur pourra,
par proclamation dans la *Gazette* et dans un journal circulant dans la province intéressée, interdire la chasse
pendant la nuit dans le ressort de ce Conseil municipal,
Comité de direction de village ou de cette province pendant les heures recommandées par ces autorités; le contrevenant de cette proclamation encourra une amende ne
dépassant pas cinq livres sterling ou un emprisonnement
avec ou sans travaux forcés d'un mois au maximum.

17. Les lévriers ou lévriers bâtards seront soumis à
une taxe annuelle de cinq livres sterling à payer, par
les propriétaires ou les détenteurs au Conseil provincial,

---

killed, or shot at by virtue of the provisions of this section, shall
be on the person accused. Provided further that it shall be lawful
for the Governor, acting on a resolution of two-thirds of the Divisional Council of any division, to extend, by proclamation, the
power of killing or capturing game found injuring crops or plants
in such division, so as to include the killing or capturing of winged
or feathered game.

16. It shall be lawful for the Governor, on the recommendation of any Municipal Council or Village Management Board or
Divisional Council of any division of this Colony, by proclamation
in the « Gazette » and in a newspaper circulating in the said division, to prohibit the hunting of game at night in such Municipal
or Village Management Board area or division between such
hours as may be recommended by such Municipal Council, Village
Management Board, or Divisional Council; and any person contravening such proclamation shall be liable to a fine not exceeding five pounds or in default of payment therof to imprisonment

au Conseil municipal ou au Comité de direction du village à la date et au lieu fixés par ces corps constitués; les lévriers bâtards appartenant à un propriétaire foncier, à un locataire d'une ferme ou à un occupant d'un lot de terres de la Couronne ou réserve qui paye l'impôt sur les huttes ou possède un titre de redevance seront exempts de cette taxe, aussi longtemps qu'ils restent sous la surveillance de ce propriétaire, locataire ou occupant et sont tenus sur les terres ou dans la réserve de ceux-ci; le propriétaire ou la personne en possession d'un lévrier ou lévrier bâtard pour lequel la taxe est due en défaut de payement à la date fixée et dans les quinze jours après avertissement par écrit pourra être condamné, à la discrétion du tribunal devant lequel est introduite une action en recouvrement de la taxe, au double du montant de celle-ci ainsi qu'aux frais de l'instance; de plus, l'animal pour lequel la taxe n'aura pas été payée par le pro-

---

with or without hard labour for a period not exceeding one month.

17. Every greyhound or bastard greyhound shall be subject to an annual tax of five pounds sterling, to be paid by the owner or person in lawful possession to the Divisional Council or Municipal Council or Village Management Board, on or before a date, and at a place to be fixed by the Divisional Council or Municipal Council or Village Management Board; provided that greyhounds or bastard greyhounds, the property of a landowner or lessee of a farm, or of a resident in a Crown Native Location or Reserve, who is a hut taxpayer, or is holder of a quitrent title, shall be exempted from such tax, so long as they remain under the control and are kept upon the land of such landowner or lessee or within the limits of such Crown Native Location or Reserve as aforesaid; and the owner or person in possession of any greyhound or bastard greyhound on which the aforesaid tax is payable, failing to pay the same on or before the date fixed by the Divisional Council or Municipal Council or Village Management Board, and for one

priétaire pourra être détruit par ou sur l'ordre du Conseil provincial, du Conseil municipal ou du comité de direction du village ou par tout propriétaire ou locataire sur les terres duquel le chien est trouvé; la taxe ne sera pas levée sur un lévrier appartenant ou placé sous la surveillance d'un membre d'un club de chasse dûment reconnu et employé à la chasse à courre, ou sur un lévrier inscrit conformément aux règlements du *Kennel Club* sud-africain dans le registre de ce club; en outre, la taxe sera recouvrée par les conseils provinciaux par les conseils municipaux ou par les comités de direction de villages d'après les règles arrêtés par eux et approuvés par le Gouverneur; les produits seront versés aux fonds généraux de ces conseils; d'autre part, cette clause n'entrera en vigueur que si ces conseils en décident ainsi à la majorité de leurs membres.

18. Le Gouverneur pourra, par proclamation dans la *Gazette,* constituer en « réserves de chasse » toute éten-

---

fortnight after written demand shall be liable in the discretion of any Court before which an action for the recovery of the tax is brought to be condemned to pay double the amount of the tax as well as the costs of such action, and in addition the greyhound or bastard greyhound, in respect of the non-payment of the tax on which the owner has been convicted, may be destroyed by or on the order of the Divisional Council or Municipal Council or Village Management Board or any landowner or lessee upon whose ground the animal may be found; provided always that the tax shall not be levied on any greyhound, the property of, or under the control of a member of any duly recognised coursing club and used for coursing purposes, or on any greyhound or whippet registered in accordance with the rules and regulations of the South African Kennel Club in the register of such Club; provided, further, that the tax be collected by the Divisional Council or Municipal Councils or Village Management Boards under regula-

due quelconque de terrains domaniaux de la colonie; il pourra aussi, par des proclamations ultérieures, modifier, restreindre ou étendre les limites de ces réserves et arrêter des règlements pour en assurer le contrôle, l'opération, l'administration et le maintien ainsi que la conservation du gibier qui s'y trouve.

19. Chacun de ces règlements peut prévoir pour toute contravention une peine ne dépassant pas vingt-cinq livres sterling ou, à défaut de payement, un emprisonnement, avec ou sans travaux forcés, de trois mois au plus; celui qui commet une infraction à ces règlements sera passible de la peine spéciale prévue et à défaut de celle-ci, d'une amende de dix livres sterling au plus ou, à défaut de payement, d'un emprisonnement avec ou sans travaux forcés d'un mois au maximum.

20. Dans toute poursuite du chef de contravention à une section de la présente loi, il suffira *primâ facie* au plaignant d'établir que l'accusé ne parait pas être le

---

tions framed by them and approved of by the Governor, and the proceeds to go to the general funds of said Council; provided further that this clause shall only come into operation if such Divisional Council, Municipal Council, or Village Management Board shall by a majority of its members so decide.

18. It shall be lawful for the Governor by proclamation in the *Gazette*, to define any area, being land the property of His Majesty in His Colonial Government, as a game preserve, and by subsequent proclamations to alter, amend, contract, or extend the limits of such area or areas, and to make rules and regulations for the control, working, management, and preservation of such game preserves and game therein.

19. Every such rule or regulation may prescribe a penalty for breach thereof, not exceeding twenty-five pounds for each offence or in default of payment to imprisonment with or without hard labour for a period not exceeding three months, and every person

porteur d'un permis sur la liste des personnes à qui un permis aura été délivré, liste tenue au bureau du Magistrat résident devant qui ou dans le district duquel la cause sera introduite pour jugement devant un tribunal; mais l'inculpé pourra repousser l'accusation en prouvant qu'il était en fait le porteur légitime du permis au moment de la dénonciation.

21. Celui à qui a été délivré le permis du Gouverneur exigé par la loi pour tirer, tuer ou capturer des animaux ou pour transporter ou enlever des œufs ou des jeunes de gibier donnera connaissance au Magistrat résident du district pour lequel le permis est délivré de la date à laquelle il a l'intention d'en faire usage et renverra le dit permis à ce fonctionnaire dans les quinze jours après que le nombre d'animaux y mentionné a été tué ou capturé ou le nombre d'œufs fixé a été transporté.

---

contravening any such rule or regulation shall be liable to the particular penalty in that behalf prescribed, and if no such penalty be prescribed then to a penalty of not exceeding ten pounds or in default of payment to imprisonment with or without hard labour for a period not exceeding one month.

20. In any prosecution for infringement of any section of this Act by doing anything without licence, it shall be *primâ facie* sufficient for the prosecutor to show that the accused does not appear as the holder of a licence on the list of persons to whom the requisite licence in such case shall have been issued, respectively, kept in the office of the Resident Magistrate before whom or in whose district such case shall be brought for trial in any Court; but it shall be lawful for such accused person to rebut such evidence by proof that he was, in fact, at the time of the commission of the offence charged, the lawful holder of such licence.

21. Every person to whom the Governor's permit required by law to shoot, kill, or capture animals or to remove or take away eggs or the young of game has been issued shall give notice to the

22. Dans toute poursuite en vertu de la présente loi, tout animal-gibier sera présumé sauvage jusqu'à ce qu'il soit établi qu'il était domestiqué.

23. (1) Quiconque contrevient à une disposition de la présente loi pour laquelle aucune pénalité n'est spécialement fixée sera passible, pour la première contravention, d'une amende ne dépassant pas vingt-cinq livres sterling ou, à défaut de payement, d'un emprisonnement, avec ou sans travaux forcés, de trois mois au maximum; la seconde ou chaque contravention suivante sera punie d'une amende ne dépassant pas cinquante livres sterling ou, à défaut de payement, d'un emprisonnement, avec ou sans travaux forcés, de six mois au maximum, ou de l'emprisonnement sans option d'une amende.

(2) Sauf stipulation expresse contraire ou sous-entendue, la moitié de toutes les amendes recouvrées en vertu

---

Resident Magistrate of the district for which such permit is issued of the date on which he proposes to make use of the permit, and shall return the said permit to the said Resident Magistrate, within fourteen days after the number of animals mentioned therein have been killed or captured, or the eggs mentioned therein have been removed.

22. In any case prosecuted under this Act every game animal shall be presumed to have been wild until shown to haven been domesticated.

23. — (1) Any person contravening any provision of this Act in respect of which no penalty is specially assigned shall be liable for the first offence to a fine not exceeding twenty-five pounds, and in default of payment to imprisonment with or without hard labour for a period not exceeding three months, and for a second or any subsequent offence to a fine not exceeding fifty pounds, and in default of payment to similar imprisonment for a period not exceeding six months, or to such imprisonment without the option of a fine.

de la présente loi, sera payée au dénonciateur s'il n'est pas complice.

(3) Toutes les infractions à la présente loi et à toute autre loi sur la chasse seront instruites et jugées par le Magistrat résident; celui-ci pourra aussi infliger les pénalités prévues par les statuts.

24. En cas de bonnes raisons invoquées par un Conseil provincial, le Gouverneur pourra suspendre, par proclamation dans la *Gazette*, les effets de la présente loi en tout ou en partie, dans la province intéressée pour tout temps et pour tout animal à indiquer dans la proclamation.

25. La présente loi peut être citée sous le nom de « La loi de 1909 renforçant et amendant les lois sur la chasse (1886-1908) ».

ANNEXE.

(Le même que la Seconde Annexe aux *Lois sur la Chasse* de 1886-1908).

---

(2) A moiety except where otherwise provided expressly or by implication of all fines recovered under this Act shall be paid to the informer not being an accessory.

(3) All offences under this Act and all offences against any other law relating to game may be heard and determined, and the penalties provided by the statute may be imposed by the Resident Magistrate.

24. It shall be lawful for the Governor on good cause shown by the Divisional Council of any of the Divisions of the Colony to suspend, by proclamation in the *Gazette*, in whole or in part, as may seem right, the operation of this Act or any part or parts thereof, in the said Division, for any time and with regard to any animal to be specified in the said proclamation.

25. This Act may be cited as « The Game Laws (1886-1908) Consolidation and Amendment Act, 1909 ».

SCHEDULE.

(Same as Second Schedule to *The Game Laws* 1886-1908).

Annexe n° 7.

PROCLAMATION

de S. E. l'honorable Sir Walter Francis Hely-Hutchinson,
Chevalier de grand'croix de l'ordre de Saint Michel et de
Saint Georges, Gouverneur et Commandant en chef de
la colonie de Sa Majesté du Cap de Bonne Espérance
avec les territoires qui en dépendent, etc., etc., etc.

En exécution et en vertu des pouvoirs qui me sont
conférés par les sections 4 et 5 de la loi n° 33 de 1899,
intitulée « La loi d'amendement sur la chasse de 1899 »,
j'ordonne, déclare et fais savoir que le territoire indiqué
dans l'annexe I ci-après constituera une « réserve de
chasse » au sens de la dite loi ; je déclare en outre : 1° que
les clauses de l'annexe II seront en vigueur dans la dite
réserve comme dans celle située dans la province de

Schedule n° 7.

PROCLAMATION

*By His Excellency the honourable
Sir Walter Francis Hely-Hutchinson,*

Knight Grand Cross of the Most Distinguished Order of
Saint-Michael and Saint George, Governor and Commander-
in-Chief of His Majesty's Colony of the Cape of Good Hope,
and of the Territories and Dependencies thereof, etc., etc., etc.

Under and by virtue of the powers vested in me by Sections 4
and 5 of Act N° 33 of 1899, intitled « The Game Laws Amendment Act, 1899 », I do hereby proclaim, declare and make
known that the area specified in Schedule I. hereto shall be a Game
Reserve within the meaning of the said Act, and I do further
declare that the regulations set forth in Schedule II. hereto shall
be of force and effect in the said Reserve as well as in that situate

Namaqualand, fixée par ma proclamation n⁰ 241 du 14 août 1903, à partir de la publication de celle-ci; et 2⁰ que quiconque contreviendra à ces clauses sera passible d'une amende ne dépassant pas vingt-cinq livres sterling ou, à défaut de payement, d'un emprisonnement, avec ou sans travaux forcés, de trois mois maximum.

Dieu protège le Roi!

Donné sous ma signature et le sceau public de la colonie du Cap de Bonne Espérance, le 12 octobre 1908.

WALTER HELY-HUTCHINSON.

Par ordonnance de Son Excellence le Gouverneur du Conseil.

N⁰ 473-1908. F. S. MALAN.

ANNEXE 1.

Province de Gordonia et Kuraman

A partir de la borne la plus méridionale de la ferme

---

in the Division of Namaqualand, defined by my Proclamation N⁰ 241, dated the 14th day of August, 1903, from the date of publication of this Proclamation, and any person who may contravene either or both of the said regulations shall on conviction be liable to a fine not exceeding Twenty-five pounds sterling, or, in default of payment, to imprisonment with or without hard labour for a period not exceeding three months.

God Save the king !

Given under my Hand and the Public Seal of the Colony of the Cape of Good Hope, this 12th day of October, 1908.

WALTER HELY-HUTCHINSON,
Governor.

By Command of His Excellency the Governor in Council,

N⁰ 473, 1908. F. S. MALAN.

SCHEDULE I.

Division of Gordonia and Kuruman.

From the most southerly beacon of the farm Seremoneng

Seremoneng connue sous le nom de Andriesfontein; de là
dans une direction Sud-Ouest le long de la limite sépara-
tive Gordonia-Hay à la borne la plus à l'Est de la ferme
'O Poort; ensuite le long des limites des fermes suivantes
de façon à les exclure de cette étendue : 'O Poort, Scheurberg, Miers Hoop Holte, Kakoup, Kamkuip, Diep Klip,
Open Walter, Adeisestad, Avondale, Koras, Uizip, Ka-
mel Poort, Steenkamps Pan, Kurrees, Vreede, Blauw
Pan, Norokei, Eenzaamheid, Netherlea, Zout Puts,
Bloemfontein, Vrouwens Pan, et Abeam jusqu'à la rivière
Molopo; de là vers le Nord le long de la rivière Molopo
jusqu'à son confluent avec la rivière Nosop; puis vers
l'Est le long de la rivière Molopo (passant à travers les
provinces de Gordonia et Kuruman) jusqu'à l'intersection avec la limite occidentale du Block E, 2° *Railway
Grant;* de là vers le Sud le long des limites occidentales
des propriétés des 1er et 2e *Railway Grant* à la borne Nord-

---

known as Andriesfontein; thence in a south-westerly direction
along the Gordonia — Hay divisional boundary to the eastern-
most beacon of the farm 'O Poort; thence along the boundaries
of the following farms so as to exclude them from this area : —
'O Poort, Scheurberg, Miers Hoop Holte, Kakoup, Kamkuip,
Diep Klip, Open Water, Adeisestad, Avondale, Koras, Uizip,
Kameel Poort, Steenkamps Pan, Kurrees, Vreede, Blauw Pan,
Norokei, Eenzaamheid, Netherlea, Zout Puts, Bloemfontein,
Vrouwens Pan, and Abeam to the Molopo River; thence in a
northerly direction along the Molopo River to its junction with
the Nosop River; thence in an easterly direction along the
Molopo river (passing through the divisions of Gordonia and
Kuruman) to its intersection with the western boundary of
Block E, 2nd Railway Grant; thence in a southerly direction along
the western boundaries of 2nd and 1st Railway Grant properties
to the north-western beacon of the farm Malley common to it and
the farm Gringley; thence along the boundaries of the following

Ouest de la ferme Malley comme à celle-ci et à la ferme Gringley; ensuite le long des limites des fermes suivantes de façon à les exclure de cette étendue : Malley, Ward, Smithers, Coombs, Vergenoegd, Vuilnek Mooiplaats, Omvrede, Lupanie, Kgoroga-ganhe, Mount Temple, et Seremoneng jusqu'à la borne citée en premier lieu.

De la réserve ci-dessus est exclue la propriété située à « Kuie » d'une superficie de 54,000 arpents environ concédée à J. Levin et Cie, le 15 novembre 1895 (C.O.K.5.60).

ANNEXE II.

Règlement.

1. Nul ne pourra tuer, chasser, capturer ou poursuivre aucune espèce de gibier dans une réserve de chasse.

2. Nul ne pourra porter ou avoir en sa possession des armes à feu ou d'autres engins de capture ou de destruction du gibier dans une réserve de chasse.

---

farms so as to exclude them from this area : — Malley, Ward, Smithers, Coombs, Vergenoegd, Vuilnek Mooiplaats, Omvrede, Lupanie, Kgoroga-ganhe, Mount Temple, and Seremoneng to the beacon first named.

From the above area is excluded the property situated at « Kuie », in extent 54,000 morgen more or less; and granted to J. Levin and C⁰, on the 15th November, 1895 (C.O.K.5.60).

SCHEDULE II.

Regulations.

1. No person shall kill, hunt, capture, or pursue any species of game whatsoever within the limits of any Game Reserve.

2. No person shall carry or have in his possession fire-arms, or other means of capturing or destroying game, within the limits of

Toutefois, si le Magistrat résident d'un district intéressé le juge utile, il pourra autoriser à porter des armes déterminées : *a)* ceux qui sont autorisés à traverser une réserve de chasse sur une ou plusieurs routes indiquées; ou *b)* ceux qui voyagent dans cette réserve; ces armes ne pourront pas être employées pour détruire ou tirer le gibier dans la réserve ni portées au delà de 50 yards de chaque côté de la ou des routes pour lesquelles l'autorisation de traverser la réserve a été accordée. Quiconque transgressera ces stipulations sera considéré comme ayant commis une infraction au présent règlement.

---

any Game Reserve, provided that it shall be lawful for the Resident Magistrate of any of the Districts concerned to issue a permit, at his discretion, to persons legitimately travelling (a) *through* a Game Reserve on one or more recognised road or roads, or (b) *into* such a Reserve, to take with them such weapons as he may deem advisable, on condition that the said weapons shall not be used for the purpose of destroying or shooting at Game within the Reserve, and that they shall not be carried beyond 50 yards on either side of the road or roads in respect of which a permit to travel *through* the Reserve has been granted : and any person who shall transgress such conditions shall be deemed to have contravened this regulation.

ANNEXE N° 8.

LOI

*Amendant celle concernant les Autruches vivant à l'état
sauvage.*

Approuvée le 12 août 1889.

Il est arrêté ce qui suit par le Gouverneur du Cap, de
l'avis et avec le consentement du Conseil législatif et de
l'Assemblée législative :

1. Sont abrogées : 1º la loi nº 12 de 1870, en même
temps que toute proclamation faite en vertu des dispositions de cette loi; 2º la loi nº 15 de 1875, appelée « loi
de 1875 sur les autruches vivant à l'état sauvage » ainsi
que toute partie d'une autre loi qui serait contraire à la
présente. Néanmoins, toutes les poursuites en cours avant
la promulgation de la présente loi contre une personne ou

SCHEDULE N° 8.

ACT

to amend the Law with regard to Wild Ostriches.

Assented to 12th August, 1889.

Be it enacted by the Governor of the Cape of Good Hope, by
and with the advice and consent of the Legislative Council and
House of Assembly thereof, as follows : —

1. The Act Nº 12 of 1870, together with any Proclamation
issued under the provisions of the said Act, and the Act Nº 15
of 1875, commonly called the « Wild Ostriches Act, 1875 », as
well as so much of any other law as may be repugnant to or
inconsistent with the provisions of this Act, shall be and the
same are hereby repealed : Provided, however, that any proceed-

du chef d'une contravention à une des dispositions des lois précitées seront cautionnées jusqu'à ce qu'une décision définitive soit intervenue, comme si la présente loi n'avait pas été promulguée.

2. Les commissaires civils de la colonie sont autorisés par la présente à délivrer à ceux qui en font la demande un permis pour tuer des autruches vivant à l'état sauvage sur des terres de la Couronne.

(1) Ce permis sera libellé dans la forme prescrite par le Gouverneur et revêtu de timbres jusqu'à concurrence de vingt livres sterling;

(2) sera valable pendant une année à partir de sa date ou pendant toute autre période y indiquée que le Gouverneur approuvera;

(3) autorisera le porteur à tuer, prendre, capturer, chasser ou tirer des autruches vivant à l'état sauvage sur des terres vacantes de la Couronne et à prendre et déplacer des œufs d'autruches qu'il y trouve.

---

ings actually commenced against any person before the passing of this Act for or in respect of any offence against any provision of either of the aforesaid Acts shall be continued until the final end and determination thereof, as though this Act had not been passed.

2. The several Civil Commissioners throughout the Colony are hereby authorised to issue to any person applying therefore, a licence to kill wild ostriches upon unoccupied lands belonging to the Crown, which licence

(1) Shall be in such form as the Governor shall direct, and shall be covered with stamps of the value of twenty pounds sterling,

(2) Shall be in force for one year from the date thereof, or for such longer period as the Governor may sanction and as may be specified in such licence,

(3) Shall authorise the holder thereof to kill, catch, capture,

Celui qui, à la date de la passation de la présente loi, est porteur d'un permis délivré en vertu de la loi n°12 de 1870 jouira pendant le temps y indiqué de privilèges analogues à ceux dont bénéficie le porteur d'un permis délivré en exécution de la présente section.

3. Sauf le propriétaire ou l'occupant d'une terre non terre vacante de la Couronne, nul ne pourra, sans l'autorisation ou le consentement de ce propriétaire ou occupant, tuer, prendre, capturer, chasser ou blesser une autruche sauvage sur cette terre ou prendre, déplacer ou déranger les œufs de ces oiseaux trouvés sur cette terre. Le contrevenant sera passible d'une amende ne dépassant pas vingt livres sterling et, à défaut de payement, d'un emprisonnement de six mois au maximum avec ou sans travaux forcés.

4. Les stipulations de cette dernière section seront appliquées *mutatis mutandis* à celui qui, sans permis délivré en vertu de la présente loi, tuera, prendra, cap-

---

hunt, or shoot at wild ostriches upon unoccupied land belonging to the Crown, and to take and remove any eggs found thereon, being the eggs of any wild ostrich :

Provided that every person who shal lat the date of the passing of this Act be a holder of any licence under the Act N° 12 of 1870, shall be during the time specified in such licence entitled to the privileges of the holder of a licence under this section, but to no other or greater privileges.

3. No person, other than the owner or occupier of any land, not being unoccupied land belonging to the Crown, shall, without the authority or consent of such owner or occupier, kill, catch, capture, hunt or wound any wild ostrich upon such land, or take, remove, interfere with, or disturb the eggs of any such ostrich found in or upon such land, and any person who shall be con-.victed of a contravention of this section shall be liable to a fine not exceeding twenty pounds sterling, and in default of payment

tirera, chassera, blessera ou tirera une autruche sauvage sur une terre vacante de la Couronne ou qui prendra, déplacera ou dérangera les œufs de cet oiseau trouvés sur cette terre : toutefois, toutes les amendes appliquées en vertu de cette section seront recouvrées au profit du Trésor colonial, après déduction d'une somme ne dépassant pas la moitié de l'amende à payer à celui qui aura dénoncé et fait condamner un délinquant.

5. Aux fins de la présente loi, le Secrétaire de tout Conseil provincial agissant sous l'autorité de ce Conseil, sera considéré comme propriétaire de toutes les routes principales et secondaires et de tous les relais publics de la province ; le Secrétaire de tout Conseil municipal ou Comité de commissaires, agissant sous l'autorité de ce Conseil ou Comité, sera considéré comme le propriétaire de toutes les terres appartenant à ce Conseil ou Comité ou à l'usage ou l'occupation desquelles les habitants de la municipalité ont acquis un droit commun ; le secrétaire de

---

to imprisonment with or without hard labour for any term not exceeding six months.

4. The provisions of the last preceding section shall *mutatis mutandis* apply to every person who shall, without a licence under this Act, kill, catch, capture, hunt, wound, or shoot at any wild ostrich upon any unoccupied land belonging to the Crown, or take, remove, interfere with, or disturb the eggs of any wild ostrich, found in or upon such land : Provided, however, that all fines under this section shall be recovered for the benefit of the Colonial Treasury, subject to the payment of an amount not exceeding one-half of such fine to any informer through whose information any offender shall be convicted.

5. For the purposes of this Act, the Secretary of every Divisional Council acting under the authority of the said Council, shall be deemed to be the occupier of every main and divisional road and of every public outspan place in each division, the Secre-

tout Comité de direction constitué en vertu de la loi de 1881 sur l'administration des villages sera considéré, lorsqu'il opère sous l'autorité de ce Comité, comme propriétaire de toutes les terres à l'usage ou à l'occupation desquelles les habitants ont acquis un droit commun dans les limites locales sous l'administration de ce Comité.

6. La présente loi peut être citée sous le nom de « Loi de 1889 sur les autruches vivant à l'état sauvage ».

---

tary of every Municipal Council or Board of Commissioners acting under the authority of the said Council or Board shall be deemed to be the occupier of all land vested in such Council or Board, or to the use or occupation of which the inhabitants in the municipality have acquired a common right, and the Secretary of every Board of Management constituted under the Village Management Act, 1881, shall when acting under the authority of the said Board, be deemed to be the occupier of all lands to the use or occupation of which the inhabitants within the local limits under the management of such Board have acquired a common right.

6. This Act may be cited as the « Wild Ostriches Act, 1889 ».

Annexe nᵒ 9.

LOI

amendant certaines dispositions de la loi nᵒ 33 de 1889 connue sous le nom de « Loi de 1889 sur les autruches vivant à l'état sauvage. »

Approuvée le 20 août 1890.

Il est arrêté ce qui suit par le Gouverneur du Cap, de l'avis et avec le consentement du Conseil législatif et de l'Assemblée législative :

1. Le Gouverneur peut, par proclamation dans la *Gazette*, fixer et prescrire dans toute province de cette colonie (dont le Conseil provincial le demande par résolution prise à cet effet dans une de ses séances), un temps prohibé pendant lequel il sera interdit de tuer, blesser ou

---

Schedule nᵒ 9.

ACT

to amend certain provisions of Act Nᵒ 33 of 1889, known as « The Wild Ostriches Act, 1889 ».

Assented to 20th August, 1890.

Be it enacted by the Governor of the Cape of Good Hope, with the advice and consent of the Legislative Council and the House of Assembly thereof, as follows :

1. The Governor may by proclamation in the *Gazette*, fix and prescribe within any division of this Colony (whereof the Divisional Council shall by resolution in that behalf duly passed at a meeting of such Council so request), a close or fence season within which it shall not be lawful to kill, wound or shoot at any wild ostrich, either with or without a licence under Act Nᵒ 33 of 1889.

11

tirer les autruches vivant à l'état sauvage, avec ou sans le permis prescrit par la loi n° 33 de 1889.

2. Quiconque transgresse les dispositions de la section précédente en tuant, blessant ou tirant des autruches vivant à l'état sauvage pendant le temps prohibé dans une province où la chasse est fermée sera puni d'une amende ne dépassant pas vingt livres sterling ou, à défaut du payement de l'amende, d'un emprisonnement avec ou sans travaux forcés de trois mois au maximum, à moins que l'amende soit payée plus tôt.

---

2. Any person contravening the provisions of the last section by killing, wounding or shooting at any wild ostrich during such close or fence season in any division wherein such season shall be fixed and prescribed as aforesaid, shall be liable upon conviction to a fine not exceeding twenty pounds sterling, or in default of payment to imprisonment with or without hard labour for a period not exceeding three months, unless such fine be sooner paid.

ANNEXE N° 10.

LOI

pour la protection des oiseaux vivant à l'état sauvage.

Il est arrêté ce qui suit par le Gouverneur du Cap, de l'avis et avec le consentement du Conseil législatif et de l'Assemblée législative :

1. Aux fins de la présente loi :

« Conseil municipal » comprendra comme signification les commissaires ou Conseil de toute municipalité, bourg ou ville constituée et le Comité de direction de toute localité où est en vigueur « la loi de 1881 sur l'administration des villages ».

« Municipalité » comprendra comme signification tout bourg ou ville constituée et toute localité sous la juridiction d'un Comité de direction d'un village.

SCHEDULE N° 10.

ACT

for the Protection of Wild Birds.

Be it enacted by the Governor of the Cape of Good Hope, with the advice and consent of the Legislative Council and House of Assembly thereof, as follows :

1. For the purposes of this Act :

« Municipal Council » shall include the Commissioners or Council of any Municipality, Borough or Corporate Town and the Board of Management of any place in which the « Villages Management Act, 1881 », is in force.

« Municipality » shall include Borough or Corporate Town and any place under the jurisdiction of a Village Management Board.

Par « oiseau » il faut entendre tout oiseau vivant à l'état sauvage et non compris dans l'expression « gibier » tel que celle-ci est définie par les lois sur la chasse.

2. Tout Conseil municipal ou Conseil provincial pourra par requête demander au Gouverneur d'interdire la destruction d'oiseaux dans la municipalité ou la province, suivant le cas ; cette requête indiquera les espèces d'oiseaux pour lesquels, la période pendant laquelle et les limites dans lesquelles cette interdiction est réclamée.

3. A la réception d'une telle requête, le Gouverneur pourra, par avis dans la *Gazette* et dans un journal circulant dans le district, interdire la destruction des oiseaux indiqués dans la requête pendant la période et dans les limites y mentionnées ; il pourra aussi, par des avis ultérieurs et à la réception de pétitions semblables à cette fin, retirer, amender, étendre ou limiter le premier avis.

4. Quiconque, dans les limites pour lesquelles un avis

« Bird » shall mean any wild bird not included under the term « game » as defined by the Game Laws.

2. It shall be lawful for any Municipal or Divisional Council to petition the Governor to prohibit the destruction of birds within its municipality or division as the case may be ; such petition shall set forth the kinds of birds in respect of which, the period for which, and the limits within such prohibition is desired.

3. Upon the receipt of any such petition it shall be lawful for the Governor, by notice in the *Gazette*, and in a newspaper circulating in the district, to prohibit the destruction of such birds as may be mentioned in such petition, for the period and within the limits therein mentioned ; and by subsequent notices upon the receipt of similar petitions on that behalf, to revoke, amend, extend or contract such previous notice.

4. If any person shall, within any limits in respect of which a notice prohibiting the destruction of birds has been published as aforesaid, pursue, catch, kill or shoot at any birds in contra-

interdisant la destruction d'oiseaux a été publié, poursuit, prend, tue ou tire des oiseaux sera puni d'une
amende ne dépassant pas cinq livres sterling ou, à défaut
de payement, d'un emprisonnement avec ou sans travaux
forcés d'un mois au maximum, à moins que l'amende ne
soit payée plus tôt.

La présente loi peut être citée sous le nom de « Loi
de 1899, sur la protection des oiseaux. »

---

vention of the terms of such notice he shall be liable to a penalty
not exceeding Five Pounds or in default of payment to imprisonment with or without hard labour for any period not exceeding one month, unless such fine be sooner paid.

5. This Act may be cited as « The Protection of Birds Act,
1899 ».

Annexe N° 11.

Pêche à la truite.

La pêche à la truite est permise aux conditions suivantes, dans les eaux indiquées ci-dessous :

1. Il est permis de pêcher la truite entre le 1er octobre et le 15 janvier inclus dans les rivières suivantes : Berg, Breede (à l'exception de ses affluents les Smallebladeren et Hollesloot), Eerste, Ibn, Lourens, Bot, Palmiet et Zonder End et dans tous leurs affluents; du 15 septembre au 31 mars inclus dans la Verkeerde Vlei (division de Ceres) et dans les Princess Vlei, Rondevlei et Seacow Vlei (province du cap); du 1er octobre au 31 mars inclus dans la rivière Buffalo, depuis le pont de la route King William Town jusqu'à son confluent avec les rivières Izeleni, ainsi que dans tous ses affluents à partir du pont

---

Schedule N° 11.

Trout Fishing.

The undermentioned Waters have, up to the present, been declared open for Trout fishing, provided that the conditions set forth hereunder are complied with :

1. It shall be lawful to fish for Trout in the Berg, Breede (excluding its tributaries the Smallebladeren and Hollesloot), Eerste, Hex, Lourens, Bot, Palmiet and Zonder End Rivers, and in any of the tributaries thereof, in Verkeerde Vlei, in the Division of Ceres, and Princess Vlei, Rondevlei and Seacow Vlei, in the Cape Division, between the 1st day of October in any year and the 15th day of January in the following year, both days inclusive, in the case of rivers, and in the case of vleis between the 15th day of September in any year and the 31st day of March in the following year, both days inclusive; and in the Buffalo River, from the King William's Town Road Bridge to the junction of the Buffalo and Izeleni Rivers, to-

susmentionné jusqu'à sa source, dans les rivières Zwartkops, Izeli, Keiskama, Kabusi et Wildebeeste ou Inxu,
dans les fleuves Inhlahlani et Gqogqora, ainsi que dans
les sources de la rivière Umtata (district de Tsolo) et
dans ses affluents, et dans la rivière Gquigqiskodo (à
l'exception de ses affluents) dans le district d'Umzimkulu.

Les prescriptions suivantes doivent être observées.

a) Nul ne pourra pêcher la truite d'aucune espèce
sans avoir au préalable fait enregistrer son nom chez le
Magistrat résident des districts suivants et sans avoir
obtenu un permis de ce fonctionnaire : Cape Town, Paarl,
Stellenbosch, Caledon, Ceres, Willington, Tulbagh, Piquetberg, Worcester, Port Elizabeth, East London, King
William 's Town, Grahamstown, Maclear, Tsolo et Umzimkulu.

b) Pour capturer et tuer la truite il ne pourra être fait

---

gether with all the tributaries of the Buffalo River from the
King William's Town Road Bridge to its source, Zwartkops
River, Izeli, Keiskama, Kabusi and Wildebeeste or Inxu Rivers,
the Inhlahlani and the Gqogqora streams, together with the
Headwaters of the Umtata River, in the Tsolo District, and in
the tributaries thereof, and the Gqingqiskodo River (excluding
its tributaries) in the Umzimkulu District, between the 1st day
of October in any year and the 31th day of March in the following year, both days inclusive; provided the following conditions be observed, viz. :

(*a*) That no person shall fish for trout of any variety without
having first registered his name with, and obtained a permit
from the Resident Magistrate of any of the following Districts,
viz. : — Cape Town, Paarl, Stellenbosch, Caledon, Ceres, Welling-
ton, Tulbagh, Piquetberg, Worcester, Port Elizabeth, East
London, King William's Town, Grahamstown, Maclear, Tsolo and
Umzimkulu.

(*b*) That the means employed for capturing and killing trout

usage que de la ligne et de l'amorce artificielle, sauf dans la Princess Vlei où l'amorce naturelle peut être employée. Ces amorces ne pourront être munies que de trois hameçons simples au lieu de la flèche d'hameçons doubles ou triples; les filets ou autres engins de capture ne seront pas tolérés, si ce n'est pour ramener à terre le poisson pris.

c) Toute truite de moins de 12 pouces de longueur sera immédiatement rejetée aussi peu endommagée que possible dans l'eau où elle a été prise et le nombre de truites de 12 pouces de longueur et plus que pourra prendre un pêcheur en un jour ne pourra pas dépasser six.

d) Avant de pouvoir pêcher dans les eaux sur des terrains privés, il faut l'autorisation du propriétaire. Lorsque les eaux sont situées dans des réserves forestières il faut, en dehors du permis auquel il est fait allusion ci-dessus, une autorisation du département forestier.

---

shall be rod and line only, and that artificial, non spinning fly only be used as a lure, except in the Princess Vlei, where spinning lures can be used, provided that such lures shall be mounted with not more than three single hooks instead of the usual flights of double or triangle hooks; and no nets or other mode of capture shall be allowed, but this shall not be held to exclude the use of a legitimate landing net or gaff for landing the fish caught.

(*c*) That if any trout less than 12 inches in length be caught, it shall be forthwith returned to the water from which it was taken with as little delay and as little injury as possible, and that the number of trout of 12 inches in length and over which may be caught by any one person in any one day shall not exceed six.

(*d*) That the consent of the owner on whose ground it is proposed to fish be first obtained. (In the case of waters situate within Forest Reserves a licence to fish must be obtained from

e) Le permis délivré doit être présenté sur demande à tout agent de la police, à tout fonctionnaire forestier, à tout autre agent gouvernemental, ou au propriétaire sur la propriété duquel le porteur est admis à pêcher.

f) Le permis n'est pas transmissible.

2. Les propriétaires riverains ne devront pas demander de permis pour pêcher la truite dans les eaux sur leurs propriétés pendant la saison de pêche; toutefois, cette pêche sera subordonnée aux conditions stipulées au n° 1 de la présente annexe.

3. Quiconque transgresse une des conditions susmentionnées ou une de leurs stipulations sera puni d'une amende ne dépassant pas vingt livres sterling pour chaque contravention et, à défaut de payement, d'un emprisonnement de trois mois au maximum avec ou sans travaux forcés.

---

the Forest Department in addition to the permit above alluded to.)

(e) That the permit issued be produced for inspection when demanded by any member of the Police Force, Forest Officer, or other Government official, or by the owner of the property on which the holder of the permit is fishing.

(f) That the permit be not transferable.

2. Riparian owners shall not require to obtain a permit to fish for trout in the open waters on their own property during the Fishing Season, but such fishing shall be subject to the conditions mentioned in Regulation N° 1 of this Schedule.

3. Any person or persons contravening any of the foregoing Regulations or any of the conditions thereof, shall be liable, on conviction, to a fine not exceeding twenty pounds sterling (£ 20) for each offence, and in default of payment thereof to imprisonment with or without hard labour for a period not exceeding three months.

Annexe N° 12.

« Royal Game » (Gros Gibier) de la Colonie du Cap.

Éléphants *(Elephas africanus)*. — Environ 200. On les trouve dans les provinces de Alexandria, Uitenhage George et Knysna.

Note. — Comme le nombre des éléphants est très restreint, la permission spéciale pour les tuer n'est donnée que dans des cas très exceptionnels.

Élans *(Oreas camas)*. — On n'en trouve que quelques-uns à GrootSchuur, Rondebosch, et dans la province de Graaff-Reinet. On ne donne pas de permission pour les tuer.

Hippopotami *(Hippopotamus amphibius)*. — Quelques individus dans le Orange River.

Zebras *(Equus burchelli)*. — Environ 600. On les trouve dans les provinces de Cradock, George, Prince Albert, Uniondale, Oudtshoorn et Somerset East.

Note. — On ne donne pas de permission pour tuer les zèbres.

Buffaloes *(Bos caffer)*. — Environ 500, dans les provinces de Albany, Alexandria, Bathurst et Uitenhage.

Bontebok *(Damaliscus pygargus)*. — Environ 300, dans les provinces de Bredasdorp et de Swellendam.

Blesbok *(Damaliscus albifrons)*. — Environ 400, dans les provinces de Swellendam, Prieska et Steysburg.

Gemsbok *(Orix gazella)*. — Environ 6,000. On les trouve dans les provinces de Barkly West, Gordonia, Hay, Mafeking, Kenhardt, Namaqualand et Prieska. (Protégées partout, sauf au Namaqualand.)

Hartebeest *(Bubalis caama)*. — Environ 11,000, dans

les provinces de Barkly West, Gordonia, Hay, Kimberley, Kuruman, Mafeking, Vryburg et Herbert.

KUDU *(Strepsicerus kudu)*. — Environ 7,000. On les trouve dans les provinces de Albany, Fort Beaufort, Uitenhage, Victoria East, Jansenville, Kenhardt, Prieska, Prince Albert, Steytlerville, Willowmore, Barkly West, Gordonia, Hay, Kimberley, Kuruman, Mafeking, Vryburg, Herbert, Ladysmith, Oudtshoorn et Riversdale.

RIETBOK *(Cervicapra arundinum)*. — Environ 200, dans les provinces de Kimberley, Komgha et Griqualand East.

WILDEBEEST *(Connochoetus taurinus et conn. gnu)*. — Environ 3,000, dans les provinces de Gordonia, Hay, Kuruman, Mafeking et Vryburg.

KLIPSPRINGERS *(Oreotragus saltator)*. — Environ 5,000, dans les provinces de Cradock, Mossel Bay, Namaqualand, Oudtshoorn, Steytlerville et Kuruman.

TRANSVAAL

TRANSVAAL

Annexe N° 13.

MANUEL DES LOIS SUR LA CHASSE
DU TRANSVAAL. — 1908.

Le présent manuel est un résumé des matières les plus importantes contenues dans les lois sur la chasse et dans les autres règlements intéressant les sportsmen de cette colonie.

Les lois, arrêtés et règlements principaux sont compris dans les annexes. Avant de projeter une expédition de chasse il est nécessaire, afin d'être complètement renseigné, de se référer au texte complet de ces lois, arrêtés et règlements.

TRANSVAAL

Schedule N° 13.

HANDBOOK OF THE GAME LAWS OF THE
TRANSVAAL, 1908.

This handbook is intended as a brief survey of the most important points of the Game Laws and other provisions of interest to sportsmen in this Colony. The principal Laws, Proclamations, and Regulations are contained in the Appendices. Reference should be made to the full text of these for the detailed information which it is necessary to have when planning a shooting expedition.

Armes et munitions.

Actuellement il n'y a pas de restrictions concernant la vente d'armes et de munitions par des magasins autorisés à faire le commerce de ces articles. Des marchands patentés se trouvent dans presque toutes les villes importantes de la colonie et il est possible de se procurer chez eux toutes les armes et munitions ordinaires.

Des fusils ordinaires et des cartouches peuvent être importés sans permis dans la colonie; toutefois, pour l'importation des fusils à canon rayé et de leurs munitions il est exigé un permis qui peut être obtenu de tout magistrat résident.

Permis de port d'armes.

La possession d'une arme est subordonnée à l'obtention d'un permis dont la taxe est de :

10 shillings pour un fusil à canon rayé;

5 shillings pour toute autre arme.

Arms and Ammunition.

There are now practically no restrictions with regard to the sale of arms and ammunition by shops licensed to deal in such articles. Licensed dealers will be found in nearly all the larger towns in the Colony, and it will be possible to obtain from them all the ordinary kinds of weapons and ammunition.

Shot-guns and shot cartridges may be imported into the Colony without a permit, but a permit, which may be obtained from any Resident Magistrate, is required for the importation of rifles and rifle ammunition.

Gun Licences.

A licence to possess each weapon must be obtained, the fee for which is—

For a rifle................................ 10*s.*

For any other weapon .... 5*s.*

Une personne possédant plusieurs fusils doit avoir un permis pour chaque arme.

Permis de chasse.

Quiconque désire chasser doit posséder, indépendamment du permis de port d'armes, un permis de chasse dont la taxe est de :

£ 1. 10. 0 pour toute la saison ;

£ 0. 15. 0 pour toute période de la saison ne dépassant pas un mois.

Les propriétaires et les locataires de fermes ne se livrant à la chasse que sur leurs terres sont dispensés de prendre un permis de chasse.

Gibier sur lequel il peut être tiré.

Le permis de chasse donne le droit au porteur de tirer sur toutes les petites espèces d'antilopes et d'oiseaux. (Une

---

A person possessing more than one rifle or shot-gun must obtain a licence for each of the weapons.

Game Licences.

In addition to the licence for a weapon, anyone who wishes to shoot game must obtain a game licence, the fee for which is—

For the whole season.............................£ 1 10 0

For any period of the season not exceeding one month   0 15 0

Owners and lessees of farms shooting only on their own farms are exempt from the necessity of taking out a game licence.

Game which may be Shot.

Such a licence will entitle the holder to shoot all the smaller kinds of buck and birds. (A complete list of these will be found in Part I. of the Schedule of the Game Preservation Ordinance in the Appendix.

liste complète de ce gibier se trouve dans la Ire partie de l'annexe jointe à l'ordonnance sur la protection du gibier.)

Gibier spécialement protégé.

Quelques espèces de gibier, comme l'ourébi *(ourebia scoparia)*, le waterbuck *(cobus ellipsiprymnus)*, etc., sont cependant protégées par des arrêtés spéciaux dans certains districts. Une liste du gibier spécialement protégé dans chaque district, se trouve dans l'annexe. D'autres espèces pouvant aussi être spécialement protégées après la publication de ce manuel, il est de l'intérêt des sportsmen de demander de temps en temps au Magistrat ou à la police de l'Afrique du Sud du district dans lequel ils chassent, si une addition a été faite à la liste.

Temps prohibé.

Le temps prohibé pendant lequel il est interdit de chasser commence le 1er septembre et finit le 12 avril

---

Game Specially Protected.

Some species of game, such as oribi, waterbuck, &c., are, however, specially protected in certain districts (by proclamation). A list of game specially protected in each district will be found in the Appendix. As other species may also be specially protected after the issue of this handbook, sportsmen should from time to time inquire from the Magistrate or South African Constabulary of the district in which they shoot whether any addition has been made to the list.

Close Season.

The close season, during which no game may be shot, is from the 1st September to 12th April inclusive throughout the Colony, except in the Barberton district, where it is from 1st August to

inclus, dans toute la colonie, sauf dans le district de Barberton où la chasse est fermée du 1er août jusqu'à la fin de février pour les antilopes et du 1er septembre jusqu'à la fin de mars pour tout autre gibier.

Le temps prohibé ne concerne que le gibier mentionné dans l'annexe de l'ordonnance sur la protection du gibier.

La caille n'est pas mentionnée dans l'annexe; elle peut donc être chassée sans permis pendant toute l'année.

Permis de chasse au gros gibier.

Le permis de chasse ordinaire n'autorise pas le porteur à tirer sur du gros gibier comme le connochoetus *(wilde beest)*, le bubalis *(harte beest)*, le zèbre. La liste complète du gros gibier se trouve dans la IIme partie de l'annexe jointe à l'ordonnance sur la protection du gibier.

Ce gibier ne peut être tiré qu'en vertu d'un permis de chasse au gros gibier, dont la taxe est de 25 livres sterling; durant les trois dernières années, le gouvernement n'a pas délivré de permis de chasse au gros gibier; il a voulu

---

last day of February for buck and from 1st September to last day of March for other game. The close season only affects game mentioned in the Schedule of the Game Preservation Ordinance. Quails are not included in this Schedule, so may be shot at any time during the year, and no game licence is required for shooting them.

Big-Game Licences.

The ordinary game licence does not entitle the holder to shoot any big game, such as wildebeest, hartebeest, zebra. A complete list of big game will be found in Part II. of the Schedule of the Game Preservation Ordinance in the Appendix. Such game may only be shot under a « big-game » licence, the fee for which is £25; no big-game licences have been issued for the last three years, the Government being anxious to leave this game undisturbed as

protéger autant que possible ce gibier qu'on a beaucoup
tué dans le passé et qui a énormément souffert des ravages de la peste bovine.

Violation de propriété pendant la poursuite du gibier.

Le permis de chasse ne donne pas le droit au porteur
de chasser sur des terres privées ; le porteur peut être
poursuivi du chef d'être entré sur des terres appartenant
à des particuliers, pendant la poursuite du gibier, à moins
qu'il n'ait obtenu au préalable l'autorisation du propriétaire.

Les terres de la Couronne sont placées sous la gestion
du ministre de l'Agriculture, qui a délégué aux magistrats
résidents le pouvoir de délivrer à leur gré des permis de
chasse sur ces terres dans leurs districts respectifs. La
taxe de ces permis est d'une livre sterling pour toute la
saison et de 10 shillings pour un laps de temps ne dépassant pas un mois.

---

far as possible, because it has been much shot down in the past
and has suffered considerably from the ravages of rinderpest.

Trespass in Pursuit of Game.

A game licence does not entitle the holder to shoot on any particular land, and he may be prosecuted for trespassing on private
farms in pursuit of game, unless he has first obtained permission
from the owner. Crown—*i.e.*, Government—lands are controlled
by the Minister of Lands, who has deputed the Resident Magistrates to issue at discretion permits to shoot on such lands within
their respective districts. A fee of £ 1 for the whole season and 10 *s.*
for a period not exceeding a month is charged for such permits.

Game Reserves.

There are certain areas known as Game Reserves in which no
shooting is allowed. The chief of these are the Sabi and Singwitsi,

Réserves de chasse.

La chasse n'est pas autorisée dans certaines zones connues comme réserves de chasse. Les principales de ces réserves sont celles de Sabi et de Singwitsi, qui comprennent tout le *Veld* inférieur au nord du chemin de fer de Prétoria-Delagoa Bay, le long de la frontière orientale. Les limites exactes de ces réserves sont indiquées dans l'annexe.

Celui qui désire pénétrer dans une réserve ou la traverser doit étudier soigneusement les règlements et se mettre en rapport avec le conservateur des réserves de chasse du gouvernement, à Komati-Poort. Les réserves ne peuvent être traversées qu'en empruntant certaines routes indiquées.

Animaux nuisibles.

Les animaux nuisibles, y compris les lions, les léopards, etc., peuvent être tirés, sans qu'on soit porteur d'un

---

which comprise practically all the Low Veld north of the Pretoria-Delagoa Bay Railway line along the eastern border. The exact boundaries of the Reserves will be found in the Appendix.

Anyone desiring to enter or cross through a Reserve should study the Regulations carefully, and should also communicate with the Warden, Government Game Reserves, Komati Poort. Reserves may only be crossed by certain proclaimed routes.

Vermin.

Vermin, including lions, leopards, &c. may be shot in any district outside a Game Reserve without a game licence, and rewards are paid to farmers for shooting certain of these (wild dogs, jackals and baboons), owing to the damage they do to stock, whereas locust birds (storks, egrets, and wattled starling) and rollers, commonly known as jays, are specially protected owing to their value to the farmers.

permis de chasse, dans tout district situé en dehors d'une réserve de chasse et des récompenses peuvent être accordées aux fermiers qui tuent certains de ces animaux (chiens sauvages, chacals et babouins), à cause du dommage qu'ils causent aux récoltes, tandis que les oiseaux mangeurs de sauterelles (cigognes, aigrettes, étourneaux et rolliers, généralement connus sous le nom de geais). sont spécialement protégés à cause de leur utilité pour l'agriculture.

Exportation de cornes, peaux, etc.

Celui qui désire exporter de la colonie des cornes, des peaux, etc., de gibier pour être montées ou pour toute autre raison, doit au préalable se procurer un permis chez un magistrat résident ou au secrétariat colonial. Des permis sont également exigés pour l'exportation d'animaux vivants.

Spécimens pour les musées et les jardins zoologiques.

Le directeur du musée et des jardins zoologiques est

Export of Horns, Skins, &c.

If it is desired to send horns, skins, &c., of game out of this Colony for the purpose of being mounted, or any other reason, a permit must first be obtained, which is issued by any Resident Magistrate or by the Colonial Secretary's Office. Permits are also required for the export of any live species of game.

Museum and Zoological Gardens Specimens.

The Director of the Museum and Zoological Gardens is glad to receive skins and heads of animals of rarity and interest, or the animals themselves if caught alive; such specimens will be conveyed free through the post or by rail if addressed to the Director of the Museum and Zoological Gardens, Pretoria, and marked O. H. M. S.

heureux de recevoir des peaux et des têtes d'animaux rares et intéressants ou les animaux eux-mêmes, s'ils sont pris vivants; ces spécimens seront transportés franco par la poste ou par le chemin de fer, s'ils sont adressés au directeur du musée et des jardins zoologiques, à Prétoria, et marqués O. H. M. S.

Vente de gibier et de biltong.

Le gibier et le biltong (viande de gibier desséchée) ne peuvent être vendus que par des bouchers et des marchands patentés; et nul ne peut acheter du gibier ou du biltong, si ce n'est à un boucher ou à un marchand patenté, à un propriétaire ou à un fermier qui a tué le gibier sur sa terre ou fabriqué le biltong au moyen de ce gibier.

Il est donc défendu aux personnes revenant de la chasse de vendre le produit de leur chasse ou du biltong fabriqué au moyen de ce produit, à moins qu'elles ne soient propriétaires ou locataires de la terre sur laquelle elles ont chassé.

Sale of Game and Biltong.

Game and biltong (flesh of game dried for purposes of preservation) may be sold only by licensed butchers and marketmasters, and no person is allowed to purchase game or biltong except from such a licensed butcher or market-master, or from the owner or lessee of land who has killed the game on his land or made the biltong from game killed on his land.

It is, therefore, illegal for persons on returning from a shooting expedition to sell the game shot during the expedition or biltong made from such game, unless they are owners or lessees of the land on which they have been shooting.

The object of these Regulations is to prevent a practice which has been common in the past, and which is most detrimental to

Ces règlements ont pour objet de prévenir une pratique fréquente dans le passé et qui est très préjudiciable à la protection du gibier, notamment le massacre de grandes quantités d'antilopes destinées à la vente.

CHIENS.

Dans les villes, les chiens sont soumis à la taxe qui y est établie; en dehors de la zone municipale, ils doivent être inscrits conformément à la loi sur l'inscription et le contrôle des chiens.

La taxe d'inscription est de :

1. Zéro pour un chien de garde (un chien pour chaque maison ou ferme);

2. 5 livres sterling par an pour un chien lévrier, un chien de chasse cafre ou un chien d'une espèce semblable;

3. 10 shillings par an pour toute autre espèce de chien.

Un chien de la deuxième classe ne peut être inscrit comme chien de garde.

---

game preservation, namely, the shooting of large quantities of buck for the market.

DOGS.

Dogs kept within municipalities are liable for the tax imposed in such municipalities, but if kept outside the municipal area must be registered in accordance with the Registration and Control of Dogs Act.

The fee for registration is—

1. For a watchdog (one dog to each house or farm)...   Free
2. For a dog of the greyhound type, Kaffir hunting dog, or dog of similar breed (per annum).......   £ 5 0 0
3. For any other kind of dog (per annum)..........   0 10 0

No dog of Class (2) can be registered as a watchdog.

Les requêtes de certificats d'inscription doivent être adressées au receveur du trésor ou à un autre fonctionnaire spécialement désigné à cette fin.

POISSONS.

Poissons indigènes.

La pêche dans les rivières de cette colonie est subordonnée à peu de restrictions. Les poissons indigènes peuvent être pêchés pendant toute l'année au moyen de la ligne, mais un permis est exigé pour la pêche au filet; la pêche est fermée du 16 septembre au 14 janvier inclus. Des permis de pêche au filet peuvent être obtenus, moyennant payement d'une taxe de 5 shillings, chez les magistrats résidents. Aucun permis n'est exigé pour l'usage d'une épuisette à l'occasion de la pêche à la ligne.

Truites.

La truite a été introduite par la *Trout acclimatisation Society* (P. O. box 800, Johannesburg), dans quelques

---

Applications for registration certificates should be made to any Receiver of Revenue or other officer specially appointed to issue such certificates.

FISH.

Native Fish.

There are very few restrictions placed on fishing in any rivers of this Colony. Native fish may be fished for all the year round with rod and line, but a licence is required if it is desired to fish with a net, and there is a close season for such fishing from 16th September to 14th January inclusive. Licences to fish with a net may be obtained from Resident Magistrates, the fee being 5s. No licence is required for the use of a landing-net in connection with rod and line fishing.

fleuves de cette colonie et des mesures spéciales ont été prises pour protéger ce poisson. Quiconque a l'intention de pêcher la truite doit d'abord consulter le secrétaire de la susdite société.

Fleuves à truites.

Les seules eaux dans lesquelles la truite peut être pêchée sont :

1. La Mooi River (district de Potchefstroom);
2. Le Florida Dam, près de Johannesburg;
3. Le fleuve sur les terres de la ferme Weltevreden n° 215, district de Carolina.

La truite ne peut être pêchée qu'au moyen de la mouche et cette pêche est fermée du 1er mai au 30 septembre inclus.

Trout.

Trout have been introduced into some of the streams of this olony through the Trout Acclimatisation Society (P.O. Box 800, Johannesburg), and special provisions have been made to protect these fish. Anyone intending to fish for trout should first consult the Secretary of the above-named Society.

Trout Streams.

The only waters in which trout may be fished for are—
1. The Mooi River (Potchefstroom District).
2. The Florida Dam, near Johannesburg.
3. The stream on farm Weltevreden N° 215, Carolina District.
Trout may only be fished for with fly, and there is a close season for all trout fishing from 1st May to 30th September inclusive.

ANNEXE N° 14.

N° 6 de 1905.

ORDONNANCE

coordonnant et amendant les lois sur la protection du gibier.

Considérant qu'il est utile de coordonner et d'amender les lois de cette colonie sur la protection du gibier;

Il est décrété ce qui suit par le lieutenant-gouverneur du Transvaal, de l'avis et avec le consentement du Conseil législatif :

1. L'ordonnance de 1902 sur la protection du gibier et l'ordonnance d'amendement de 1903 sont abrogées par la présente.

2. Dans la présente ordonnance et dans les règlements promulgués pour son exécution, à moins que le contexte

---

SCHEDULE N° 14.

N° 6 of 1905.

AN ORDINANCE

to consolidate and amend the Law relating to the Preservation of Game.

Whereas it is expedient to consolidate and amend the law of this Colony relating to the preservation of game;

Be it enacted by the Lieutenant-Governor of the Transvaal with the advice and consent of the Legislative Council thereof as follows :

1. The Game Preservation Ordinance 1902 and the Game Preservation Amendment Ordinance 1903 shall be and are hereby repealed.

2. In this Ordinance and any Regulations made thereunder unless inconsistent with the context :

ne stipule le contraire : « gibier » signifie tous les oiseaux et animaux dénommés dans l'annexe ci-après ou dans une annexe amendée par arrêté en exécution de la section *trois;*

« gros gibier » signifie les oiseaux et animaux mentionnés dans la IIe partie de l'annexe jointe à la présente ordonnance ou dans une partie de l'annexe amendée par arrêté en exécution de la section *trois;*

« occupant » désigne toute personne propriétaire du terrain ou locataire de celui-ci en vertu d'une convention écrite avec le propriétaire ou qui a le droit de chasser sur ce terrain en vertu d'une convention écrite avec le propriétaire;

« chasser » signifie tirer, poursuivre, capturer, tuer ou blesser volontairement;

« vendre » signifie vendre, colporter, offrir ou exposer en vente;

« officier de police » signifie officier, constable ou agent de toute force de police établie par une loi dans cette colo-

---

« game » shall mean all birds and animals named in the Schedule hereto or in such Schedule as amended by Proclamation under Section *three;*

« big game » shall mean the birds and animals mentioned in the Part II. of the Schedule to this Ordinance or in such part of the Schedule as amended by Proclamation under Section *three;*

« occupier » shall mean any person who is the owner of land or the lessee of land under an agreement in writing with the owner thereof or who has the right of shooting over land under an agreement in writing with the owner thereof;

« hunt » shall mean shooting at, pursuing, taking, killing or wilfully disturbing;

« sell » shall mean selling, hawking, offering or exposing for sale;

« police officer » shall mean an officer, constable or trooper of any police force established in this Colony by any law and in addi-

nie, et cette expression comprend en outre toute personne désignée comme conservateur ou garde d'une réserve en vertu des règlements mentionnés dans la section *quatre ;*

« temps prohibé » signifie la période à fixer d'époque à époque par arrêté en vertu de la section *trois,* pendant laquelle la chasse sera interdite, sauf dans les cas prévus dans la présente ordonnance ;

« chasse ouverte » signifie toute période non comprise dans le temps prohibé ;

« magistrat » signifie un magistrat-résident, un magistrat-résident-adjoint, un commissaire indigène, un sous-commissaire indigène et un juge de paix résident : le terme « magistrat-résident » ne signifie que ce fonctionnaire ;

« Cour » signifie la cour d'un magistrat telle qu'elle est définie dans la présente section ;

« propriétaire » signifie, lorsqu'il s'agit de terres privées, le propriétaire inscrit de celles-ci, dans le cas de terres urbaines ou municipales le secrétaire de la municipalité, et dans le cas de terres de la Couronne, le commissaire

---

tion shall include any person appointed a warden or ranger of a reserve under Regulations mentioned in Section *four* ;

« close season » shall mean the period from time to time fixed by Proclamation under Section *three* within which it shall not be lawful to hunt game save as in this Ordinance provided ;

« open season » shall mean any period which is not close season ;

« Magistrate » shall mean a Resident Magistrate, Assistant Resident Magistrate, Native Commissioner, Native Sub-Commissioner and Resident Justice of the Peace : the term « Resident Magistrate » shall mean that officer only ;

« Court » shall mean the Court of a Magistrate as in this section defined ;

« owner » shall in the case of private land mean the registered owner thereof and in the case of town lands or municipal lands the town clerk of the municipality and in the case of Crown

des terres ou toute autre personne désignée par lui pour exercer les pouvoirs conférés par la présente ordonnance à un propriétaire ou à un occupant.

3. Le lieutenant-gouverneur peut, de temps en temps, par arrêté inséré dans la *Gazette* :

(a) prescrire, déterminer et modifier pour cette colonie ou pour tout ou partie d'un district, la période de temps prohibé pendant laquelle il sera interdit de chasser le gibier mentionné dans l'arrêté, sauf dans les cas prévus dans la présente ordonnance;

(b) dresser une liste des oiseaux et des animaux qui seront protégés pendant toute l'année pour une période à indiquer ne dépassant pas trois ans et faire des additions ou apporter des modifiations à cette liste;

(c) ajouter à la liste annexée à la présente ordonnance, des noms d'oiseaux ou d'animaux ou en supprimer;

(d) établir des réserves dans lesquelles la chasse sera interdite sans l'autorisation spéciale écrite du secrétaire colonial;

---

land the Commissioner of Lands or any person appointed by him to exercise powers conferred upon an owner or occupier by this Ordinance.

3. The Lieutenant-Governor may from time to time by Proclamation in the *Gazette*;

(a) prescribe, fix and alter for this Colony or for any district or portion of a district thereof the period of the close season within which it shall not be lawful save as in this Ordinance excepted to hunt such game as are mentioned in such Proclamation;

(b) prescribe a list of birds and animals which shall be protected throughout the year for a period to be specified (not exceeding three years) and to add to or otherwise vary such list;

(c) add to or withdraw from either part of the Schedule to this Ordinance the names of any bird or animal;

4. (1) Le lieutenant-gouverneur peut, de temps en temps, faire modifier et abroger des arrêtés non contradictoires aux dispositions de la présente ordonnance, pour toutes ou quelques-unes des matières suivantes :

(a) prohibant ou réglant la capture ou la destruction du gibier au moyen de filets, ressorts, trappes, pièges ou autres engins et réglant la chasse à courre au moyen de chiens ;

(b) réglant l'enlèvement, le déplacement, la destruction, l'achat ou la vente des œufs et du jeune gibier ;

(c) réglant l'exportation de la colonie de gibier ou de cornes, défenses, peaux ou cuirs de gibier ;

(d) réglant la destruction d'animaux nuisibles ainsi que le paiement de récompenses pour cette destruction et déterminant de temps en temps les oiseaux et les animaux considérés comme nuisibles aux fins de ces règlements ;

(e) pour la protection et la conservation du gibier dans les réserves établies par arrêté en vertu de la section *trois,*

(d) define reserves within which it shall not be lawful to hunt game without the special permission in writing of the Colonial Secretary.

4. (1) The Lieutenant-Governor may from time to time make, alter and repeal Regulations not inconsistent with the provisions of this Ordinance for all or any of the following matters:

(a) prohibiting or regulating the capture or destruction of game by means of nets, springs, gins, traps, snares or other contrivances and regulating the coursing of game with dogs;

(b) regulating the taking, disturbance, destruction, purchase or sale of the eggs of game and the young of game;

(c) regulating the export from the Colony of game or the horns, tusks, skins or hides of game;

(d) regulating the destruction of vermin and the payment of

et pour la nomination de conservateurs et de gardes de ces réserves ainsi que pour la réglementation du trafic à travers ces réserves ;

(f) réglant l'enlèvement d'autruchons et des œufs d'autruches et, en général, pour encourager l'industrie de l'élevage des autruches ainsi que pour prescrire le mode de paiement du droit d'exportation visé dans la section *treize;*

(g) réglant la chasse dans un intérêt scientifique ;

(h) fixant et modifiant les taxes à payer pour toute patente ou permis délivré en vertu de la présente ordonnance ;

(i) réglant le mode de délivrance des patentes et permis et en prescrivant les modèles.

Tout arrêté de cette nature aura, après sa publication dans la *Gazette*, le même effet que s'il faisait partie de la présente ordonnance.

---

rewards for such destruction and declaring from time to time what birds and animals shall be deemed vermin for the purposes of such Regulations ;

(e) for the protection and preservation of game within any reserve established by Proclamation under Section *three* and for the appointment of wardens and rangers of such reserve and the regulation of traffic through such reserve ;

(f) regulating the taking of the young of ostriches and ostriches' eggs and generally for encouraging the industry of ostrich farming and prescribing the manner of payment of the export duty mentioned in Section *thirteen;*

(g) regulating the hunting of game for scientific purposes ;

(h) fixing and altering the fees to be paid for any license or permit issued under this Ordinance ;

(i) regulating the manner of issue of licenses and permits and prescribing the forms of such licenses and permits.

Any such Regulation shall upon publication thereof in the

(2) Le lieutenant-gouverneur peut prescrire dans ces arrêtés, des pénalités ne dépassant pas une amende de 50 livres sterling.

5. (1) Nul ne pourra chasser en temps prohibé, sauf dans les cas prévus dans la présente ordonnance ou dans les arrêtés pris en exécution de celle-ci.

(2) Sauf dans les cas prévus dans la présente ordonnance, nul ne pourra vendre en temps prohibé du gibier mort ou vivant, à moins que celui-ci n'ait été pris légalement, pendant l'époque où la chasse est ouverte ou qu'il n'ait été importé d'outre-mer.

(3) Quiconque contreviendra à une disposition de la présente section, sera passible d'une amende ne dépassant pas 50 livres sterling.

6. (1) Nul ne pourra chasser un oiseau ou un animal protégé par un arrêté promulgué en vertu du paragraphe *(b)* de la section *trois*.

Gazette be of the same force and effect as if it were contained in this Ordinance.

(2) The Lieutenant-Governor may prescribe in any such Regulations penalties for a contravention thereof not exceeding a fine of fifty pounds.

5. (1) No person shall save as is excepted in this Ordinance or any Regulations made thereunder hunt game during the close season.

(2) No person shall save as in this Ordinance excepted sell game dead or alive during the close season unless the same shall have been lawfully taken during the open season or shall have been imported from over sea.

(3) Any person contravening any provision of this section shall be liable on conviction to a fine not exceeding fifty pounds.

6. (1) No person shall hunt any bird or animal protected by a Proclamation issued under paragraph (b) of Section *three*.

(2) No person shall hunt game in any reserve defined by Pro-

(2) Nul ne pourra chasser sans l'autorisation écrite du secrétaire colonial, dans une réserve déterminée par arrêté en vertu du paragraphe *(d)* de la section *trois*.

(3) Quiconque contreviendra à une disposition de la présente section, sera passible d'une amende ne dépassant pas 200 livres sterling.

7. (1) Nul ne pourra, sauf dans les cas prévus dans la présente ordonnance ou dans un règlement émis en vertu de celle-ci, chasser ou vendre du gibier à moins qu'il ne soit dûment patenté conformément aux dispositions de la section ci-après.

(2) Les pénalités suivantes frapperont les contrevenants à la présente section :

(a) une amende ne dépassant pas 25 livres sterling pour chasser du gibier (autre que le gros gibier) sans un permis de chasse ou pour infraction à une des clauses de ce permis;

(b) une amende ne dépassant pas 100 livres sterling

---

clamation under paragraph (*d*) of Section *three* without the written permission of the Colonial Secretary.

(3) Any person contravening any provision of this section shall be liable on conviction to a fine not exceeding two hundred pounds.

7. (1) No person shall save as is excepted in this Ordinance or any Regulations made thereunder hunt or sell game unless he is duly licensed in accordance with the provisions of the next succeeding section.

(2) The following penalties shall be imposed upon any person convicted of a contravention of this section;

(*a*) for hunting game (other than big game) without a game license or for contravening any condition of such license a fine not exceeding twenty-five pounds;

(*b*) for hunting big game without a big game license or for con-

pour la chasse au gros gibier sans un permis de chasse
au gros gibier ou pour infraction à une des clauses de ce
permis ;

(c) une amende ne dépassant pas 50 livres sterling pour
la vente de gibier sans une patente de vente ou pour infraction à une des clauses de cette patente.

8. Les permis suivants peuvent être délivrés en vertu
de la présente ordonnance :

(a) un « permis de chasse » qui sera délivré par tout
receveur du trésor, pour un an au plus et pour un mois au
moins, et qui conférera au porteur le droit de chasser du
gibier (autre que le gros gibier) pendant la durée du permis ;

(b) un « permis de chasse au gros gibier » qui peut être
délivré par le secrétaire colonial aux personnes qui, à son
avis, réunissent les conditions voulues et qui conférera
au porteur le droit de chasser le nombre de pièces de gros
gibier stipulé dans le permis aux conditions y inscrites ;

---

travening any conditions of such license a fine not exceeding one
hundred pounds ;

(c) for selling game without a sale license or for contravening any condition of such license a fine not exceeding fifty
pounds.

8. Licenses may be granted under this Ordinance of the following descriptions ;

(a) a « game license » which shall be issued by any Receiver
of Revenue for a period not longer than one year or for not less
than one month and which shall entitle the holder thereof to
hunt game (other than big game) during the period of the license ;

(b) a « big game license » which may be issued by the Colonial Secretary to such persons as he may think fit and which shall entitle
the holder thereof to hunt such big game in such numbers as
may be mentioned in the license and on such conditions as
may be endorsed thereon ;

(c) un « permis de vente » qui sera délivré par tout receveur du trésor sur production d'un certificat du ma_gistrat résident du district où réside le demandeur témoignant que celui-ci réunit, à sa connaissance et à son avis, les conditions voulues pour vendre du gibier; ce permis donnera au porteur le droit de vendre, pendant la saison ouverte, du gibier mort ou vivant et lorsqu'il s'agit de gibier légalement pris ou tué pendant la saison ouverte ou importé d'outre-mer, de le vendre en tout temps.

9. Les conditions suivantes seront applicables aux permis délivrés en conformité des dispositions de la section *huit*, et elles y seront inscrites au verso :

(a) le permis est personnel;

(b) il sera exhibé à la demande de tout fonctionnaire de police;

(c) il sera susceptible d'annulation par la Cour, du chef d'une contravention commise par le porteur à une des conditions de la présente ordonnance ou à un règlement émis en exécution de celle-ci;

(c) a « sale license » which shall be issued by any Receiver of Revenue upon production of a certificate from the Resident Magistrate of the district in which the applicant resides that the applicant is to the best of his knowledge and belief a fit and proper person to sell game; such license shall entitle the holder thereof to sell game dead or alive during the open season and in the case of game which was lawfully taken or killed during the open season or which has been imported from oversea to sell the same at any time.

9. The following conditions shall be applicable to and endorsed upon every license issued in accordance with the provisions of Section *eight*;

(a) it shall not be transferable by the person to whom it is issued;

(b) it shall be produced upon the demand of any police officer;

(d) il sera valable pendant la période pour laquelle il a été délivré mais pas au delà;

(e) toute condition autorisée par la section *huit* pour toute catégorie spéciale de permis.

10. Nonobstant toute disposition contraire dans la présente ordonnance, il sera loisible :

(a) au propriétaire ou au locataire de terres qui n'est pas un résident indigène sur une terre de la Couronne, ou dans une réserve indigène ou sur une terre occupée par une station de mission, pendant l'ouverture de la chasses de chasser, sans permis de chasse, le gibier (autre que le gros gibier) sur ces terres et de vendre, sans permis de vente, du gibier (autre que du gros gibier), chassé sur ces terres;

(b) au propriétaire, à l'occupant ou au cultivateur de terres de détruire le gibier qui s'y trouve et qui cause des dommages aux arbres, plantes et récoltes sur pied;

(c) à la personne autorisée à chasser du gibier dans un intérêt scientifique, en vertu des règlements mention-

---

(c) it shall be liable to be cancelled by the Court on conviction for a contravention by the holder of any provision of this Ordinance or of any Regulations made thereunder;

(d) it shall be valid for the period for which it was issued and no longer;

(e) any condition authorized by Section *eight* for any particular class of license.

10. Notwithstanding anything in this Ordinance contained it shall be lawful;

(a) for the owner or lessee of land not being a native resident upon Crown land or in a location or native reserve or upon land used as a mission station during the open season to hunt game (other than big game) upon such land without a license and to sell game hunted upon such land (other than big game) without a sale license;

nés dans la section *quatre*, de chasser le gibier dénommé dans le permis qui lui a été délivré.

11. (1) Nul ne pourra en aucun temps, qu'il soit porteur ou non d'un permis délivré en vertu de la présente ordonnance, se livrer sur une terre à la poursuite ou à la recherche du gibier, à moins qu'il ne soit propriétaire de cette terre ou n'ait l'autorisation écrite de l'occupant ou, si la terre n'est pas occupée, du propriétaire ou du locataire du droit de chasse, si celui-ci a été affermé à une personne autre que l'occupant.

Quiconque contreviendra aux dispositions de la présente sous-section, sera passible d'une amende ne dépassant pas 50 livres sterling lorsqu'il s'agit d'une terre clôturée, et de 25 livres sterling dans le cas contraire.

(2) Si une personne est trouvée à un moment quelconque, sur une terre à la poursuite ou à la recherche de gibier, elle peut être requise par l'occupant de cette terre,

---

(b) for the owner, occupier or cultivator of land to destroy game thereon which is causing damage to trees, plants or standing crops;

(c) for the person authorized to hunt game for scientific purposes under Regulations mentioned in Section *four* to hunt such game as may be named in the permit issued to him.

11. (1) No person shall at any time and whether he is the holder of a license under this Ordinance or not be upon any land in pursuit of or in search of game unless he is the occupier thereof or has the permission in writing of the occupier or if the land be unoccupied of the owner or if the shooting rights have been leased to some person other than the occupier of the lessee of such rights.

Any person acting in contravention of the provisions of this sub-section shall be liable on conviction to a penalty not exceeding fifty pounds in the case of enclosed land or twenty-five pounds in the case of unenclosed land.

par tout serviteur ou toute autre personne autorisée par l'occupant, ou par un magistrat, juge de paix ou officier de police, si la terre appartient à la Couronne, de décliner son nom et le lieu de sa résidence et d'évacuer cette terre immédiatement; elle sera coupable d'une contravention si elle ne satisfait pas immédiatement à cette réquisition.

(3) Tout chien trouvé non accompagné de son propriétaire ou d'une autre personne préposée à sa garde à la poursuite de gibier sur une terre, peut être immédiatement tué par ou sur l'ordre de l'occupant de cette terre.

12. Le commissaire des terres peut, à son gré, accorder à toute personne l'autorisation écrite subordonnée aux règlements émis en vertu du paragraphe *(f)* de la sous-section (1) de la section *quatre*, de capturer sur les terres de la Couronne les autruchons et de ramasser les œufs d'autruches sauvages; le propriétaire ou le locataire

---

(2) If any person be found at any time on land in pursuit of or in search of game, he may be required by the occupier of such land or by any servant or other person authorized thereto by such occupier or if such land be Crown land by a Magistrate Justice of the Peace or police officer to state his true name and place of abode and forthwith to quit such land and if he shall fail to comply immediately with any such requirement he shall be guilty of an offence.

(3) Any dog found unaccompanied by its owner or other person having control over the same in pursuit of game upon land may be destroyed forthwith by or on the order of the occupier of such land.

12. The Commissioner of Lands may in his discretion grant permission in writing to any person subject to any Regulations made under paragraph *(f)* sub-section (1) of Section *four* to capture the young of wild ostriches upon Crown land or to take the eggs of ostriches, and the owner or lessee of any private

d'une terre privée peut, à l'égard de celle-ci, exercer les mêmes droits, en se conformant aux règlements précités.

13. (1) Une taxe de 100 livres sterling sera payée pour chaque autruche exportée de cette colonie, sauf dans le cas prévu dans la présente section; cette taxe sera de 5 livres sterling par œuf d'autruche exporté; il est entendu que cette taxe ne sera pas payée pour l'exportation d'une autruche ou d'un œuf d'autruche dans une colonie ou dans un territoire de l'Afrique du Sud, si la loi de cette colonie ou de ce territoire stipule qu'il doit être payé pour l'exportation respectivement pour les autruches ou les œufs d'autruches un droit non inférieur à ceux établis par la présente section.

(2) Quiconque contreviendra aux dispositions de la présente section, sera passible d'une amende ne dépassant pas 200 livres sterling pour chaque autruche et 25 livres sterling pour chaque œuf d'autruche faisant l'objet de la contravention.

14. Aucune disposition de la sous-section (9) de la

---

land may in relation to such land exercise the same powers subject to the Regulations aforesaid.

13. (1) Upon every ostrich exported from this Colony except as in this section provided there shall be payable a duty of one hundred pounds and upon every ostrich egg so exported there shall be payable a duty of five pounds; provided that no such duty shall be payable on the export of any ostrich or ostrich egg to any Colony or territory in South Africa if by the law of such Colony (or territory), a duty is payable on the export therefrom of ostriches or ostrich eggs respectively not less in amount than the duties imposed by this section.

(2) Any person who shall contravene the provisions of this section shall be liable on conviction to a fine not exceeding two hundred pounds for every ostrich and twenty-five pounds for every ostrich egg the subject of such conviction.

section *quarante-deux* de l'ordonnance de 1903 sur les corporations municipales ne sera de nature à donner au conseil d'une municipalité le pouvoir d'émettre des règlements en contradiction avec les dispositions de la présente ordonnance ou des règlements promulgués en exécution de celle-ci; toutefois, cette sous-section sera censée, en tant qu'elle concerne le gibier, conférer à ce conseil, au sujet des terres soumises à son contrôle, les droits accordés par la présente ordonnance à un propriétaire, occupant, locataire ou cultivateur de terres et le pouvoir d'émettre des règlements à cette fin.

15. (1) La possession de carcasses, viande, peaux, cuirs, cornes ou défenses de gibier fraîchement tué sera *prima facie* une preuve d'avoir chassé ce gibier, contre une personne accusée d'avoir enfreint la présente ordonnance ou un règlement promulgué en exécution de celle-ci.

(2) Toute personne accusée d'accomplir un acte pour lequel une autorisation ou un permis est exigé par la

---

14. Nothing in Sub-section (9) of Section *forty-two* of the Municipal Corporations Ordinance 1903 contained shall be taken as empowering the Council of a Municipality to make Regulations inconsistent with the provisions of this Ordinance or any Regulations made thereunder, but such sub-section shall so far as it relates to game be deemed to confer upon such Council in relation to lands under its control such rights as are conferred by this Ordinance upon an owner, occupier, lessee or cultivator of land and power to make Regulations for that purpose.

15. (1) The possession of the carcases, meat, skins, hides, horns or tusks of freshly killed game shall be *prima facie* evidence against a person accused of contravening this Ordinance or any Regulation made thereunder that he has hunted such game.

(2) Any person charged with doing any act for which by this Ordinance a license or permission is required shall be deemed to

présente ordonnance, sera considérée comme étant sans autorisation ou permis, à moins qu'elle ne produise l'un ou l'autre à la Cour ou qu'elle ne fournisse une autre preuve satisfaisante de la possession.

(3) L'inculpé est tenu de prouver tout fait à décharge de l'accusation de contrevenir à la présente ordonnance ou à tout règlement émis en exécution de celle-ci.

16. Toute personne qui contreviendra à une disposition de la présente ordonnance pour laquelle aucune pénalité n'est expressément stipulée, sera passible d'une amende ne dépassant pas 5 livres sterling et, lorsqu'il y a récidive, d'une amende ne dépassant pas 20 livres sterling.

17. Dans le cas où une amende aura été infligée en vertu de la présente ordonnance ou d'un règlement émis en exécution de celle-ci et où la personne condamnée ne la payera pas immédiatement, la Cour peut ordonner

---

be without such license or permission unless he shall produce the same to the Court or give other satisfactory proof of possessing the same.

(3) The burden of proving any fact which would be a defence to a charge of contravening this Ordinance or any Regulation made thereunder shall lie upon the person charged.

16. Any person contravening any provision of this Ordinance for the contravention of which no penalty is expressly provided shall be liable on conviction to a fine not exceeding five pounds and for any second or subsequent offence to a fine not exceeding twenty pounds.

17. Whenever any fine shall have been imposed under the provisions of this Ordinance or any Regulations made thereunder and the person convicted shall not forthwith pay the same, the Court may order that such person be imprisoned with or without **hard labour for a period** :

l'emprisonnement de cette personne avec ou sans travaux forcés pendant :

(a) sept jours au maximum si l'amende infligée ne dépasse pas 5 livres sterling;

(b) quatorze jours au maximum si l'amende infligée ne dépasse pas 10 livres sterling;

(e) un mois au maximum si l'amende infligée ne dépasse pas 20 livres sterling;

(d) six semaines au maximum si l'amende infligée ne dépasse pas 25 livres sterling;

(e) deux mois au maximum si l'amende infligée ne dépasse pas 50 livres sterling;

(f) trois mois au maximum si l'amende infligée ne dépasse pas 100 livres sterling;

(g) six mois au maximum si l'amende infligée dépasse 100 livres sterling; à moins que l'amende ne soit payée plus tôt.

(a) not exceeding seven days if the fine imposed does exceed five pounds ;

(b) not exceeding fourteen days if the fine imposed does not exceed ten pounds ;

(c) not exceeding one month if the fine imposed does not exceed twenty pounds;

(d) not exceeding six weeks if the fine imposed does not exceed twenty-five pounds;

(e) not exceeding two months if the fine imposed does not exceed fifty pounds;

(f) not exceeding three months if the fine imposed does not exceed one hundred pounds;

(g) not exceeding six months if the fine imposed be above one hundred pounds; unless such fine be sooner paid.

18. The Court may order that any game or any skin, hide, horns, tusks or carcase of game found in possession of any person convic-

18. La Cour peut ordonner que le gibier, les peaux, les cuirs, les cornes, les défenses ou les carcasses de gibier trouvés en possession d'une personne condamnée pour contravention à la présente ordonnance ou à un règlement émis en exécution de celle-ci, soient saisis et confisqués; elle peut aussi annuler tout permis et toute autorisation accordés à cette personne en vertu de la présente ordonnance.

19. Toutes les amendes et la valeur de toutes les saisies imposées pour contravention à la présente ordonnance ou à un règlement émis en exécution de celle-ci seront versées au Trésor public de la colonie; toutefois, la Cour peut ordonner qu'une somme ne dépassant pas la moitié de l'amende soit payée à la personne dont les renseignements auront amené la répression de la contravention.

20. La Cour aura une juridiction spéciale pour infliger les pénalités maxima prévues pour une contravention à la présente ordonnance ou aux règlements émis en exécu-

---

ted of a contravention of this Ordinance or any Regulations made thereunder may be seized and forfeited and may cancel any license or permit granted to any such person under this Ordinance.

19. All fines and the value of all forfeitures imposed for contravening this Ordinance or any Regulation made thereunder shall be paid into the public revenues of the Colony; provided that the Court may order that a sum not exceeding one half of any fine imposed be paid to any person by whose information a conviction shall have been obtained for such contravention aforesaid.

20. The Court shall have special jurisdiction to impose the maximum penalties provided for a contravention of this Ordinance or Regulations made thereunder; provided that convictions and sentences. imposed by such Court shall be subject to review by and appeal to the Supreme Court in the same manner

tion de celle-ci; toutefois, les condamnations et les jugements prononcés par la Cour seront susceptibles d'appel à la Cour suprême, de la même manière et dans les mêmes conditions que le sont les condamnations et jugements de cours de magistrat résident en vertu de l'ordonnance de 1902 sur les cours de magistrats ou en vertu de toute loi qui l'amende et des dispositions des sections *trente-neuf* à *quarante-trois* de la dite ordonnance, telle qu'elle est amendée de temps en temps par une loi.

21. Nonobstant toute disposition contenue dans l'ordonnance de 1902 sur les armes et munitions, tout conservateur ou garde d'une réserve établie en vertu de la section *trois* de la présente ordonnance, pourra être en possession d'armes et de munitions dans l'exercice de ses fonctions, en exécution des règlements émis en vertu de la présente ordonnance, sans être porteur d'un permis de port d'armes et de munitions.

22. La présente ordonnance peut être citée à toutes fins comme l'ordonnance de 1905 sur la protection du

---

and under the same conditions as are convictions and sentences of Courts of Resident Magistrate under the Magistrates' Court Proclamation 1902 or any law amendment thereof and the provisions of Sections *thirty-nine* to *forty-three* inclusive of the said Proclamation as amended from time to time by any law shall apply in the case of any such review or appeal.

21. Notwithstanding anything in the Arms and Ammunition Ordinance 1902 contained it shall be lawful for any warden or ranger of a reserve established under Section *three* of this Ordinance to be in possession of arms and ammunition while acting in the discharge of his duty under the Regulations made under this Ordinance without having a licence to possess such arms and ammunition.

22. This Ordinance may be cited for all purposes as the Game Preservation Ordinance 1905 and shall come into operation on a

gibier et elle entrera en vigueur à la date à fixer ultérieurement par arrêté du lieutenant - gouverneur dans la *Gazette*.

Passé au Conseil le 4 septembre 1905.

E. M. O. Clough,
Secrétaire du Conseil.

Légalisée sous ma signature et le sceau public de la colonie :

Arthur Lawley,
Lieutenant-Gouverneur.

Prétoria, le 8 septembre 1905.

Approuvé :

Selborne,
Gouverneur.

Johannesburg, le 9 septembre 1905.

---

day to be hereafter fixed by Proclamation of the Lieutenant-Governor in the *Gazette*.

Passed in Council the fourth day of September, One thousand Nine hundred and Five.

E. M. O. Clough,
Clerk to the Council.

Authenticated under my Hand and the Public Seal of the Colony :

Arthur Lawley,
Lieutenant-Governor.

Pretoria, 8th September, 1905.

Assented to :

Selborne,
Governor.

Johannesburg, 9th September, 1905.

Annexe.

Partie I.

Perdrix : *Francolinus adspersus, francolinus clamator, francolinus natalensis, francolinus pileatus, francolinus afer, francolinus Levaillanti, francolinus gariepensis, francolinus subtorquatus.*

Faisans : *Pternistes Swainsoni, pternistes nudicollis, œdicnemus capensis.*

Pintades : *Numida coronata, numida Edouardi.*

Outardes : *Eupodotis kori, neotis caffra, neotis Ludwigi, trachelotis cœrulescens, trachelotis Barrovii, lophotis ruficrista, compsotis afra, compsotis leucoptera.*

Grouses : *Pteroclurus namaqua, pterocles bicinctus, pterocles gutturalis, pterocles variegatus.*

Canards sauvages : *Dendrocygna viduata, sarcidiornis melanonota, casarca cana, pœcilonetta erythrorhyncha, anas undulata, anas sparsa, nettion punctatum, nettion*

Schedule

Part I.

Partridge :—

Red-billed francolin....	Francolinus adspersus..	Patrys.
Noisy francolin........	Francolinus clamator...	Patrys.
Natal francolin........	Francolinus natalensis..	Patrys.
Pileated francolin......	Francolinus pileatus....	Patrys.
Grey wing francolin....	Francolinus afer.......	Patrys.
Le Vaillant's francolin..	Francolinus levaillanti..	Patrys.
Orange River francolin.	Francolinus gariepensis.	Patrys.
Coqui francolin........	Francolinus subtorquatus...................	Patrys.

Pheasant : —

Swainson's francolin...	Pternistes swainsoni....	Faisant.
Red necked francolin...	Pternistes nudicollis....	Faisant.
Dikkop..............	Oedicnemus capensis...	Dikkop.

Guineafowl :—

Crowned guineafowl....	Numida coronata......	Tarentaal.
Blue-headed guineafowl	Numida edouardi......	Kuifkop tarentaal.

*capense, spatula capensis, nyroca erythropthalma, thalas-
soris leuconota, erismatura maccoa.*

Oies sauvages : *Plectropterus niger, chenalopex ægyp-
tiacus, nettopus auritus.*

Lièvres : *Lepus capensis, lepus saxatilis, lepus crassi-
caudatus.*

Toutes les espèces d'antilopes : *Damaliscus albifrons, cephalophus grimmi, cephalophus natalensis, oreotragus saltator, ourebia scoparia, rhaphicerus campestris.*

Paauw :—

Kori bustard	Eupodotis kori	Gompaauw.
Stanley bustard	Neotis caffra	Paauw.
Ludwig's bustard	Neotis ludwigi	Paauw.
Blue bustard	Trachelotis coerulescens.	Blaauw knorhaan.
Senegal bustard	Trachelotis barrovii	Knorhaan.
Black-bellied bustard	Lophotis ruficrista	Zwartpens knor- haan.
African black bustard	Compsotis afra	Zwart knorhaan.
White-quilled bustard	Compsotis leucoptera	

Grouse :—

Namaqua sandgrouse	Pteroclurus namaqua	Namaqua patrys.
Double-banded sand-grouse	Pterocles bicinctus	
Yellow-throated sand-grouse	Pterocles gutturalis	
Variegated sandgrouse	Pterocles variegatus	

Wild Duck :—

White masked duck	Dendrocygna viduata	
Knob-billed duck	Sarcidiornis melanonota	Knobbel eend.
South African shell duck	Casarca cana	Bergeend.
Red-billed teal	Poecilonetta erythro-rhyncha	Smee eend.
Yellow-billed teal	Anas undulata	Geelbek.
Black duck	Anas sparsa	Zwart eend.
Hottentot teal	Nettion punctatum	
Cape teal	Nettion capense	Teel eendje.
Cape shoveller	Spatula capensis	Slop.
South African pochard	Nyrocaerythropthalma	
White-backed duck	Thalassoris leuconota	Witrugeend.
Maccoa duck	Erismatura maccoa	

Wild Geese :—

Spurwinged goose	Plectropterus niger	Wilde makouw.
Egyptian goose	Chenalopex ægyptiacus.	Wilde gans.
African dwarf goose	Nettopus auritus	Dwerg gans.

raphicerus melanotis, cobus ellipsiprymnus, cervicapra arundinum, cervicapra fulvorufula, pelea capreola, aepyceros melampus, antidorcas euchore, tragelaphus sylvaticus.

Cochons sauvages : *Potamochoerus choeropotamus, phacochoerus æthiopicus.*

Partie II.

Les éléphants d'Afrique, les hippopotames, les buffles, les élans, les girafes, le *strepsiceros kudu*, le *bubalis caama*,

---

Hares :—

Cape hare	Lepus capensis	Vlakte haas.
Rock hare	Lepus saxatilis	Kolhaas.
Red hare	Lepus crassicaudatus	Kliphaas.

All Varieties of the Antelope Genus :—

Blesbuck	Damaliscus albifrons	Blesbok.
Duiker	Cephalophus grimmi	Duiker.
Red duiker	Cephalophus natalensis	Umzumbi.
Klipspringer	Oreotragus saltator	Klipspringer.
Oribi	Ourebia scoparia	Oribi.
Steinbuck	Rhaphicerus campestris	Steenbok.
Grysbuck	Rhaphicerus melanotis	Grysbok.
Waterbuck	Cobus ellipsiprymnus	Waterbok.
Reedbuck	Cervicapra arundinum	Rietbok.
Rooi rhebuck	Cervicapra fulvorufula	Rooi reebok.
Vaal rhebuck	Pelea capreola	Vaal reebok.
Pallah	Aepyceros melampus	Rooibok or Impala.
Springbuck	Antidorcas euchore	Springbok.
Bushbuck	Tragelaphus sylvaticus	Boschbok.

Wild Pig :—

Bush pig	Potamochoerus choeropotamus	Boschvark.
Warthog	Phacochoerus æthiopicus	Vlakvark.

Part II.

Elephant	Elephas africanus	Olifant.
Hippo	Hippopotamus amphibius	Zeekoe.
Buffalo	Bos caffer	Buffel.
Eland	Oreas canna	Eland.
Giraffe	Giraffa capensis	Kameel.
Kudu	Strepsiceros kudu	Koedoe.
Hartebeest (red)	Bubalis caama	Hartebeest.
Hartebeest (Lichtenstein)	Bubalis lichtensteini	Mof hartebeest.

le *bubalis Lichtensteini*, le *damaliscus lunatus*, le rhinocéros, l'*equus quagga*, l'*equus burchelli*, l'autruche, le *chry-
sopelargus balearica*, l'*hippotragus equinus*, l'*hippotragus
niger*, le *connochoetus taurinus*, le *connochoetus gnu.*

RÈGLEMENT

*promulgué en exécution de la section 4 de l'ordonnance
de 1905 sur la protection du gibier.*

NOTIFICATION DU GOUVERNEMENT N⁰ 231 DE 1906.

A. — *Emploi de filets, pièges, etc., et chasse à courre avec chiens.*

1. Nul ne pourra capturer ou tuer du gibier au moyen de
filets, ressorts, trappes, pièges, bâtons ou poison, ou posséder ces objets aux fins de capturer ou de tuer du gibier,

Sassaby	Damaliscus lunatus	Bastard hartebeest.
Rhinoceros	Rhinoceros bicornis	Rhenoster.
Quagga	Equus quagga	Kwagga.
Zebra	Equus burchelli	Kwagga or zebra.
Ostrich	Struthio australis	Vogelstruis.
Crested crane	Chrysopelargus balearica	Mahem.
Roan antelope	Hippotragus equinus	Bastard gemsbok or bastard eland.
Sable antelope	Hippotragus niger	Zwartwitpens.
Wildebeest (blue)	Connochoetus taurinus	Blaauw wildebeest.
Wildebeest (black)	Connochoetus gnu	Zwart wildebeest.

REGULATIONS

under Section four of the Game Preservation Ordinance 1905.

GOVERNMENT NOTICE N⁰ 231 OF 1906.

A. — *The use of Nets, Snares, etc., and Coursing with Dogs.*

1. No person shall capture or destroy game by means of nets,
springes, gins, traps, snares, sticks, or poison, or have in his posses-

à moins qu'il ne le fasse en vertu de la sous-section *(b)* de la section *dix* de l'ordonnance ou qu'il ne se soit muni d'un permis en conformité de l'article 32 du présent règlement.

2. Nul ne pourra se livrer à la chasse à courre avec chiens sur des terres de la Couronne, réserve indigène ou non, à moins qu'il ne se soit pourvu, chez le Magistrat résident du district où se trouve le gibier, d'un permis conforme au modèle de l'annexe A. Ce permis indiquera le nombre de pièces et l'espèce de gibier que le porteur a le droit de tuer.

3. Le Magistrat résident peut refuser, sans indiquer les motifs de son refus, toute demande de permis de chasse à courre sur des terres de la Couronne.

4. Toute personne contrevenant aux règles ci-dessus ou à l'une ou l'autre des conditions auxquelles est subordonnée la délivrance du permis sera passible d'une amende ne dépassant pas 25 livres sterling.

---

sion or set or use any such net, gin, springe, trap, snare, or poison for the purpose of capturing or destroying game unless he be acting under sub-section (b) of section *ten* of the Ordinance, or unless he shall have secured a permit under Regulation 32 hereof.

2. No person shall course game with dogs on Crown land, whether a native location or not, unless he shall have first secured from the Resident Magistrate of the district in which such game is found a permit in the form given in Schedule A hereto. Every such permit shall distinctly state the number and description of game which the holder is entitled to kill.

3. It shall be lawful for a Resident Magistrate to refuse any application for a permit to course game on Crown land without assigning any reason for such refusal.

4. Any person contravening the foregoing Relations or any condition of any permit issued under them shall be liable on conviction to a fine not exceeding £ 25.

B. — *Enlèvement, etc., d'œufs ou de jeune gibier (à l'exception des autruches).*

5. Nul ne pourra déplacer, endommager ou détruire le nid d'un oiseau considéré comme gibier, à moins que le nid ne se trouve sur une terre cultivée ou préparée pour la culture et nul ne pourra déplacer, endommager ou détruire les œufs ou les petits d'oiseaux ou d'animaux, à moins d'avoir obtenu au préalable du secrétaire colonial un permis suivant la formule B ci-annexée. Ce permis indiquera distinctement le nombre et la description des œufs des oiseaux ou des animaux que le porteur a le droit de détruire ou de prendre.

6. Il n'est pas loisible au secrétaire colonial de délivrer le permis dont il est question dans le règlement précédent, à moins qu'il n'ait la conviction que les œufs ou le jeune gibier auxquels s'applique le permis sont nécessaires pour l'élevage, l'acclimatation ou pour des recherches scientifiques.

B. — *Taking,' etc., Eggs of Game and Young of Game (Ostriches excepted).*

5. No person shall remove, disturb, or destroy the nest of any game bird unless such nest be upon cultivated land or land which is being prepared for cultivation, and no person shall remove, disturb, or destroy any eggs or the young of any game bird or animal unless he shall have first secured from the Colonial Secretary a permit in the form given in Schedule B hereto. Every such permit shall distinctly state the number and description of such eggs, birds, or animals which the holder is entitled to destroy or take.

6. It shall not be lawful for the Colonial Secretary to issue the permit provided for by the last preceding Regulation unless he is satisfied that the eggs or the young of game to which the permit is to apply are required for the purposes of rearing or breeding, acclimatisation, or scientific investigation.

7. Nul ne pourra vendre des œufs ou des petits d'oiseaux ou d'animaux, à moins qu'il n'ait au préalable obtenu du secrétaire colonial un permis suivant la formule C ci-annexée.

8. Nul ne pourra acheter les œufs d'oiseaux ou les petits d'oiseaux ou d'animaux à une personne qui ne possède pas, pour les vendre, un permis conforme à celui prescrit dans le règlement précédent.

9. Quiconque contreviendra à une clause des règlements 5, 7 et 8 ou à une condition d'un permis délivré en exécution de ces règlements sera passible d'une amende ne dépassant pas 25 livres sterling.

C. — *Exportation de gibier, etc.*

10. Nul ne pourra exporter de la colonie du gibier mort ou vivant, que le gibier mort soit frais, desséché ou conservé, à moins qu'il n'ait au préalable obtenu du secrétaire colonial un permis suivant la formule D ci-annexée.

---

7. No person shall sell any eggs or the young of any game bird or animal unless he shall have first secured from the Colonial Secretary à permit in the form given in Schedule C hereto.

8. No person shall purchase the eggs of any game bird or the young of any game bird or animal from any person who has not secured a permit to sell the same as prescribed by the last preceding Regulation.

9. Any person contravening any provision of the foregoing Regulations Nos. 5, 7, and 8, or any condition of any permit issued under them, shall be liable on conviction to a fine not exceeding £ 25.

C. — *Export of Game, etc.*

10. No person shall export from the Colony game, dead or alive, and whether such dead game be fresh, dried, or in any way

11. Il ne sera pas loisible au secrétaire colonial de délivrer un permis en vertu du règlement précédent, à moins qu'il ne soit convaincu que le gibier n'est pas exporté dans un but commercial ou que les intérêts de la science demandent que le permis soit délivré.

12. Nul ne pourra exporter de la colonie des cornes, défenses, peaux ou cuirs de gibier ne formant pas partie du bagage personnel d'un voyageur, à moins qu'il n'ait au préalable obtenu du secrétaire colonial ou d'un magistrat un permis suivant la formule E ci-annexée.

13. Les permis visés dans les règlements 10 et 12 seront remis, au moment de l'exportation, au fonctionnaire de la douane ou du chemin de fer qui surveille l'exportation ou la consignation.

14. Les animaux ou les marchandises pour lesquels un permis d'exportation a été délivré conformément aux règlements 10 ou 12, ne seront exportés par aucun autre point des frontières du Transvaal que par les ports d'entrée.

---

preserved, unless he shall have first secured from the Colonial Secretary a permit in the form given in Schedule D.

11. It shall not be lawful for the Colonial Secretary to issue a permit under the preceding Regulation unless he is satisfied that the game is not to be exported for purposes of trade or that the interests of science require that the permit shall be granted.

12. No person shall export from the Colony horns, tusks, skins, or hides of game not forming a *bona-fide* portion of the personal apparel or luggage of a passenger, unless he shall have first secured from the Colonial Secretary or a Magistrate a permit in the form given in Schedule E hereto.

13. The permits provided for by Regulations 10 and 12 hereof shall be surrendered at the time of export to the Customs officer or railway official who supervises the export or consignment.

14. Animals or goods for which a permit to export has been

15. Quiconque contreviendra à une clause des règlements n°s 10, 12, 13 et 14, ou à une condition d'un permis délivré en vertu de ces règlements sera punissable d'une amende de 50 livres sterling au maximum.

D. — *Animaux nuisibles.*

16. Les animaux dénommés dans l'annexe F seront considérés comme des animaux nuisibles et des récompenses pour leur destruction seront payées, aux taux indiqués dans l'annexe, par le Magistrat résident du district dans lequel ils auront été détruits.

17. Les animaux nuisibles peuvent être détruits par la chasse à courre, au moyen d'armes à feu, de filets, de ressorts, de trébuchets, de trappes, de pièges ou de poison ; toutefois, lorsque le poison est employé pour la destruction, son usage est subordonné aux conditions que prescrira le Magistrat résident.

18. Comme preuve de la destruction d'animaux nuisibles, celui qui demande une récompense devra présenter

---

secured under Regulations 10 or 12 hereof shall not be exported at any point of the Transvaal border other than ports of entry.

15. Any person contravening any provision of the foregoing Regulations Nos. 10, 12, 13, and 14 or any condition of any permit issued under them shall be liable on conviction to a fine not exceeding £ 50.

D. — *Vermin.*

16. The animals named in Schedule F hereto shall be deemed to be vermin, and rewards for the destruction of them shall be paid at the rates shown in the Schedule by the Resident Magistrate of the district in which they are destroyed.

17. Vermin may be destroyed by shooting, coursing, by means of nets, springes, gins, traps, snares, or by poison, provided that when poison is used for the destruction its use shall be subject to

la peau avec la queue y attachée lorsqu'il s'agit d'un lion, d'un léopard, d'un léopard chasseur, d'un lynx, d'un serval, d'une civette, d'un chat du Cap, d'une genette, d'un chacal argenté ou d'un chacal rouge; la tête doit être produite lorsqu'il s'agit d'un chien sauvage, d'une hyène ou d'un babouin et le requérant devra en outre présenter une déclaration suivant la formule G ci-annexée.

19. Les peaux d'animaux nuisibles pour lesquels une récompense aura été payée, seront la propriété du gouvernement; si elles sont en bon état, elles seront poinçonnées, à la jonction de la queue et de la peau du corps, par le fonctionnaire auquel elles sont présentées, par une marque perforée ou de toute autre manière que le secrétaire colonial prescrira de temps à autre; ces peaux seront ensuite vendues aux enchères par le Magistrat résident, ou il en disposera de la manière qu'il considère la plus

---

such conditions as the Resident Magistrate of the district may prescribe.

18. In proof of the destruction of vermin the applicant for reward will be required to produce in the case of lion, leopard, cheetah, lynx, serval cat, civet cat, Kaffir cat, genet cat, silver jackal, and red jackal, the skin with the tail not severed; and in the case of wild dog, hyena, and baboon, the head; and will also be required to make a written declaration in the form given in Schedule G hereto.

19. The skins of vermin for the destruction of which reward has been paid shall be the property of the Government, and shall, if in good condition, be marked by the official before whom they are produced at the juncture of the tail with the skin of the body with a perforating stamp, or in such other way as the Colonial Secretary may from time to time prescribe, and thereafter be sold by the Resident Magistrate by public auction or disposed of in such other way as he may consider to be best in the interests of

favorable aux intérêts du gouvernement. Les produits de la vente ou de l'emploi seront versés au Trésor.

Les peaux en mauvais état seront détruites.

20. Quiconque se procure ou essaye de se procurer, pour lui-même ou pour un tiers, une récompense pour la destruction d'animaux nuisibles au moyen d'une fausse déclaration ou par la production de peaux ou de têtes d'animaux nuisibles pour la destruction desquels une récompense a déjà été payée, sera passible d'une amende ne dépassant pas 10 livres sterling pour chaque tête d'animal nuisible pour lequel il s'est procuré ou a essayé de se procurer la récompense.

E. — *Réserves.*

21. Le secrétaire colonial nommera pour les réserves établies en vertu de la sous-section *(d)* de la section *trois*

---

the Government. The proceeds of such sale or disposal shall be paid into revenue.

Skins not in good condition and heads shall be destroyed.

20. Any person who secures or attempts to secure for himself or any other person a reward for the destruction of vermin by means of a false declaration or by the production of skins or heads belonging to vermin, for the destruction of which a reward has already been paid, shall be liable on conviction to a fine not exceeding £ 10 for every head of vermin for which he has secured or attempted to secure such reward.

E. — *Reserves.*

21. The Colonial Secretary shall appoint for the Reserves established under sub-section (*d*) of section *three* of the Ordinance such wardens, rangers, and native police as he may consider necessary.

22. The Colonial Secretary shall appoint for every such Reserve the points and routes by which alone persons may enter or pass

de l'ordonnance, les conservateurs, gardes-forestiers et
agents de police indigènes qu'il considère nécessaires.

22. Le secrétaire colonial indiquera pour chaque réserve les points et les chemins par lesquels des personnes
seules peuvent entrer dans la réserve et la traverser.
Cette indication sera publiée une fois dans la *Government
Gazette* et une fois dans un journal (s'il y en a un) circulant dans le district où est située la réserve.

23. Nul ne pourra entrer dans une réserve ou la traverser que par les endroits ou par les chemins indiqués
conformément au règlement précédent ; toutefois, les propriétaires de terres privées situées dans une réserve ou
les personnes ayant l'autorisation écrite de ces propriétaires auront libre accès dans toutes les parties de ces
terres.

24. Nul ne pourra porter des armes à feu dans une
réserve sans la permission du conservateur ou du garde
principal de la réserve et sous la direction et le contrôle
de ces agents.

---

through the Reserve. Such appointment shall be notified once in
the *Government Gazette*, and once in any newspaper (if any) circulating generally in the district in which such Reserve is situated.

23. No person shall enter or pass through a Reserve otherwise
than at the points or by the routes appointed under the preceding
Regulation; provided that owners of private land situate in a
Reserve or persons having the permission in writing of such
owners shall have free access to every part of such land.

24. No person shall carry firearms within the limits of any such
Reserve without the permission of the warden or principal ranger
of such Reserve, and under the direction and control of such
warden or ranger.

25. All persons within a Reserve shall conform to and obey
all lawful orders and directions issued by the warden or rangers of
such Reserve.

25. Toutes les personnes se trouvant dans une réserve se conformeront à tous les ordres et à toutes les instructions donnés légalement par les conservateurs et les gardes de la réserve.

26. Toute personne voyageant dans une réserve ne pourra y camper pendant un temps plus long que celui nécessaire au repos de ses animaux et d'elle-même, sans la permission du conservateur ou du garde principal de la réserve; toutefois, aucune atteinte n'est portée aux droits de propriétaires de terres privées situées dans la réserve et de personnes ayant la permission écrite de ces propriétaires de camper sur ces terres.

27. Il sera loisible au conservateur ou au garde principal d'une réserve de tuer tout chien errant et non gardé trouvé dans la réserve.

28. Il sera loisible au conservateur ou au garde principal d'une réserve d'y détruire tout gibier dont, à son avis, le maintien est préjudiciable pour cause de maladie ou pour toute autre raison à la santé du restant du gibier

---

26. No person travelling through a Reserve shall camp within the limits of such Reserve for a longer period than is necessary for the repose of his animals and himself without the permission of the warden or principal ranger of such Reserve; provided that the rights of owners of private land situated within the Reserve and of persons having the permission in writing of such owners to camp within such land shall not be interfered with.

27. It shall be lawful for the warden or principal ranger of a Reserve to destroy any dog found at large and not under control within the limits of such Reserve.

28. It shall be lawful for the warden or principal ranger of a Reserve to destroy any game within the Reserve, the continued existence of which is in his opinion prejudicial, whether on account of disease or for any other reason, to the health or well-being of the rest of the game in the Reserve; provided that such

dans la réserve; toutefois, ces agents donneront immédiatement connaissance par écrit, au secrétaire colonial,
du fait et des circonstances de chaque cas.

29. Nul ne pourra s'établir dans une réserve sans la
permission du conservateur ou du garde principal de la
réserve.

30. Toute personne qui n'a pas la qualité de conservateur, de garde ou d'agent de police nommé en vertu
du règlement 21, ne pourra détruire des animaux nuisibles dans la réserve sans la permission du conservateur
ou du garde principal.

31. Quiconque contreviendra à une clause des règlements 23, 24, 25, 26, 29 et 30, sera passible d'une amende
ne dépassant pas 50 livres sterling.

F. — *Autruches.*

32. Nul ne pourra capturer sur les terres de la Couronne les petits d'autruches sauvages ou enlever les

---

warden or principal ranger shall forthwith in every case report the
fact and circumstances to the Colonial Secretary in writing.

29. No person shall squat in any such Reserve without the
permission of the warden or principal ranger thereof.

30. No person not being a warden, ranger, or policeman appointed under Regulation 21 hereof, shall destroy vermin within
the limits of any Reserve without the permission of the warden or
principal ranger.

31. Any person contravening any provision of the foregoing
Regulations, Nos. 23, 24, 25, 26, 29, and 30, shall on conviction be
liable to a fine not exceeding £ 50.

F. — *Ostriches.*

32. No person shall, upon Crown land, capture the young of
wild ostriches or take the eggs of ostriches unless he shall have
first secured from the Minister of Lands a permit in the form

œufs d'autruches, à moins qu'il n'ait au préalable obtenu du ministre de l'Agriculture un permis suivant la formule H ci-annexée. Ce permis indiquera distinctement le nombre de jeunes autruches et d'œufs à capturer ou à prendre. Aucun permis ne sera valable pendant plus de six mois à partir de la date de sa délivrance.

33. Il ne sera pas loisible au ministre de l'Agriculture de délivrer un permis conformément à la règle précédente, à moins qu'il n'ait la conviction que le requérant a besoin des petits ou des œufs d'autruches pour l'élevage sur la terre dont il est l'occupant et que celui-ci lui fera connaître le nombre d'autruchons capturés ou d'œufs pris.

34. Quiconque contreviendra aux dispositions du règlement 32 ou aux conditions d'un permis délivré conformément à ce règlement, sera passible d'une amende ne dépassant pas 25 livres sterling.

35. Quiconque vendra ou emploiera à son profit, sans la permission préalable du ministre de l'Agriculture, des

---

given in Schedule H hereto. Such permits shall distinctly state the number of young ostriches and eggs to be captured or taken. No permit shall be of force for more than six months from the date of issue thereof.

33. It shall not be lawful for the Minister of Lands to issue a permit under the preceding Regulation unless he is satisfied that the applicant for such permit requires the ostrich chicks or eggs for his own use in ostrich farming on the land of which he is the occupier, and that such applicant will report to him regarding the number of chicks or eggs captured or taken.

34. Any person contravening the provisions of Regulation 32 or the conditions of any permit issued thereunder shall be liable, on conviction, to a fine not exceeding £ 25.

35. Any person who shall, except with the permission of the Minister of Lands first obtained, sell or otherwise dispose of for profit any chick or egg captured or taken under the authority of a

petits ou des œufs capturés ou pris en vertu d'un permis délivré en conformité du règlement 32, sera passible d'une amende ne dépassant pas 25 livres sterling.

G. — *Chasse au gibier dans un intérêt scientifique.*

36. Il sera loisible au secrétaire colonial, s'il est convaincu que le gibier est demandé pour des objets scientifiques, de délivrer en tout temps aux fonctionnaires du gouvernement ou aux agents autorisés de ce dernier, d'une autre possession britannique, d'un État étranger, d'une société scientifique ou d'un musée reconnu, un permis (modèle I) pour chasser le gibier qui y est dénommé sur la terre y mentionnée, réserve de gibier ou non, et de prescrire par ce permis de quelle façon le gibier sera chassé; toutefois, aucun gibier ne sera chassé dans une réserve de chasse établie conformément aux dispositions de la sous-section *(d)* de la section *trois* de l'ordonnance, sauf par les agents officiels désignés en vertu du règlement 21.

---

permit issued under Regulation 32 hereof, shall be liable, on conviction, to a fine not exceeding £ 25.

G. — *Hunting of Game for Scientific Purposes.*

36. It shall be lawful for the Colonial Secretary, provided he is satisfied that such game is required for scientific purposes, to issue at any time to any officer of the Government or to the authorised agent of the Government of any other British Possession or Foreign State or of any recognised Museum or Scientific Society, a permit (Schedule I) to hunt such game as may be named therein on such land as may be named therein (whether such land be a Game Reserve or not), and to prescribe by such permit in what way such game shall be hunted; provided that no game shall be hunted within the limits of a Reserve established under the provisions of sub-section (d) of section *three* of the Ordinance, except by the officials appointed under Regulation 21 hereof.

H. — *Taxe des autorisations et permis.*

37. Les taxes à payer pour une autorisation ou un permis délivré en vertu de l'ordonnance ou du règlement émis par le lieutenant-gouverneur en exécution de la section *quatre*, seront celles prescrites dans l'annexe J.

I. — *Formules d'autorisations et de permis.*

38. Les autorisations et permis prévus par les ordonnances et le présent règlement seront conformes aux modèles prescrits par les annexes A, B, C, D, E, F, G, H, I, J, K, L et M.

H. — *Fees for Licences and Permits.*

37. The fees to be paid for any licence or permit issued under the Ordinance or the Regulations made by the Lieutenant-Governor under section *four* thereof shall be those prescribed in Schedule J hereto.

I. — *Forms of Licences and Permits.*

38. The licences and permits provided for by the Ordinances and these Regulations shall be in the forms given in Schedules A, B, C, D, E, F, G, H, I, J, K, L, and M.

Annexe A.

Permis délivré en vertu du règlement 2.

Autorisation est accordée par le présent à....................
....
de ....
de chasser à courre le gibier suivant : ....
....
sur les terres de la Courrone connues sous le nom.............
....
situées dans le district de...
....
et de tuer le nombre de pièces suivant, savoir : ....
....

Le présent permis sera valable jusqu'au.......................
....

Le............................... 19.......
  à...

         ....
         Le Magistrat résident.

Ce permis est personnel.

Schedule A.

Permit under Regulation 2.

Permission is hereby granted to......................................
of ....
to course the following descriptions of game, viz. :—
....
on the Crown Land known as...
....situate in the Magisterial District
of ....
and to kill the following number thereof, viz. :—.................
....

This permit will be in force until.......................................
Dated this........................ day of............................. 190....
at ....

         ....
         Resident Magistrate.

This permit is not transferable.

Annexe B.

Permis délivré en vertu du règlement 5.

Autorisation est donnée par le présent à..........................
....
de..
....
de détruire

de prendre
....
au nombre de...
sur la terre connue sous le nom....................................
....
dans le district de..
....
Le présent permis sera valable jusqu'au............... 19....
Le..................................... 19........
....

....
Secrétaire colonial adjoint.

Le présent permis est personnel.

Schedule B.

Permit under Regulation 5.

Permission is hereby granted to..
of ....
to destroy

take
to the number of ....
....
on the land known as...
....
in the Magisterial District of...
....
This permit will be in force until.....................................
.........................190.....
Dated this...........................day of..........................190..

....
Assistant Colonial Secretary.

This permit is not transferable.

Annexe C.

Permis délivré en vertu du règlement 7.

Autorisation est donnée par le présent........................

à ....

de ....

de vendre..

à ....

dans le district de..

....

Le présent permis sera valable jusqu'au............... 19....

Le................................. 19........

....

Secrétaire colonial adjoint.

Le présent permis est personnel.

Schedule C.

Permit under Regulation 7.

Permission is hereby granted to..

....

of ....

to sell ....

....

at ....in the Magisterial District

of ....

This permit will be in force until...

.........................190...

Dated this...........................day of...............................190...

....

Assistant Colonial Secretary.

This permit is not transferable.

Annexe D.

Permis délivré en vertu du règlement 10.

Autorisation est accordée par le présent à.....................

....

de ....

d'exporter du Transvaal le gibier suivant : ....

....

....

Le présent permis sera valable jusqu'au............... 19.....

Le.................................. 19........

....

....

Secrétaire colonial adjoint.

Ce permis est personnel.

Schedule D.

Permit under Regulation 10.

Permission is hereby granted to...............................

....

of ....

to export from the Transvaal the following game :—

....

....

....

This permit will be in force until the................................

.....................190...

Dated this...............................day of....................190...

....

Assistant Colonial Secretary.

This permit is not transferable.

Annexe E.

———

Permis délivré en vertu du règlement 12.

Autorisation est donnée par le présent à.........................

....

de ....

d'exporter du Transvaal les dépouilles suivantes :

Cornes ....

Défenses ....

Peaux ....

Cuirs ....

Le présent permis sera valable jusqu'au............. 19......

Le...................... 19........

....

....

Le présent permis est personnel.

———

Schedule E.

———

Permit under Regulation 12.

Permission is hereby granted to...

....

of ....

to export from the Transvaal the following :—

Horns ....

Tusks ....

Skins.............................. ....

Hides ....

This permit will be in force until the....................................

.....................................190...

Dated this.........................day of..............................190...

....

This permitis not transierable.

Annexe F.

Chien sauvage...................£ 1. 0. 0
Chacal argenté.................... 0. 2. 6
Chacal rouge..................... 0. 5. 0
Babouin 0. 2. 6

Annexe G.

Je ....

déclare par la présente que les animaux suivants : ....

....

....

ont été détruits par moi dans les limites officielles du district de.............................. et que les peaux et les queues (ou les têtes) que j'ai transmises au Magistrat résident appartiennent réellement à ces animaux.

Schedule F.

Wild Dog .... £ 1 0 0
Silver Jackal 0 2 6
Red Jackal 0 5 0
Baboon 0 2 6

Schedule G.

I, ...

hereby declare that the following animals :—

....

....

have been destroyed by me within the official boundaries of the ....District, and that the skins and tails (or heads) I have produced to the Resident Magistrate actually belonged to such animals.

Annexe H.

Permis délivré en vertu du règlement 32.

Autorisation est accordée par le présent à...................

....

de...

de capturer .... jeunes

autruches et de prendre .... œufs

d'autruche sur la terre de la Couronne connue sous le nom

de...

dans le district de..

Le présent permis sera valable jusqu'au.............. 19.....

Le .... 19........

....

....
Ministre de l'agriculture.

Le présent permis est personnel.

Schedule H.

Permit under Regulation 32.

Permission is hereby granted to.......................................

....

of ....

to capture...........................young ostriches and take............

....

ostrich eggs on the Crown land known as...............................

....

in the Magisterial District of...

This permit will be in force until.......................................

.........................190...

Dated this.........................day of...........................190...

....
Minister of Lands.

This permit is not transferable.

ANNEXE I.

Permis délivré en vertu du règlement 36.

Autorisation est accordée par le présent à ....

....

de ....

de chasser au moyen de ....

....

le gibier suivant : ....

....

sur la terre connue sous le nom de ....
dans le district de ....

Le présent permis sera valable jusqu'au............... 19....

Le .... 19........

....
Secrétaire colonial adjoint.

Le présent permis est personnel.

SCHEDULE I.

Permit under Regulation 36.

Permission is hereby granted to...

....

of ....

to hunt with...

....

the following game...

....

on the land known as.. in
the Magisterial District of..

This permit will be in force until the.......................................

.....................190...

Dated this.....................day of.....................190.

....
Assistant Colonial Secretary.

This permit is not transferable.

Annexe J.

Un « permis de chasse » pour la durée d'une saison
où la chasse est ouverte ou d'une partie de
celle-ci dépassant un mois..................£   1.10. 0

Un « permis de chasse » pour un mois d'une
saison où la chasse est ouverte.............   0.15. 0

Un « permis de chasse au gros gibier »......   25. 0. 0

Un « permis de vente », par an............   3. 0. 0

Un permis en vertu du règlement 36......   Gratis

»	»	»	32.........	»
»	»	»	12.........	»
»	»	»	10.........	»
»	»	»	7.........	»
»	»	»	5.........	»
»	»	»	2.........	3. 0. 0

Schedule J.

A « Game Licence » for the period of an open season or
any portion of such season exceeding one month.   £   1 10 0

A « Game Licence » for one month of an open season..   0 15 0

A « Big Game Licence » 25 0 0

A « Sale Licence » for each calendar year...........   3 0 0

A Permit under Regulation 36 ....   Free

A Permit under Regulation 32 ....   Free

A Permit under Regulation 12 ....   Free

A Permit under Regulation 10 ....   Free

A Permit under Regulation 7 ....   Free

A Permit under Regulation 5 ....   Free

A Permit under Regulation 2 .... £   3 0 0

Annexe K.

Permis de chasse.

Moyennant les conditions ci-après, autorisation est accordée par le présent à..
de ....
de chasser le gibier mentionné dans la partie I de l'annexe de l'ordonnance de 1905 sur la protection du gibier.

Le présent permis sera valable du ....
.... au ....
et sera subordonné pendant sa validité aux conditions indiquées au verso.

Délivré le .... 19........

....
District.   *Receveur du trésor.*

Note. — Si le porteur du permis désire tirer du gibier sur des terres de la couronne, il doit se procurer, indépendamment du présent permis, une autorisation écrite du commissaire des terres ou d'une personne désignée par celui-ci pour exercer les pouvoirs qui lui sont conférés en vertu de la présente ordonnance. A défaut de cette autorisation, le porteur du permis sera passible de poursuites en vertu de la section 11 de l'ordonnance.

Schedule K.

Game Licence.

Subject to the conditions hereinafter mentioned permission is hereby granted to ....
....
of ....
to hunt game as defined in Part I. of the Schedule of the Game Preservation Ordinance, 1905.

This Licence will be in force from the..............................
to the.......................and is subject during its continuance to the conditions endorsed on the back hereof.

Granted this.....................day of......................190...

....
District.   *Receiver of Revenue.*

Note. — If the licensee desires to shoot game on Crown land, he must secure, in addition to this Licence, a Permit in writing from the Commissioner of Lands or a person appointed by such Commissioner to exercise the powers conferred on him under this Ordinance. In the absence of such Permit the Licensee will be liable to prosecution under Section 11 of the Ordinance.

Annexe L.

Permis de chasse au gros gibier.

Moyennant les conditions et dans les limites mentionnées ci-après, autorisation est accordée à ....
de ....
de chasser des animaux ou des oiseaux mentionnés dans la partie II de l'annexe de l'ordonnance de 1905 sur la protection du gibier...

....

dans la zone ....

Le présent permis expirera le .... 19......
et sera soumis, pendant sa validité, aux conditions inscrites au verso.

Donné sous ma signature, le .... 19......

....

Secrétaire colonial adjoint.

Schedule L.

Big Game Licence.

Subject to the conditions and within the limits hereinafter mentioned, permission is hereby granted to..
of ....
to hunt of the animals or birds mentioned in Part II. of the Schedule of the Game Preservation Ordinance, 1905, the following :—

....

within the area...

This Licence shall expire on the ....
190..., and during its continuance is subject to the conditions endorsed on the back hereof.

Given under my hand this.........................day of...................
190...

....

Assistant Colonial Secretary.

Annexe M.

Permis de vente.

Moyennant les conditions mentionnées ci-après, autorisation de vendre et de colporter du gibier à..................

de ....

dans le district de..

est accordée par le présent à.......................................

de ....

qui m'a transmis un certificat du Magistrat résident du district de .... portant qu'il réunit les conditions voulues pour vendre du gibier.

Le présent permis expirera le 31 décembre prochain et sera soumis, pendant sa validité, aux conditions inscrites au verso.

....

District.   *Receveur du trésor.*

Schedule M.

Sale Licence.

Subject to the conditions hereinafter mentioned, permission to sell or deal in game at..

in the Magisterial District of....................................

is hereby granted to..

of ....

he having lodged with me a Certificate from the Resident Magistrate of the District of .... that he is a fit and proper person to sell game.

This Licence will expire on 31st December next, and, is subject during its continuance to the conditions endorsed on the back hereof.

....

District.   *Receiver of Revenue.*

ANNEXE N° 15.

LOI N° 11 DE 1909.

Loi amendant l'ordonnance de 1905 sur la protection du gibier (n° 6 de 1905), telle qu'elle est amendée par la loi de 1907 (n° 13 de 1907).

(Approuvée le 30 juin 1909.)

Il est décrété ce qui suit par S. M. le Roi, de l'avis et avec le consentement du Conseil législatif et de l'Assemblée législative du Transvaal :

1. La section *trois* de l'ordonnance de 1905 sur la protection du gibier (de laquelle il est question ci-après comme loi principale) et la section *deux* de la loi n° 13 de 1907 sont abrogées par la présente et remplacées par les dispositions suivantes :

SCHEDULE N° 15.

ACT N° 11 OF 1909.

An Act to further Amend the Game Preservation Ordinance, 1905 (N° 6 of 1905), as amended by the Game Preservation Amendment Act, 1907 (N° 13 of 1907).

(Assented to 30th June, 1909.)

Be it enacted by the King's Most Excellent Majesty by and with the advice and consent of the Legislative Council and Legislative Assembly of the Transvaal as follows :—

1. Section three of the Game Preservation Ordinance 1905 (hereinafter referred to as the principal law) and section two of Act No. 13 of 1907 shall be and are hereby repealed and the following provisions shall be substituted therefore :—

« 3. Le Gouverneur peut, de temps à autre, par arrêté inséré dans la *Gazette :*

(a) ajouter à chacune des parties de l'annexe jointe à la présente ordonnance, des noms d'oiseaux ou d'animaux ou en retrancher pour toute la colonie ou pour tout ou partie d'un district;

(b) prescrire, fixer, changer pour cette colonie ou pour tout ou partie d'un district, la période de temps prohibé pendant laquelle il sera interdit (sauf les exceptions prévues dans la présente ordonnance ou dans un amendement) de chasser toute espèce de gibier ou les animaux de l'un ou de l'autre sexe appartenant à une espèce; ou déclarer qu'il n'y aura pas de temps prohibé pour certaines espèces de gibier ou pour les animaux de l'un ou de l'autre sexe appartenant à ces espèces dans la colonie ou dans tout ou partie d'un district;

(e) dresser une liste du gibier qui sera protégé dans

« 3. The Governor may from time to time by proclamation in the *Gazette* —

(a) add to or withdraw from either part of the Schedule to this Ordinance the names of any bird or animal in respect of the whole Colony or any district or any portion of a district thereof;

(b) prescribe, fix, and alter for this Colony or for any district or portion of a district thereof, the period of the close season within which it shall not be lawful (save as in this Ordinance or any amendment thereof is excepted) to hunt any species of game or one or other sex of any species of game; or declare that there shall be no close season for any species of game or for one or other sex of any species of game throughout the whole Colony or throughout any district or any portion of a district thereof;

(c) prescribe a list of game which shall be protected in this Colony or in any district or any portion of a district thereof for a specified period (not exceeding three years) and add to or otherwise vary that list;

cette colonie ou dans tout ou partie d'un district pendant une période déterminée ne dépassant pas trois ans et apporter des additions ou des modifications à cette liste ;

(d) prescrire une limite pour tout ou partie d'un district de cette colonie au sujet du nombre de certaines espèces ou de sujets de l'un ou de l'autre sexe de ces espèces de gibier qui peuvent être chassées en vertu d'un permis de chasse dans tout ou partie d'un district de cette colonie ;

(e) déterminer les réserves dans lesquelles il sera interdit de chasser du gibier sans permis spécial écrit du secrétaire colonial ;

(f) dresser une liste d'oiseaux ou d'animaux, autres que ceux mentionnés dans l'annexe de la présente ordonnance qui, à raison de leur utilité générale ou pour d'autres motifs, seront protégés de temps à autre et pendant les périodes jugées nécessaires dans cette colonie ou dans tout ou partie d'un district. »

Tous les arrêtés publiés en vertu des dites sections

(d) impose a limit in respect of any district or portion of a district of this Colony upon the number of any species or of one or other sex of any species of game which may be hunted under any game licence in any district or portion of a district in this Colony ;

(e) define reserves within which it shall not be lawful to hunt game without the special permission in writing of the Colonial Secretary ;

(f) prescribe a list of birds and animals (other than those mentioned in the Schedule to this Ordinance) which on account of their general utility or for other reasons shall be protected from time to time and for such periods as may be deemed necessary, throughout this Colony or any district or portion of a district thereof. »

All proclamations issued under the authority of the said sections shall remain in full force and effect until withdrawn or altered under the authority of this section.

resteront en vigueur jusqu'à ce qu'ils soient retirés ou modifiés en vertu de la présente section.

2. La section *quatre* de la loi principale, telle qu'elle est amendée par la loi n° 13 de 1907, est en outre amendée par l'addition du paragraphe nouveau suivant :

« *(k)* réglant l'importation, dans cette colonie, de gibier ou de cornes, défenses, peaux ou cuirs de gibier. »

3. La section *cinq* de la loi principale est amendée par l'addition des mots « ou d'une colonie voisine » après le mot « outre-mer », dans la sous-section (2) de cette section.

4. La section *sept* de la loi principale est amendée par l'addition à la sous-section (2) du paragraphe nouveau suivant :

« *(d)* pour tuer dans tout ou partie d'un district un nombre plus élevé de toutes espèces ou de sujets de l'un ou de l'autre sexe d'une espèce de gibier que le nombre imposé par arrêté publié en vertu du paragraphe *(d)* de la section *trois*, une amende ne dépassant pas 100 livres sterling. »

---

2. Section four of the principal law as amended by Act No. 13 of 1907 shall be and is hereby further amended by the addition of the following new paragraph :—

« *(k)* regulating the importation into this Colony of game or the horns, tusks, skins, or hides of game. »

3. Section five of principal law shall be and is hereby amended by the addition of the words « or from some neighbouring Colony » after the word « oversea » in sub-section (2) thereof.

4. Section seven of the principal law shall be and is hereby amended by the addition of the following new paragraph to sub-section (2) thereof.

« *(d)* for shooting in any district or portion of a district a larger number of any species or of one or other sex of any species of game than the limit imposed by proclamation issued under paragraph *(d)* of section three, a fine not exceeding one hundred pounds. »

5. La section *cinq* de la loi n° 13 de 1907 est abrogée et le paragraphe *(a)* de la section *dix* de la loi principale sera lu comme suit :

« *(a)* pour le propriétaire ou le locataire de terres (qui n'est pas un résident indigène sur des terres de la Couronne dans une réserve indigène ou sur des terres employées comme station d'une mission), de chasser sans permis de chasse sur ces terres à l'exception du gros gibier et du gibier qui ne peut être chassé en vertu d'un permis de chasse dans tout ou partie d'un district dans lequel sont situées les terres et sous réserve des règlements émis en vertu de la sous-section (1) paragraphe *(j)* de la section *quatre,* de vendre sans patente ce gibier ou le *biltong* préparé au moyen de ce gibier. »

6. La section *dix* de la loi principale est en outre amendée par l'addition du paragraphe nouveau suivant :

« *(d)* à tout propriétaire ou occupant d'une ferme sur laquelle du gibier aura été renfermé par une clôture, qui

---

5. Section five of Act No. 13 of 1907 shall be and is hereby repealed and paragraph *(a)* of section ten of the principal law shall read as follows :—

« *(a)* for the owner or lessee of land (not being a native resident upon Crown land or in a location or native reserve or upon land used as a mission station) to hunt without a game licence, game upon that land except big game and game which may not be hunted under a game licence in the district or portion of a district in which the land is situated and subject to the regulations made under sub-section (1) paragraph *(j)* of section four, to sell without a licence such game or biltong made from such game. »

6. Section ten of the principal law shall be and is hereby further amended by the addition of the following new paragraph :—

« *(d)* for any owner or occupier of a farm on which game has been confined by fencing, who has first obtained a permit in

a, au préalable, obtenu un permis écrit du secrétaire colonial de chasser pour son propre usage, aux conditions
et pendant la période fixées dans ce permis, des antilopes
y mentionnées, que ces animaux soient ou non protégés
spécialement par arrêté publié en vertu du paragraphe *(c)* de la section *trois* de la présente ordonnance;
toutefois, l'occupant de la ferme n'aura pas le droit de
tirer ces animaux sans la permission écrite du propriétaire de la ferme. Quiconque contreviendra ou refusera
de se conformer à une condition du permis délivré par
le secrétaire colonial en vertu du présent paragraphe,
sera passible d'une amende ne dépassant pas 50 livres
sterling. »

7. La section *dix-sept* de la loi principale est abrogée
et remplacée par la section suivante :

« 17. Dans le cas où une amende aura été infligée en
vertu des dispositions de la présente ordonnance ou d'un
règlement émis en exécution de celle-ci et où la personne
condamnée ne la payera pas immédiatement, la Cour

---

writing from the Colonial Secretary to hunt, subject to the conditions and during the period specified in that permit, buck mentioned therein for his own use, and whether or not such buck be
specially protected by proclamation issued under paragraph *(c)*
of section three of this Ordinance; provided that the occupier of
that farm shall not be entitled to shoot such buck without the
permission in writing of the owner of the farm. Any person who
contravenes or fails to comply with any condition attached to a
permit issued by the Colonial Secretary under this paragraph
shall be liable on conviction to a fine not exceeding fifty pounds. »

7. Section seventeen of the principal law shall be and is hereby
repealed and the following section shall be substituted therefore:—

« 17. Whenever any fine shall have been imposed under the
provisions of this Ordinance or any regulations made thereunder
and the person convicted shall not forthwith pay the same, the

peut ordonner l'emprisonnement de cette personne avec ou sans travaux forcés pendant :

(a) un mois au maximum si l'amende infligée ne dépasse pas 5 livres sterling;

(b) deux mois au maximum si l'amende infligée ne dépasse pas 10 livres sterling;

(c) quatre mois au maximum si l'amende infligée ne dépasse pas 20 livres sterling;

(d) six mois au maximum si l'amende infligée ne dépasse pas 25 livres sterling;

(e) neuf mois au maximum si l'amende infligée ne dépasse pas 50 livres sterling;

(f) douze mois au maximum si l'amende infligée ne dépasse pas 100 livres sterling;

(g) dix-huit mois au maximum si l'amende infligée dépasse 100 livres sterling;

à moins que l'amende ne soit payée plus tôt. »

Court may order that such person be imprisoned with or without hard labour for a period—

(a) not exceeding one month if the fine imposed does not exceed five pounds;

(b) not exceeding two months if the fine imposed does not exceed ten pounds;

(c) not exceeding four months if the fine imposed does not exceed twenty pounds;

(d) not exceeding six months if the fine imposed does not exceed twenty-five pounds;

(e) not exceeding nine months if the fine imposed does not exceed fifty pounds;

(f) not exceeding twelve months if the fine imposed does not exceed one hundred pounds;

(g) not exceeding eighteen months it the fine imposed be above one hundred pounds;

unless such fine be sooner paid. »

8. Le conservateur, les gardes européens et les gardes indigènes d'une réserve déterminée par arrêté publié en vertu de la section *trois* de la loi principale ou d'un amendement à cette loi, auront les pouvoirs et accompliront les fonctions conférés ou imposés respectivement par la loi aux officiers de police, aux constables européens ou aux constables indigènes.

9. (1) Là où les paragraphes suivants sont mentionnés dans la loi principale ou dans les règlements émis en vertu de celle-ci, les paragraphes suivants seront lus à leur place, c'est-à-dire :

Pour le paragraphe *(a)* de la section *trois* lire le paragraphe *(b)* de la section *trois*.

Pour le paragraphe *(b)* de la section *trois* lire les paragraphes *(c)* et *(f)* de la section *trois*.

Pour le paragraphe *(c)* de la section *trois* lire le paragraphe *(a)* de la section *trois*.

---

8. The warden, European rangers and native rangers of any reserve defined by proclamation issued under section three of the principal law or any amendment thereof shall have all such powers and shall perform such duties as are by law conferred or imposed respectively upon a police officer, European police constable, or native police constable.

9. (1) Whenever the following paragraphs are mentioned in the principal law or regulations made thereunder the paragraphs mentioned opposite thereto shall be read instead thereof: that is to say—

For paragraph *(a)* of section three shall be read paragraph *(b)* of section three.

For paragraph *(b)* of section three shall be read paragraphs *(c)* and *(f)* of section three.

For paragraph *(c)* of section three shall be read paragraph *(a)* of section three.

For paragraph *(d)* of section three shall be read paragraph *(e)* of section three.

Pour le paragraphe *(d)* de la section *trois* lire le paragraphe *(e)* de la section *trois*.

(2) Lorsque dans une disposition non abrogée de la loi principale l'expression « la présente ordonnance » ou « règlements » ou « règlements émis en vertu de celle-ci » est employée, elle sera censée comprendre respectivement la principale loi avec tout amendement à cette dernière et tout règlement promulgué en vertu de la loi principale amendée.

(3) Toute expression définie dans et aux fins de la loi principale ou d'un amendement de cette dernière aura, lorsqu'elle est employée dans la présente loi, la même signification que celle qui lui est attribuée à ces fins.

10. La présente loi peut être citée à toutes fins comme la loi amendée de 1909 sur la protection du gibier et formera corps avec la loi principale telle qu'elle est amendée par la loi de 1907, n° 13; elle entrera en vigueur à une date à fixer par le gouverneur par arrêté inséré dans la *Gazette*.

---

(2) Wherever in any unrepealed provision of the principal law the expression « this Ordinance » or « regulations » or « regularisations made thereunder » is used, any such expression shall be deemed to include respectively the principal law with any amendment thereof or any regulations made under principal law as amended.

(3) Any expression defined in and for the purposes of the principal law or any amendment thereof shall, when used in this Act, bear the same meaning as is assigned to it for those purposes.

10. This Act may be cited for all purposes as the Game Preservation Further Amendment Act, 1909, shall be read as one with the principal law as amended by Act No. 13 of 1907, and shall come into operation on a date to be fixed by the Governor by proclamation in the *Gazette*.

Annexe n⁰ 16.

Réserves de Chasse.

ARRÊTÉS Nᵒˢ 31 DE 1906 ET 20 DE 1909.

1. Les terres urbaines de Prétoria.

2. La ferme Groenkloof (Fountains) dans le voisinage de Prétoria.

3. La zone située dans les limites suivantes dans le district de Pict Retief :

au nord, le Swaziland;

à l'est, le Zoulouland;

au sud, la rivière Pongola;

à l'ouest, la ferme Rooirandpoort.

4. La zone située dans les limites suivantes du district de Zoutpansberg :

A partir du confluent des rivières Grande et Petite Letaba vers le nord suivant une ligne droite à la rivière

---

Schedule n⁰ 16.

Game Reserves.

PROCLAMATIONS Nᵒˢ 31, 1906, AND 20, 1909.

1. The Town Lands of Pretoria.

2. The farm Groenkloof (Fountains) in the neighbourhood of Pretoria.

3. The area within the following boundaries in the district of Piet Retief, *i.e.* :—

On the north, Swaziland;

On the east, Zululand;

On the south, the Pongola River;

On the west, the farm Rooirandpoort.

Levoeboe ou Parfuri à Tshukuna's Kop; de là le long du cours de cette rivière jusqu'à son confluent avec le Limpopo; ensuite vers le sud le long de la frontière transvaalienne portugaise jusqu'à la rivière Olifant; de là vers l'amont de cette rivière jusqu'à son confluent avec la rivière Letaba; et de là le long du cours de cette rivière jusqu'au confluent de la Grande et de la Petite Letaba.

5. La zone située dans les limites suivantes :

De la borne S. O. du lot n° 333, section « E », Kaap Block (près de la station de Crocodile Poort), vers le nord le long des limites des lots n°s 333, 332, 331, 327, 317, 328, 310, 277, 274, 192, 194, 146, 145, 196, 198, 199 et 200, section « E » Kaap Block, ces lots y compris, jusqu'à la borne N. O. du dernier lot, continuant avec les limites de la ferme — celle-ci y comprise — d'Engelbrechtshoop n° 112 jusqu'à sa borne n° 112, Lozie's ou Logie's Kop; à partir de ce point vers le nord le long des limites des

---

4. The area within the following boundaries in the District of Zoutpansberg, *i.e.*:—

From the junction of the Groot and Klein Letaba Rivers northwards in a straight line to the Levoeboe or Pafuri River at Tshukuna's Kop; thence along the course of that river to its junction with the Limpopo River; thence southwards along the Transvaal-Portuguese border to the Olifants River; thence up that river to its confluence with the Letaba River; and thence along the course of that river to the junction of the Groot and Klein Letaba Rivers.

5. The area within the following boundaries, *i.e.* :—

From the south-western beacon of Lot No. 333, Section « E », Kaap Block (near Crocodile Poort Station), generally northwards along the boundaries of and including Lots Nos. 333, 332, 331, 327, 317, 328, 310, 277, 274, 192, 194, 146, 145, 196, 198, 199, and 200, Section « E », Kaap Block, to the north-western beacon of the last-mentioned lot, continuing with the boundaries of and including the farm Engelbrechtshoop No. 112 to its north-western

lots — ceux-ci y compris — nos 134 et 135, section « F », Kaap Block, jusqu'au point où la limite occidentale du lot nº 135 coupe la Zand River; de là vers le nord le long de cette rivière jusqu'à son confluent avec le Sabi; ensuite vers l'est le long de ce cours d'eau jusqu'au point où il est traversé par l'ancienne route carrossable près des Kraals Mambatene; de là vers le nord le long de ladite route jusqu'au point où elle croise la rivière Mklasiri; à partir de ce point vers le nord le long de ce cours d'eau jusqu'à son confluent avec la rivière Olifant; ensuite vers l'est en descendant le long de cette rivière jusqu'à la frontière coloniale; de là vers le sud le long de la frontière coloniale jusqu'au point où elle croise la rivière Komati; ensuite vers l'ouest en remontant cette rivière jusqu'à son confluent avec la rivière Crocodile; de là en remontant celle-ci jusqu'à la borne S. O du lot nº 333, section « E », Kaap Block.

---

beacon, Lozie's or Logie's Kop; thence generally northwards along the boundaries of and including Lots Nos. 134 and 135, Section « F », Kaap Block, to where the western boundary of Lot No. 135 cuts the Zand River; thence northwards down the middle of the Zand River to its junction with the Sabi River; thence eastwards down the middle of the Sabi River to where it is crossed by the old wagon road near Mambatene's Kraals; thence northwards along the said road to where it crosses the Mklasiri River; thence northwards along the middle of the Mklasiri River to its junction with the Olifants River; thence eastwards down the middle of the Olifants River to the Colonial boundary; thence southwards along the Colonial boundary to where it crosses the Komati River; thence westwards up the middle of the Komati River to its junction with the Crocodile River; thence up the middle of the Crocodile River to the south-western beacon of Lot No. 333, Section « E », Kaap Block.

ANNEXE N° 17.

ARRÊTÉ N° 44 DE 1907

publié par Son Excellence le Haut Commissaire.

Considérant qu'en vertu de l'arrêté de 1907 de l'administration du Swaziland, l'ordonnance de 1905 du Transvaal sur la protection du gibier est en vigueur dans le territoire de Swaziland;

Et considérant que par la section *trois* de ladite ordonnance de 1905 sur la protection du gibier, pouvoir est donné de déterminer des réserves dans lesquelles il sera interdit de chasser sans la permission spéciale et écrite du secrétaire colonial;

1. En vertu des pouvoirs qui me sont conférés par la section *trois* de l'ordonnance de 1905 sur la protection du gibier et de la sous-section (2) de la section *deux* de

---

SCHEDULE N° 17.

PROCLAMATION N° 44 OF 1907

by His Excellency the High Commissioner.

Whereas under and by virtue of the Swaziland Administration Proclamation 1907 the Game Preservation Ordinance 1905 of the Transvaal is in force in the territory of Swaziland;

And whereas by section *three* of the said Game Preservation Ordinance 1905 power is given to define reserves within which it shall not be lawful to hunt game without the special permission in writing of the Colonial Secretary;

1. Now therefore under and by virtue of the powers in me vested by the said section *three* of the Game Preservation Ordinance 1905 and by sub-section (2) of section *two* of the Swaziland

l'arrêté de 1907 de l'administration du Swaziland, je déclare, proclame et fais savoir par la présente, que les parties suivantes du territoire de Swaziland seront constituées en réserves dans le sens de ladite ordonnance, savoir :

(a) Toute la partie du district Illatikulu limitée au nord par la rivière Usutu, à l'ouest par la route Rathbone, au sud par la frontière du Transvaal et à l'est par la frontière du Natal.

(b) Toute cette partie de terres comprise dans les limites suivantes : une ligne droite tirée d'un point sur la frontière Swaziland-Portugaise vers l'ouest par Rock Picket sur les monts Lobombo jusqu'à la rivière Mkumbana; de là vers l'aval de cette rivière jusqu'à son confluent avec la rivière Mbulusi; à partir de ce point en descendant ce cours d'eau jusqu'au point où il coupe la frontière Swaziland-Portugaise et de là vers le sud le

---

Administration Proclamation 1907 I do hereby declare, proclaim and make known that the following portions of the territory of Swaziland shall be reserves within the meaning of the said Ordinance (that is to say) :—

(a) All that portion of the Illatikulu District bounded on the north by the Usutu River on the west by Rathbone's Road on the south by the Transvaal border and on the east by the Natal border.

(b) All that portion of land included within the following boundaries namely a line drawn from a point on the Swaziland. Portuguese boundary running due west through Rock Picket on the Lobombo Mountains to the Mkumbana River, down the Mkumbana River to its junction with the Mbulusi River down the Mbulusi River to where it cuts the Swaziland-Portuguese boundary and thence south along such boundary to the first-mentioned point.

2. This Proclamation shall have force and take effect from the

long de cette frontière jusqu'à l'endroit mentionné en premier lieu.

2. Le présent arrêté entrera en vigueur à partir de la date de sa publication dans l'*Official Gazette* du Haut Commissaire.

DIEU GARDE LE ROI !

Donné sous ma signature et mon sceau, à Joannesburg, le 17 décembre 1907.

SELBORNE,
Haut Commissaire.

Par ordre de Son Excellence le Haut Commissaire,
W. G. BENTINCK,
Pour le Secrétaire impérial.

---

date of its publication in the *Official Gazette* of the High Commissioner.

GOD SAVE THE KING.

Given under my Hand and Seal at Johannesburg this Seventeenth day of December One thousand Nine hundred and Seven.

SELBORNE,
High Commissioner.

By Command of His Excellency
the High Commissioner,

W. G. BENTINCK,
for Imperial Secretary.

Annexe nº 19.

RÈGLEMENTS

relatifs à la vente du gibier et du biltong.

(Notifications du Gouvernement Nᵒˢ 79 et 244 de 1908.)

1. Les termes et les expressions employés dans les présents règlements auront la même signification que celle admise dans l'ordonnance de 1905 sur la protection du gibier, modifiée par la loi d'amendement de 1907 sur le même objet;

2. (1) Aucun « permis de vente » ne sera délivré, excepté aux bouchers ou aux marchands, et tout détenteur d'un permis de vente devra tenir un registre pour l'inscription du gibier et du *biltong* reçus, pour la description et le nombre des pièces de gibier ou la quantité de biltong reçue et pour l'indication des noms et adresses

---

Schedule nº 18.

REGULATIONS

Relating to the sale of Game and Biltong.

(Government Notices No. 79 of 1908 and No. 244 of 1908.)

1. Any term or expression used in these Regulations shall have the same meaning as it bears in the Game Preservation Ordinance, 1905, as amended by the Game Preservation Amendment Act, 1907.

2. (1) No « sale licence » shall be issued except to a licensed butcher or market-master, and it shall be the duty of every holder of a sale licence to keep a correct register showing records of all consignments of game and biltong received by him, the description and amount of game or biltong so consigned and received,

des expéditeurs ou autres personnes desquels ce gibier ou ce biltong a été obtenu.

(2) Toute personne obligée, d'après ces règlements, à tenir un registre et qui néglige de se conformer complètement à ces prescriptions, et toute personne qui fait sciemment une fausse inscription dans ce registre, seront coupables d'une contravention.

(3) Tout permis de vente est subordonné aux dispositions de ce règlement.

3. (1) Nul ne pourra acheter du gibier ou du biltong si ce n'est :

(a) au porteur d'un permis de vente, ou

(b) au propriétaire ou au locataire de terres qui, pendant la saison où la chasse est ouverte, a tué le gibier sur ces terres ou a utilisé ce gibier pour fabriquer le biltong ;

et tout acheteur devra s'assurer par lui-même, avant d'acheter, si le vendeur a le droit de vendre du gibier ou du biltong en vertu des lois sur la protection du gibier et des présents règlements.

---

and the names and addresses of the consignors or other persons from whom such game or biltong was originally obtained.

(2) Any person required to keep a register under this Regulation who fails to comply with all the requirements thereof, and any other person who shall make a false entry in any such register knowing the same to be false, shall be guilty of an offence.

(3) The provisions of this Regulation shall be a condition of every sale licence.

3. (1) No person shall purchase game or biltong except

(a) from the holder of a sale licence; or

(b) from the owner or lessee of land who has during the open season killed on such land such game or the game from which the biltong was made (as the case may be);

and it shall be the duty of every intending purchaser before purchase to satisfy himself that the vendor is entitled under the Game

(2) Nul ne pourra acheter du gibier ou du biltong au propriétaire ou au locataire de terres que sur production d'un certificat écrit et signé par ce propriétaire ou locataire constatant que le gibier ou le gibier avec lequel le biltong est fait a été tué pendant la saison où la chasse est ouverte, par le propriétaire ou par le locataire lui-même et sur ses terres.

(3) Toute personne faisant sciemment une fausse indication dans ce certificat sera coupable d'une contravention.

(4) Le permis de vente n'autorisera pas son détenteur à vendre du gibier pendant le temps prohibé, à moins que ce gibier n'ait été légalement tué pendant la saison où la chasse est ouverte ou importé de l'extérieur de la colonie.

4. Quiconque contreviendra aux présents règlements sera puni d'une amende n'excédant pas 50 livres sterling ou, à défaut de payement, d'un emprisonnement, avec ou sans travaux forcés, de deux mois au maximum.

Preservation Laws and these Regulations to sell game or biltong.

(2) No person shall purchase game or biltong from the owner or lessee of land except upon delivery to him of a certificate in writing, signed by such owner or lessee, that such game or the game from which the biltong was made (as the case may be) was killed during the open season by the owner or lessee himself and on such land.

(3) Any person making a false statement in any such certificate, knowing the same to be false, shall be guilty of an offence.

(4) A sale licence shall not entitle the holder thereof to sell game during the close season, unless such game shall have been lawfully killed during the open season or imported from outside the Colony.

4. Any person who contravenes or is guilty of an offence under these Regulations shall be liable on conviction to a fine not exceeding fifty pounds, or in default of payment to imprisonment with or without hard labour for a period not exceeding two months.

ORDONNANCE N⁰ 5 DE 1906

sur la protection du poisson.

Il est arrêté ce qui suit par le Lieutenant-Gouverneur du Transvaal, de l'avis et avec le consentement du Conseil législatif :

Abrogation de lois.

1. L'ordonnance de 1904 sur la protection du poisson est abrogée par la présente.

Temps prohibé pour la pêche et protection de la truite, etc., pendant cette période.

2. Le Lieutenant-Gouverneur peut, de temps à autre, par ordonnance insérée dans la *Gazette* :

(a) prescrire, fixer et changer pour tout ou partie

Schedule n⁰ 19.

FISH PRESERVATION ORDINANCE.

(No. 5 of 1906.)

Be it enacted by the Lieutenant-Governor of The Transvaal with the advice and consent of the Legislative Council thereof as follows :—

Repeal of Laws.

1. The Fish Preservation Ordinance 1904 shall be and is hereby repealed.

Period of Close Season for Fish and Protection of Trout, etc., for such period.

2. The Lieutenant-Governor may from time to time by Proclamation in the *Gazette* :

(a) prescribe, fix and alter for any district or portion of a dis-

d'un district de cette colonie, les périodes du temps prohibé pendant lesquelles il ne sera pas permis de pêcher pour capturer ou détruire des poissons quelconques;

(b) arrêter une liste des poissons indigènes qui ne seront pas assujettis à ces périodes de temps prohibé;

(c) défendre pendant une période déterminée la pêche pour la capture ou la destruction dans les rivières, fleuves, lacs, réservoirs, étangs ou autres cours d'eau, des truites ou de tous autres poissons qui ont été ou seront introduits dans la colonie.

Défense d'employer des explosifs et des produits chimiques pour détruire les poissons.

3. Toute personne qui tuera ou détruira volontairement, en tout temps, au moyen de dynamite ou d'autres explosifs, ou au moyen de poisons chimiques ou d'autres substances nuisibles, des poissons dans les rivières,

---

trict of this Colony the periods of close season within which it shall not be lawful to fish for capture or destroy all or any particulir fish;

(b) prescribe a list of fish being native fish which shall not be subject to any such periods of close season;

(c) prohibit for a specified period the fishing for capture or destruction in any river, stream, lake, dam, pool or other waters of any trout or of any other fish which have been or shall be introduced into this Colony.

Prohibition of use of Explosives and Chemicals to Destroy Fish.

3. Any person who shall at any time by means of dynamite or other explosive or by means of chemical poisonous or other injurious substance wilfully kill or destroy any fish in any river, stream, lake, dam, pool or other waters in this Colony shall be liable on conviction to a fine not exceeding fifty pounds and in default of payment of the same to imprisonment with or without

fleuves, lacs, réservoirs, étangs ou autres cours d'eau dans cette colonie, sera punie d'une amende n'excédant pas 50 livres sterling et, à défaut de payement de celle-ci, d'un emprisonnement avec ou sans travaux forcés de six mois au maximum ou des deux peines à la fois.

Règlements à émettre sur la pêche au filet avec permis.

4. Le Lieutenant-Gouverneur peut émettre, modifier ou abroger, de temps à autre, des règlements non contradictoires aux dispositions de la présente ordonnance portant sur :

(a) la défense de capturer sans permis des poissons au moyen de dragues (sennes) ou d'autres filets ;

(b) la fixation des périodes dans lesquelles des poissons quelconques peuvent être capturés avec un permis au moyen de dragues (sennes) ou d'autres engins ;

(c) l'indication de l'autorité qui délivrera ces permis et des taxes à payer ;

---

hard labour for a period not exceeding six months or to both such fine and such imprisonment.

Regulations to be made as to the Netting of Fish under Licence.

4. The Lieutenant-Governor may from time to time make alter and repeal Regulations not inconsistent with the provisions of this Ordinance

(a) prohibiting the taking of all or any particular fish by means of any drag, cast, stake or other net without a licence ;

(b) regulating the periods within which all fish or any particulir fish may be taken under such licence by means of a drag, cast, stake or other net ;

(c) prescribing who shall issue such licences and the fees payable therefore ;

(d) la dimension des dragues ou des autres filets, leurs mailles et l'indicatîon de la manière et de la localité où ils seront employés; ces règlements peuvent être mis en vigueur dans chaque district de cette colonie ou dans une partie d'un district.

Capture de la truite au moyen de la mouche artificielle exclusivement.

5. Quiconque se livrera à la pêche pour capturer ou détruire la truite dans les rivières, fleuves ou autres cours d'eau dans cette colonie, si ce n'est au moyen de la ligne, ou fera usage, intentionnellement, pour cette capture ou cette destruction, d'amorces autres que la mouche artificielle, sera passible d'une amende n'excédant pas 20 livres sterling et, à défaut de payement de celle-ci, d'un emprisonnement avec ou sans travaux forcés de trois mois au maximum.

(d) prescribing the size of any such drag, cast, stake or other net and of its mesh and the manner and locality in which it shall be used;
and such Regulations may be put in force in every or any particular district of this Colony or in any portion of a district.

Trout to be Captured by Artificial Fly only.

5. Any person who shall fish for capture or destroy any trout in any of the rivers, streams or other waters in this Colony except by means of rod and line or shall use with intent to such capture or destruction any bait or lure other than artificial fly shall be liable on conviction to a fine not exceeding twenty pounds and in default of payment of the same to imprisonment with or without hard labour for a period not exceeding three months.

Pénalités pour contravention à l'arrêté ou aux règlements.

6. Quiconque contreviendra :

(a) à un arrêté promulgué en vertu de la section *deux,* ou

(b) à un règlement émis en vertu de la section *quatre,* sera passible d'une amende n'excédant pas 20 livres sterling et, à défaut de payement, d'un emprisonnement avec ou sans travaux forcés de trois mois au maximum.

Preuve de la possession du permis.

7. Quiconque est accusé d'avoir contrevenu à un règlement édicté en vertu de la présente ordonnance qui impose la possession d'un permis, sera considéré comme n'ayant pas de permis, à moins qu'il ne le produise au tribunal devant lequel il est traduit ou ne fournisse une autre preuve satisfaisante qu'il le possède.

Penalties for Contravention of Proclamation or Regulations.

6. Any person who

(a) shall act in contravention of any Proclamation issued under section *two;* or

(b) shall contravene any Regulation made under section *four;* shall be liable on conviction to a fine not exceeding twenty pounds and in default of payment of the same to imprisonment with or without hard labour for a period not exceeding three months.

Evidence.

7. Any person charged with contravening a Regulation under this Ordinance requiring him to have a licence shall be deemed to be without such licence unless he shall produce the same to the Court before which he is charged or give other satisfactory proof of possessing the same.

Confiscation du filet.

8. Quand une personne sera trouvée coupable d'avoir pris du poisson au moyen d'une drague (senne) ou d'un autre filet en contravention à un règlement édicté en vertu de la présente ordonnance, le tribunal peut ordonner la confiscation des engins ou annuler le permis délivré en vertu de ces règlements.

Titre et date d'exécution.

9. La présente ordonnance peut être citée à toutes fins comme l'ordonnance de 1906 sur la protection du poisson et entrera en vigueur le 1er septembre 1906.

Passée en Conseil le 9 juillet 1906.

Forfeiture of Net.

8. When any person shall be convicted of taking fish by means of a drag, cast, stake or net in contravention of any Regulation made under this Ordinance the Court before which such conviction shall take place may order any such drag, cast, stake or net to be forfeited or may cancel any licence issued under such Regulations.

Title and Date of Taking Effect.

9. This Ordinance may be cited for all purposes as the Fish Preservation Ordinance 1906 and shall come into operation on the First day of September 1906.

Passed in Council the Ninth day of July One thousand Nine hundred and Six.

Annexe nº 20.

RÈGLEMENTS

édictés en vertu de l'ordonnance sur la protection du poisson.
(Nº 5 de 1906.)

(Notifications du Gouvernement Nº 869 de 1906
et Nº 222 de 1907.)

1. Nul ne pourra prendre des poissons au moyen de dragues (sennes) ou autres filets, à moins d'avoir obtenu au préalable un permis conformément au règlement *trois* ci-dessus ; aucune disposition de ce règlement ne s'appliquera à l'usage d'un petit filet connu sous le nom d'épuisette *landing net*, pour ramener à terre le poisson pris au moyen d'une perche ou ligne.

2. Nul ne pourra pêcher au moyen de dragues ou autres filets, en vertu d'un permis délivré conformément aux présents règlements, si ce n'est pendant la période

---

Schedule nº 20.

REGULATIONS

Under the Fish Preservation Ordinance (No. 5 of 1906.)

(Government Notices No. 869, 1906, and No. 222, 1907.)

1. No person shall take any fish by means of any drag, cast, stake, or other net unless he shall have first obtained a licence under Regulation *three* hereof ; provided that nothing in this Regulation shall apply to the use of a small net known as a « landing net » for the bringing to land of a fish caught with a rod or line.

2. No person shall take any fish by means of any drag, cast, stake, or any other net under any licence issued in accordance with these Regulations except during the period commencing the

comprise entre le 15 janvier et le 15 septembre suivant, les deux dates incluses.

3. Les permis de pêche au moyen de dragues ou de tous autres filets seront délivrés par le Magistrat résident du district dans lequel les poissons seront capturés.

4. Pour chaque permis il sera payé une taxe de 5 shill.

5. Le permis expirera le 15 septembre suivant la date de sa délivrance.

6. Aucun permis ne sera délivré en vertu des présents règlements pour un filet dont les mailles ont moins de deux pouces, mesurées d'un nœud à l'autre; un filet de ce genre ne pourra pas être employé plié.

7. Aux fins des présents règlements, les mots « Magistrat résident » comprendront le Magistrat résident adjoint et un juge de paix résident; le mot « district », ainsi que les mots « district administré par un magistrat », signifient toute partie du territoire sous la juridiction d'un magistrat résident adjoint ou d'un juge de paix résident.

15th day of January and ending the 15th day of September in each year, both days inclusive.

3. Licences to take any fish by means of any drag, cast, stake, or any other net shall be issued by the Resident Magistrate of the district in which such fish are to be taken.

4. For every such licence a fee of five shillings shall be paid.

5. Every such licence shall expire on the 15th day of September next succeeding the date of its issue.

6. No licence shall be issued under these Regulations for any net the mesh of which is less than two inches, measured from knot to opposite knot, and no such net shall be used folded.

7. For the purpose of these Regulations the words « Resident Magistrate » shall include an Assistant Resident Magistrate and a Resident Justice of the Peace, and the word « district », as well as Magisterial district, shall mean any area under the jurisdiction of an Assistant Resident Magistrate or Resident Justice of the Peace.

NATAL

NATAL

——

No 8 de 1906.

Annexe No 21.

Henry Mc Callum,
Gouverneur.

LOI

coordonnant et amendant les lois sur la chasse.

——

Il est décrété ce qui suit par S. M. le Roi, de l'avis et avec le consentement du Conseil législatif et de l'Assemblée législative du Natal :

1. Les lois mentionnées dans l'annexe A de la présente sont abrogées; toutefois, elles resteront applicables aux autorisations et permis délivrés sous leur régime, à toute responsabilité encourue ou à la poursuite des contraven-

NATAL

——

No 8, 1906.

Schedule No 21.

Henry Mc Callum,
Governor.

ACT

to consolidate and amend the Laws relating to game.

——

Be it enacted by the King's Most Excellent Majesty, by and with the advice and consent of the Legislative Council and Legislative Assembly of Natal, as follows :

1. The enactments mentioned in Schedule A of this Act are hereby repealed, without prejudice to any licences or permits granted thereunder, or to any liability incurred, or the prose-

tions commises avant la mise en vigueur de la présente loi.

2. Dans la présente loi :

Le mot « gibier » signifie les animaux et les oiseaux mentionnés aux annexes B et C de la présente loi;

Le terme « propriétaire » comprend (comme signification) les corporations, les administrations locales, les administrateurs et toute personne gérant des terres en vertu d'une autorité légale, par fidéicommis ou autrement;

Le terme « occupant » comprend (comme signification) toute personne ayant des droits de chasse sur une terre en vertu d'une convention écrite;

L'expression « terres indigènes réservées » signifie des terres appartenant à la réserve indigène du Natal ou des terres réservées aux indigènes.

« Le ministre » signifie le ministre dont le département est chargé de l'exécution de la présente loi.

L'expression « tuer ou capturer » ou toute autre expression semblable signifie le fait de déranger, chasser, captu-

---

cution of any offence commited before the commencement of this Act.

2. In this Act —

« Game » means any of the animals or birds mentioned in Schedules B and C of this Act.

« Owner » includes a corporation, local board, trustee, and any person having charge of lands under statutory authority, or private trust or the like.

« Occupier » includes any person having shooting rights over any land under a written agreement.

« Native Trust Lands » means lands belonging to the Natal Native Trust or held in any public trust for Natives.

« The Minister » means the Minister whose department is charged with the administration of this Act.

The expression « kill or catch », or any like expression, includes

rer, tirer, blesser ou détruire volontairement de quelque
manière ou avec quelques armes que ce soit; elle comprend aussi toute tentative de mettre à exécution une chose semblable ainsi que le fait de prêter assistance ou d'être sciemment porté à l'accomplissement de l'acte.

3. Le temps prohibé en vertu de la présente loi commence chaque année le 16 août et expire le 30 avril suivant, ce jour y compris.

Toutefois, le Gouverneur en conseil peut, par arrêté, modifier le temps prohibé pour toutes les espèces de gibier mentionnées dans la proclamation.

4. Nul ne pourra en aucun temps tuer ou capturer du gibier au moyen de filets, ressorts, trébuchets, trappes, pièges ou bâtons ou avoir en sa possession ou placer ces engins à l'effet de tuer ou de capturer du gibier.

Toutefois, la présente section ne s'appliquera pas à la destruction par les indigènes, au moyen de bâtons, dans une réserve indigène, en dehors du temps prohibé, des oiseaux cités dans l'annexe B.

---

intentionaly disturbing, chasing, capturing, shooting, or shooting at, injuring or destroying, in whatever manner or by whatever means, and also includes any attempt to do any of such things; and also includes aiding or being knowingly a party to any of such acts.

3. The close season under this Act begins on the sixteenth day of August, and continues to the thirtieth day of April, inclusively, in each year.

The Governor in Council may, however, by proclamation, vary the close season for any species or game mentioned in the proclamation.

4. No person shall at any time kill of catch any game by means of nets, springes, gins, traps, snares, pitfalls, or sticks, or have in his possession for the purposes of killing or catching any game, or set any such thing as aforesaid for such purposes.

Nul ne pourra en aucun temps tuer ou tirer avec un fusil double, c'est-à-dire un fusil à répétition, aucune espèce d'antilopes, à l'exception du rheebok *(cervicapra)*, du boschbok *(tragelaphuss ylvaticus)*, du bluebok *(egocère bleu)*, du klipspringer *(oreotragus saltator)*, du duiker *(cephalophus grimmi)*, du grysbok *(égocère gris)*, de l'inhlengane et de l'imbabala.

5. Nul ne pourra, en temps prohibé, tuer ou capturer le gibier mentionné dans l'annexe B de la présente loi.

6. Nul ne pourra en aucun temps tuer ou capturer le gibier mentionné dans l'annexe C de la présente loi, si ce n'est en vertu d'un permis signé par le ministre; celui-ci pourra à sa discrétion, en se conformant aux dispositions spéciales de la présente loi accorder ou refuser ce permis.

Les demandes de permis doivent être adressées par écrit au ministre. Tout permis de chasse pour tuer du gibier dans une réserve ou pour tuer du gibier mentionné dans l'annexe D portera des timbres jusqu'à concurrence

---

This section shall not, however, apply to the destruction of the birds included under Schedule B by Natives by means of sticks within a native location at any time out of the close season.

No person shall at any time kill or shoot at with a shot gun, that is to say a gun discharging more than a single bullet at a time, any kind of antelope or deer except rheebok, boschbok, bluebok, klipspringer, duiker, grysbok, inhlengane, and imbabala.

5. No person shall during the close season kill or catch any of the game mentioned in schedule B of this Act.

6. No person shall at any time kill or catch any of the game mentioned in Schedule C of this Act except under the authority of a permit signed by the Minister, who shall, subject to the special provisions of this Act, have full discretion to grant or refuse such permit.

d'une valeur calculée conformément aux taux respectivement fixés dans la section *huit* et dans l'annexe D, dans
les limites où ils sont applicables ; le montant de la valeur
de ces timbres devra être suffisant pour chasser tout le
gibier pour lequel le permis est accordé ; mais il ne pourra,
dans tous les cas, être inférieur à 5 livres sterling.

Il n'y a pas lieu à remboursement dans le cas où le porteur du permis ne capture ou ne tue aucune pièce du
gibier mentionné.

Aucun permis ne sera délivré ou ne sera valable qu'à
partir du 1er mai jusqu'au 15 août inclus.

Le permis ne comprendra pas d'antilopes roanes
(hippotragus equinus), de femelles de buffles ou de femelles
de coudous ni plus d'un rhinocéros noir, d'un hippopotame, d'un buffle mâle, de deux water-bucks *(cobus ellipsiprymnus)*, d'un coudou mâle, de deux inyalas et de
deux impalas.

Le permis peut contenir certaines conditions spéciales

Application for a permit shall be made to the Minister in writing.

Every license to kill game in a reserve, or to kill any of the
game mentioned in Schedule D., shall bear stamps up to a value
calculated according to the rates respectively shown in Section 8
and Schedule D so far as they may apply, and sufficient to cover
all game for which the permit is granted, but in no case shall
the stamps be of a less value than Five Pounds (£5). No refund
will be made in the event of the holder of the permit being unsuc-
cessful in killing or catching any of the game mentioned.

No such permit shall be granted for or be available at any
time except from the first day of May to the fifteenth day of
August inclusively.

No such permit shall include roan antelope, buffalo cow, or
koodoo cow, more than one black rhinoceros, one hippopotamus,
one buffalo bull, two waterbuck, one koodoo bull, two inyala,
and two impala.

que le ministre juge utiles ou qui peuvent être requises
par les règlements.

Le permis sera personnel et non transmissible; il donnera la description et le nombre de chaque catégorie de
gibier à tuer ou à capturer, le temps pendant lequel il sera
valable et le lieu où il devra en être fait usage. Il ne sera
délivré qu'un seul permis à une même personne pendant
l'année.

Le permis devra être soumis pour l'endossement au
Magistrat de la division dans laquelle il doit en être fait
usage; il ne sera pas valable avant cet endossement.

Toute personne chassant en vertu d'un permis sera
tenue de le produire à toute réquisition d'un constable
ou d'une autre personne ayant autorité pour examiner
les permis.

7. Nul ne pourra en aucun temps tuer ou capturer le
gibier mentionné dans l'annexe E; ce gibier ne sera pas
compris dans le permis.

The permit may contain such special conditions as the Minister may think proper, or as may be required by the regulations.

The permit shall be personal and not transferable, and shall
specify the description and number of each class of game to be
killed or caught, the time during which it will be available and
the place in which it is to be used. Not more than one permit
shall be issued to any person during any one year.

The permit must be produced to the Magistrate of the division
in which it is to be used for endorsement by him, and it shall
not be available for use until so endorsed.

Every person hunting under the authority of a permit
shall be required to produce it whenever so required by a constable or other person having authority for the purpose of inspecting licenses.

7. No person shall at any time kill or catch any of the game

Le Gouverneur en conseil peut, par arrêté, ajouter à la liste de l'annexe E toutes les espèces de gibier qu'il est nécessaire, à son avis, de protéger spécialement; et la présente loi s'appliquera au gibier ainsi ajouté, comme s'il était compris dans l'annexe E de la présente loi.

8. Le Gouverneur en conseil peut, de temps à autre, par notification dans la *Natal Government Gazette*, établir des réserves où il sera défendu en tout temps de tuer ou de capturer du gibier sans un permis spécial délivré par le ministre pour les espèces de gibier y mentionnées. Une notification semblable peut, de temps à autre, être modifiée ou annulée par une autre notification.

Toutes les réserves antérieurement établies dans la province de Zoulouland seront considérées comme des réserves établies en vertu de la présente loi.

Chaque permis spécial sera délivré dans les mêmes termes, aux mêmes conditions et subordonné aux mêmes restrictions en ce qui concerne le gibier y indiqué, que les

---

mentioned in Schedule E, nor shall any such game be included in a permit.

The Governor in Council may, by proclamation, add to the list in Schedule E any game to which it may in his opinion be necessary to give special protection, and this Act shall apply to game so added as if it were included in Schedule E of this Act.

8. Reserves, within which it will not be allowed to kill or catch game at any time without a special permit granted by the Minister, for the varieties of game specified therein may from time to time be established by the Governor in Council by notice in the *Natal Government Gazette.*

Such notice may from time to time be varied or revoked by a like notice.

All reserves heretofore established in the Province of Zuzuland shall be deemed to be Reserves established under this Act.

Every such special permit will be granted upon the same

termes, conditions et restrictions prévus dans la présente loi à l'égard des permis pour tuer et capturer le gibier mentionné à l'annexe C.

Chaque permis portera des timbres jusqu'à concurrence de la valeur de 10 livres sterling, indépendamment de toute somme spéciale fixée par l'annexe D.

Quiconque est surpris dans une réserve dans des circonstances indiquant qu'il poursuivait illégalement du gibier, sera coupable d'une contravention à la présente loi, à moins qu'il n'établisse devant la Cour qu'il ne s'y trouvait pas à cet effet.

9. Tout permis délivré en vertu de la présente loi sera annulé par le Magistrat s'il est établi que le porteur en a fait un usage frauduleux ou illégal, qu'il a tué ou capturé un plus grand nombre de pièces de gibier que le nombre stipulé ou d'autres espèces que celles mentionnées dans le permis, qu'il a contrevenu à quelqu'une des conditions imposées, s'il refuse ou s'abstient sans excuse valable de

---

terms, and under the same conditions, and subject to the same limitations in regard to the game which may be included in the permit, as are hereinbefore provided with regard to permits to kill and catch the game mentioned in Schedule C.

Every such permit shall bear stamps to the value of Ten Pounds (£10) irrespective of, and in addition to any special sum appointed by Schedule D.

Any person found in a Reserve in circumstances indicating that he was unlawfully in pursuit of any game shall be guilty of a contravention of this Act, unless he shall satisfy the Court that he was not there for any such purpose.

9. Any permit under this Act shall be cancelled by the Magistrate if it is found that the person tho whom it was granted has made a fraudulent or illegal use of it, or has killed or caught any game in excess of or other than that specified in the permit, or has broken any of its conditions, or if he refuses, or fails

produire le permis sur réquisition d'une personne ayant
autorité à cette fin. Dans ce cas, le permis deviendra nul
et la somme payée ne sera pas remboursée.

10. A la demande du propriétaire ou de l'occupant
d'une terre qui prouvera que les hartebeest *(bubulis)*, les
boschbok mâles et femelles *(tragelaphus sylvaticus)*,
les duiker *(cephalophus grimmi)*, les lièvres, les perdrix
ou les pintades causent des dommages ou détruisent des
arbres, des plantes ou des récoltes sur pied, tout magistrat peut, nonobstant les dispositions précédentes de la
présente loi, accorder un permis spécial au requérant
pour détruire ces animaux, de quelque manière que ce
soit, sur cette terre pendant le temps indiqué dans le
permis; ce temps ne peut dépasser six mois, mais le permis peut être renouvelé de temps à autre sur nouvelle
demande du propriétaire ou de l'occupant.

11. Le ministre pourra accorder aux habitants de la
province de Zoulouland la permission de tuer du gibier

---

without just excuse, to produce it when so required by a person
having authority for the purpose. The permit shall thereupon
become void, and no refund will be made of the money paid for it.

10. It shall be lawful for any magistrate, notwithstanding
the foregoing provisions of this Act, on the application of the
owner or occupier of any land who shall satisfy him that hartebeest, boschbok (male and female), duiker, hares, partridges,
or guinea fowl, are causing loss and damage by destroying
trees, plants, or standing crops, to grant a special permit to
the person applying to destroy in whatever manner he may
please such hartebeest, boschbok (male and female), duiker,
hares, partridges, or guinea fowl upon such land only, during
a time to be specified in the permit, but not exceeding six months
in duration and renewable from time to time upon further application of the owner or occupier.

11. The Minister shall have power to grant permission to resi-

en temps prohibé, s'il a la conviction que le gibier endommage les récoltes; il peut également accorder cette permission en temps de famine. Cette permission peut exclure
toute espèce de gibier et ne comprendra dans aucun cas
les éléphants, les rhinocéros blancs, les élans, les antilopes roanes, les coudous femelles et les springbok *(antidorcas enchore)*.

12. Quiconque tuera ou capturera du gibier sur des
terres de la Couronne ou dans les réserves indigènes ou
qui entrera sur ces terres ou dans ces réserves avec l'intention de tuer ou de capturer du gibier sans avoir au
préalable obtenu du Magistrat un permis écrit à cette
fin, ou tuera ou capturera du gibier autrement que le
permis ne l'autorise, sera coupable d'une contravention
à la présente loi.

Le permis indiquera le gibier à tuer ou à capturer,
l'endroit où il doit être fait usage du permis et le temps
pendant lequel il est valable.

---

dents of the Province of Zululand, to kill game during the close
season, if it is proved to his satisfaction that the game is doing
damage to crops, or in times of scarcity. Such permission may
exclude any specified kinds of game, and shall in no case include
elephants, white rhinoceros, eland, roan antelope, buffalo cow,
koodoo cow, or springbok.

12. If any person shall kill or catch any game upon Crown
Lands, or Native Trust Lands, or go upon any Crown Lands
or Native Trust Lands, with intent to kill or catch any game,
without having first obtained from the Magistrate of the division
a written permit for the purpose, or if he shall kill or catch
any game otherwise than is authorised by such permit, he shall
be guilty of a contravention of this Act.

The permit shall specify the game to be killed or caught,
the locality in which the permit is to be used, and the time for
which it is to be available.

Le Magistrat peut annuler le permis et celui-ci cessera d'être valable à partir de ce moment.

Aucune disposition de la présente section ne sera de nature à dispenser de l'obligation d'obtenir un permis du ministre dans les cas mentionnés ci-dessus.

13. Sera coupable d'une contravention à la présente loi, quiconque entrera sans le consentement du propriétaire ou de l'occupant, avec l'intention de tuer ou de capturer du gibier, dans une terre autre qu'une terre de la Couronne ou une réserve indigène.

14. Quiconque entre dans une terre de la Couronne, dans une réserve indigène ou dans une terre privée, peut être requis, dans les deux premiers cas par le Magistrat, un constable, un conservateur du gibier ou toute autre personne autorisée par les règlements, et dans le dernier cas par le propriétaire ou l'occupant ou par son agent ou domestique, d'évacuer immédiatement cette terre et de faire connaître son nom et sa résidence; et s'il refuse

---

The Magistrate may revoke a permit, and from that time it shall cease to be of any authority.

Nothing in this section shall be deemed to dispense with the necessity of obtaining a permit from the Minister, in the cases hereinbefore mentioned.

13. If any person shall, with intent to kill or catch any game, trespass upon any land, other than Crown Land, or Native Trust Land, without the consent of the owner or occupier, he shall be guilty of a contravention of this Act.

14. Any person so going upon Crown Land or Native Trust Land, or trespassing upon private land as aforesaid, may be required, in the case of Crown Land or Native Trust Land, by the Magistrate or by a constable, or game conservator, or any other person authorised by the regulations, and in the case of private land by the owner or occupier, or his agent or servant, to forthwith quit such land, and also to state his name and resi-

ou s'il met volontairement du retard à quitter les lieux ou
à donner son nom ou sa résidence quand il en est requis,
il sera coupable d'une contravention à la présente loi.

15. Sera coupable d'une contravention à la présente loi, celui qui en temps prohibé'possèdera, transportera, vendra ou offrira en vente du gibier, mort ou
vivant, mentionné aux annexes B et C de la présente loi
ou qui en tout temps possédera, transportera, vendra ou
offrira en vente du gibier, mort ou vivant, pour lequel le
permis du ministre est requis, à moins qu'il ne prouve
que l'animal ou l'oiseau a été tué ou capturé, acheté ou
reçu durant la période pendant laquelle cet animal ou cet
oiseau pouvait être légalement tué ou capturé, ou qu'il a
été légalement tué ou capturé en vertu d'un permis, selon
le cas, ou qu'il a été importé par mer.

Quiconque sera trouvé en possession de gibier, mort ou
vivant, indiqué dans l'annexe E; sera coupable d'une
contravention à la présente loi et passible des peines pré-

---

dence; and if he shall refuse or wilfully delay to quit the land,
or to give his true name and residence when required to do so,
he shall be guilty of a contravention of this Act.

15. Any person who shall during the close season possess,
carry, sell, or offer for sale, any game, dead or alive, mentioned
in Schedules B and C of this Act, or who shall at any time possess,
carry, sell, or offer for sale, any game, dead or alive, for which the
Ministers' permit is required, shall be guilty of a contravention
of this Act, unless he shall prove that the animal or bird was
either killed or caught, or bought or receveid during the period
in which such animal or bird could be legally killed or caught,
or that it has been lawfully killed or caught, in pursuance of a
permit, as the case may be, or that it has been imported by sea.

Any person who shall be found in the possession of any of
the game authorised in Schedule E, dead or alive, shall be guilty
of a contravention of this Act, and shall be liable to the same

vues pour celui qui tue ou capture du gibier, comme il
est dit ci-dessus, à moins qu'il ne prouve qu'il en est de-
venu légalement possesseur et qu'il n'y a pas eu infraction
à la présente loi du chef d'avoir tué ou capturé ce gibier.

16. Toute pièce de gibier ou la carcasse, peau, cuir,
corne, défense ou autre partie de la carcasse trouvés
en possession d'une personne peuvent être saisis et confisqués au profit du gouvernement sans jugement de confiscation, à moins qu'il ne soit prouvé que ce gibier et ces
dépouilles ont été obtenus sans infraction à la présente loi.

17. Nul ne pourra employer un indigène à la chasse du
gibier. Le porteur d'un permis ou la personne chassant
légalement du gibier peut néanmoins employer des indigènes pour l'assister ; toutefois, ces indigènes ne pourront
pas porter des armes à feu.

18. Le Gouverneur en conseil peut, de temps à autre,
publier des règlements pour l'exécution de toute disposition de la présente loi.

---

punishments as are provided for killing or catching such game
as aforesaid, unless he shall show that he became lawfully
possessed thereof, and that there has been no infringement of
this Act in respect of the killing or catching of such game.

16. Any game, or the carcase thereof, or any skin, hide, horn,
tusk, or other part of the carcase of any game, found in the possession of any person, may be seized and forteited to the Government without any adjudication of forfeiture being required,
unless it is shown that it has been obtained without any infringement of this Act.

17. No person shall employ a Native to hunt game. A person
holding a permit or otherwise lawfully engaged in hunting game
may, however, employ Natives to assist him, but such Natives
shall not use firearms.

18. The Governor in Council may from time to time make
regulations for any of the purposes of this Act.

La contravention à l'un de ces règlements sera punie d'une amende ne dépassant pas 5 livres sterling.

19. Toute personne coupable d'une contravention à la présente loi pour laquelle aucune peine spéciale n'est prévue, sera passible d'une amende ne dépassant pas 10 livres sterling et, à défaut de payement, d'un emprisonnement de trois mois au maximum, avec ou sans travaux forcés.

Lorsqu'il s'agit d'une contravention à l'égard de gibier compris dans l'annexe D, ou pour avoir tué ou capturé du gibier dans une réserve sans le permis nécessaire, le contrevenant sera condamné, indépendamment de toute peine pouvant être infligée, à payer immédiatement au Magistrat la taxe du permis qui aurait dû être obtenu au préalable aux termes de la présente loi.

20. Quiconque tuera ou capturera du gibier mentionné dans l'annexe E ou qui, sans posséder le permis délivré par le ministre et dûment endossé par un magistrat, tuera ou capturera un hippopotame ou un rhino-

---

The contravention of any such regulations shall be punishable by a fine not exceeding Five Pounds (£5).

19. Any person guilty of a contravention of this Act for which no special punishment is appointed shall be liable to a fine not exceeding Ten Pounds (£ 10), and in default of payment to imprisonment, with or without hard labour, for any term not exceeding three months.

In cases where the contravention is in respect of game included in Schedule D, or killing or catching game in a Reserve without the necessary permit, the person shall, in addition to any penalty which may be imposed, be adjudged to forthwith pay to the Magistrate the amount of any license or permit, which in terms of this Act should have been first obtained.

20. Any person who shall kill or catch any of the game mentioned in Schedule E, or who, without having the proper permit

céros noir, sera passible d'une amende ne dépassant pas 100 livres sterling et, à défaut de payement, d'un emprisonnement de six mois au maximum, avec ou sans travaux forcés.

21. Dans toute poursuite en vertu de la présente loi, la Cour pourra, à la suite d'une seconde, d'une troisième, etc., condamnation ou si, ayant égard aux circonstances, elle est d'avis qu'une amende ne serait pas une peine suffitante, infliger la peine d'emprisonnement telle qu'elle est stipulée pour la contravention sans donner l'option d'une amende.

22. Toutes les contraventions à la présente loi ou aux règlements peuvent être poursuivies par toute personne devant la cour d'un magistrat.

Toutes les amendes seront versées au trésor colonial; toutefois, le Magistrat peut accorder une somme ne dépassant pas la moitié de l'amende à celui dont les renseignements ont permis d'arriver à une condamnation.

23. Le Gouverneur en conseil peut, de temps à autre,

---

by the Minister, duly endorsed by a Magistrate, shall kill or catch any hippopotamus or black rhinoceros, shall be liable to a fine not exceeding One Hundred Pounds (£100), and in default of payment to imprisonment, with or without hard labour, for any term not exceeding six months.

21. In any prosecution under this Act it shall be lawful for the Court, upon a second or later conviction, or if the Court is of opinion that, having regard to the circumstances of the case, a fine would be an inadequate punishment, to impose such sentence of imprisonment as is appointed for the offence without giving the option of a fine.

22. All contraventions of this Act or of the regulations may be prosecuted by any person in the court of a Magistrate.

All fines shall be paid to the Colonial Revenue, provided that the Magistrate may award a sum not exceeding one-half of such

par arrêté, modifier les listes de gibier dans les annexes B et C de la présente loi en ce qui concerne la province de Zoulouland ; il peut aussi transférer ce gibier d'une liste à une autre, dans l'intérêt de la province.

Cet arrêté peut, de temps à autre, être modifié ou annulé par une autre proclamation.

Conformément aux pouvoirs de modification conférés comme il est dit ci-dessus, le gibier suivant sera, en ce qui concerne la province de Zoulouland, exclu de l'annexe C et compris dans l'annexe B de la présente loi :

L'imbabala ou boschbok femelle *(tragelaphus sylvaticus)*, le rooi rheebok *(cervicapra fulvorufula)*, le rietbok mâle *(cervicapra arundinum)*, le steenbok *(raphicerus campestris)*, l'inkumbi ou boschbok rouge, le paauw *(outarde)*, le korhan et la grue.

Annexe A.

Loi n° 16 de 1891 intitulée Loi « contenant des dispo-

---

fine to an informer by whose information the conviction has been obtained.

23. The Governor in Council may from time to time, by proclamation, remove any specified game from the lists contained in Schedules B or C of this Act, as regards the Province of Zululand, and may transfer such game to the list in another Schedule, for the purposes of the said Province.

Such proclamation may from time to time be varied or revoked by a like proclamation.

Subject to the powers of alteration given as aforesaid, the following game shall, as regards the Province of Zululand, be excluded from the Schedule C and included in Schedule B of this Act :

The imbabala or female boschbok, the rooi rheebok, the male rietbok, the steenbok, the inkumbi or red boschbok, the paauw, korhan, and crane.

sitions pour une meilleure protection du gibier dans la colonie de Natal ».

Loi n° 24 de 1894 intitulée Loi « amendant la loi sur la chasse de 1891 ».

Loi n° 4 de 1904 intitulée Loi « amendant les lois sur la chasse ».

Arrêté du Zoulouland n° 2 de 1897, publié par le Gouverneur du Zoulouland, le 22 avril 1897.

Annexe B.

Toutes les espèces d'oiseaux indiquées ci-dessous et connues dans cette colonie sous les noms de perdrix, faisan, dikkop *(oedicnemus capensis)*, pintade sauvage *(numida)*.

Les lièvres et toutes les variétés du genre antilope, généralement connues dans cette colonie sous les noms de rheebok, boschbok, bluebok, klipspringer, duiker, grysbok, inhlengane; ainsi que le zèbre et le wildebeest bleu *(connochoetus taurinus)*.

Schedule A.

Law N° 16, 1891, entitled Law « To make provision for the better preservation of game within the Colony of Natal ».

Act N° 24, 1894, entitled Act « To amend the game Law, 1891 ».

Act N° 4, 1904, entitled Act « To amend the Laws relating to game ».

Zululand Proclamation N° 2, 1897, made by the Governor of Zululand on the 22nd day of April, 1897.

Schedule B.

All varieties of the birds undermentioned, and known in this Colony as the partridge, pheasant, dikkop, wild guinea fowl.

Hares and all varieties of the antelope genus, generally known in this Colony as the rheebok, boschbok, bluebok, klipspringer, duiker, grysbok, inhlengane; also the zebra and blue wildebeest.

Annexe C.

L'hippopotame, communément appelé seacow, les steenbok, hartebeest, élan, coudou, rietbok, impala, inyala, blesbok, ouribi, rooi rheebok, boschbok femelle, généralement connu sous le nom de imbabala, red boschbok ou inkumbi, buffle, waterbuck, rhinocéros, antilope de Java ou de Maurice, paaw, korhan, grue et autruche.

Annexe D.

Droits de timbre sur les permis de chasse :

Pour chaque hippopotame........................£   20
Pour chaque rhinocéros noir......................£   20
Pour chaque buffle mâle..........................£   10
Pour chaque coudou mâle.........................£   10
Pour chaque élan mâle............................£   5

Schedule C.

The hippopotamus, commonly called seacow, steenbok, hartebeest, eland, koodoo, rietbok, impala, inyala, blesbok, ouribi, rooi rheebok, female boschbok, commonly known as imbabala, red boschbok, commonly known as inkumbi, buffalo, waterbuck, rhinoceros, Java or Mauritius deer, paauw, korhan, crane, and ostrich.

Schedule D.

Stamp duties upon permits to shoot game : —

For each Hippopotamus £20
For each Black Rhinoceros £20
For each Buffalo Bull £10
For each Koodoo Bull £10
For each Eland Bull £5

ANNEXE F.

Éléphant.
Rhinocéros blanc.
Élan femelle.
Antilope rouane.
Springbok.
Buffle femelle.
Coudou femelle.

Donné au Palais gouvernemental à Pietermaritzburg, Natal, le 29 juin 1906.

Par ordre de Son Excellence le Gouverneur.

CHARLES J. SMYTHE,
Secrétaire colonial.

SCHEDULE E.

Elephant.
White Rhinoceros.
Eland Cow.
Roan Antelope.
Springbok.
Buffalo Cow.
Koodoo Cow.

Given at Government House, Pietermaritzburg, Natal, this Twenty-Ninth day of June, 1906.

By command of His Excellency the Governor.

CHARLES J. SMYTHE,
Colonial Secretary.

Annexe N° 22.

NOTIFICATION DU GOUVERNEMENT N° 244 DE 1907.

Les règlements ci-après arrêtés en exécution de la section 18 de la loi n° 8 de 1906 ont été approuvés par Son Excellence le Gouverneur en conseil et sont publiés à titre d'information générale.

C. Bird,
Sous-Secrétaire principal.

Secrétariat colonial, Natal,
    Le 25 avril 1907.

*Règlement arrêtés en vertu de la section 18
de la loi n° 8 de 1906.*

(1) Dans les présents règlements les mots ou expressions « le ministre », « gibier », « propriétaire », « occupant »,

---

Schedule n^r 22.

GOVERNMENT NOTICE N° 244, 1907.

The subjoined regulations made under the provisions of Section 18 of Act N° 8, 1906, have been approved by His Excellency the Governor in Council, and are published for general information.

C. Bird,
Principal Under Secretary.

Colonial Secretary's Office, Natal,
    25th April, 1907.

Regulations Under Section 18 of Act N° 8 of 1906.

(1) In these Regulations the words or expressions : « The Minister », « Game », « Owner », « Occupier », « Native Trust

« réserve indigène » et « tuer ou capturer » auront les significations qui leur sont attribuées dans la loi.

« La loi » signifie la loi sur la chasse n° 8 de 1906. « Forêt
de la Couronne » signifie une forêt amcnagée selon les dispositions d'un règlement arrêté en vertu de l'ordonnance
n° 4 de 1853 ou de toute loi qui y apporte des amende-
ments.

(2) Le département du secrétaire colonial sera chargé
de l'exécution de la loi sur la chasse de 1906.

(3) Nul ne pourra entrer dans une réserve ou dans une
forêt de la Couronne délimitée ou en sortir que par les
endroits et les routes qui lui sont indiqués par un agent
autorisé à cette fin, et il ne pourra être fait usage d'un
permis de chasse dans une réserve ou dans une forêt de la
Couronne délimitée avant qu'il n'ait été montré au fonctionnaire *ad hoc*, au propriétaire ou à l'occupant, selon le cas.

(4) Il sera loisible à tout fonctionnaire chargé de la
surveillance d'une réserve de chasse ou d'une forêt de la

Lands », and « kill or catch », shall have the meanings assigned
to them in the Act.

« The Act » means the Game Act N° 8 of 1906. « Crown Forest »
means a forest established under the provisions of any regulations made by virtue of Ordinance N° 4, 1853, or of any Law
or Act amending the same.

(2) The Colonial Secretary's Department shall be charged
with the administration of the Game Act, 1906.

(3) No person shall enter or leave a Game Reserve or Demarcated Crown Forest otherwise than at the points or by the routes
pointed out to him by some person in authority, and no game
permit shall be made use of in a Game Reserve or Demarcated
Crown Forest before it has exhibited to the officer in charge,
owner, or occupier, as the case may be.

(4) It shall be lawful for any officer in charge of a Demarcated
Crown Forest or Game Reserve, or for the owner or occupier, to

Couronne délimitée ou à tout propriétaire ou occupant, de tuer tout chien trouvé errant et non gardé dans les limites de la forêt ou de la réserve; le propriétaire du chien ne pourra prétendre à aucune compensation pour la perte de son chien.

(5) Les demandes de permis pour tuer ou capturer du gibier dans une forêt de la Couronne, dans une réserve indigène ou sur des terres indigènes devront être adressées pour avis au ministre chargé de l'administration du département forestier ou à celui chargé de l'administration du département des affaires indigènes, selon le cas.

(6) Le droit de timbre requis sera joint à la demande de permis pour tuer ou capturer du gibier dans une réserve ou l'une des espèces de gibier mentionné dans l'annexe D de la loi. Si la demande n'est pas accueillie, le droit de timbre sera restitué au demandeur.

(7) Les permis de chasse, conformes à l'annexe ci-jointe, porteront au verso les sections suivantes de la loi :

---

destroy any dog found at large and not under control within the limits of such Crown Forest or Game Reserve, and the owner of such dog shall have no claim to compensation for the destruction of the dog.

(5) Applications for permits to kill or catch game in a Crown Forest, in a Native Reserve, or on Native Trust Lands, shall be referred to the Minister in charge of the Forestry Department, or to the Minister in charge of the Native Affairs Department, as the case may be, for his recommendations thereon.

(6) The requisite stamp duty shall be forwarded with the application for a permit to kill or catch game in a reserve, or any of the game mentioned in Schedule D of the Act. If the application be refused, the stamp duty will be returned to the applicant.

(7) Game permits shall be in the form of the schedule hereto, and they shall have endorsed on them the following sections

4, 6 (dernier paragraphe), 7 (premier paragraphe), 9, 13, 17, 20 et les indications de l'annexe E.

Il sera tenu un registre des permis délivrés.

(8) Après utilisation d'un permis de chasse, il sera renvoyé au secrétaire colonial par le Magistrat de la division, après que le porteur y aura inscrit le nombre et les espèces de pièce de gibier tuées.

Tous les permis dont aucun usage n'aura été fait seront renvoyés par la même voie, au plus tard le 30 août de l'année dans laquelle ils ont été délivrés.

(9) Il ne sera pas délivré de permis pour tuer ou capturer du gibier pendant les trois saisons suivantes à quiconque aura fait un mauvais usage de l'autorisation qui lui a été accordée de tuer ou de capturer du gibier ou aura été condamné du chef d'une contravention à la loi ou aux règlements arrêtés en exécution de celle-ci.

(10) L'absence d'un permis de chasse sans excuse ou un refus de le produire en cas de réquisition par une

---

of the Act, namely : 4, 6, (last paragraph), 7 (first paragraph), 9, 13, 17, 20, and Schedule E.

A register of permits issued shall be kept.

(8) As soon as a person has availed himself of a game permit, it shall be returned to the Colonial Secretary, through the Magistrate of the Division, with an endorsement by the holder thereof showing the number and variety of game killed.

All permits of which no use has been made shall be returned in the same way not later than the 30th day of August in the year in which they were issued.

(9) No person who has abused the authority granted to him to kill or catch game, or who has been convicted of a contravention of the Act, or the regulations made thereunder, will be granted a permit to kill or catch game within the next three game seasons following such abuse or conviction.

(10) A failure without just excuse or a refusal to produce

personne autorisée à cette fin sera immédiatement signalé au Magistrat de la division; celui-ci agira ensuite sans retard conformément à la section 9 de la loi sur la chasse.

(11) Les demandes de permis pour tuer ou capturer le gibier mentionné dans les annexes C et D de la loi adressées au secrétaire colonial, seront transmises par le Magistrat de la division où l'on se propose de tuer ou de capturer le gibier.

Les demandes qui ne sont pas transmises par cette voie seront envoyées pour rapport au Magistrat de la division pour laquelle les permis sont demandés.

(12) Les demandes de permis pour tuer ou capturer du gibier sur des terres privées par d'autres que les propriétaires ou les occupants de celles-ci ne seront prises en considération que si elles sont accompagnées de la permission écrite de ces propriétaires ou occupants accordée au demandeur de tuer ou de capturer, sous réserve du

---

a game permit when required by any person authorised thereto, shall be immediately reported to the Magistrate of the Division, who shall thereupon forthwith act in terms of Section 9 of the Game Act.

(11) Applications for permits to kill or catch any of the game mentioned in Schedules C and D of the Act, addressed to the Colonial Secretary, shall be forwarded through the Magistrate of the Division in which it is sought to kill or catch the game. Applications not so receved will be referred for report to the Magistrate of the Division for which such permits are desired.

(12) Applications for permits to kill or catch game on private lands from others than the owners or occupiers thereof will not be considered unless they are accompanied by the permission in writing of such owners or occupiers to the applicant, to kill or capture, subject to the Colonial Secretary's permit, the variety and the number of game mentioned therein.

(13) If application be made for a permit to kill or catch game,

permis du secrétaire colonial, le nombre et les espèces de gibier indiqués dans cette autorisation.

(13) Si la demande de permis est faite pour tuer ou capturer du gibier parce que celui-ci endommage ou détruit des récoltes sur des terres cultivées, le Magistrat vérifiera, si possible, la déclaration en ordonnant des enquêtes sur la matière.

(14) Toutes les demandes indiqueront le nombre et l'espèce de gibier que l'on demande à tuer ou à capturer, ainsi que la ferme ou l'endroit spécial de la division où l'on a l'intention de tirer ou de chasser.

(15) Il ne sera donné aucune suite aux demandes reçues après le 31 juillet, sauf dans les cas prévus dans les sections 10 et 11 de la loi.

(16) Le Magistrat fera un rapport sur toutes les demandes de permis (à l'exception de celles faites en vertu de la section 10 de la loi) qu'il recevra directement ou par

---

on the ground that such game is doing damage to, or destroying, crops on cultivated land, the Magistrate shall verify the statement, if possible, by causing enquiries to be made in the matter.

(14) All applications shall specify the kind of game, and the number of each variety, it is sought to kill or catch, as well as the farm or particular locality within a Magisterial Division over which it is intended to shoot or hunt.

(15) No applications for permits received after the 31st **day** of July in any year shall be entertained, except as provided in Sections 10 and 11 of the Act.

(16) The magistrate shall report on all applications (except those under Section 10 of the Act) for permits received by him, or referred to him by the Colonial Secretary, and in his report he shall set forth :

(*a*) Whether the applicant is, to the best of his belief and knowledge, a fit and proper person to hold a permit ;

(*b*) The distribution and number, so far as may be known,

l'intermédiaire du secrétaire colonial; son rapport indiquera :

(a) si le demandeur réunit, à son avis, les conditions voulues pour obtenir un permis;

(b) dans la mesure où l'on peut la connaître, la distribution et le nombre, dans la localité comme dans la division, de chaque espèce de gibier mentionnée dans la demande;

Et, en général, il donnera sur la demande tous les renseignements utiles qu'il connaît, de façon à éclairer le ministre sur l'opportunité de l'accueillir ou de la rejeter.

---

in the locality, as well as in the Division, of each variety of game mentioned in the application;

And generally, he shall give such information bearing on the application as may be available or within his knowledge, so as to assist the Minister in determining the advisability or otherwise of granting the application.

Reliure serrée

Souche.

N°......

PERMIS DE CHASSE.

Délivré à...
de..
                              sur la ferme
pour tuer (ou capturer ————————— connue
                              dans la localité

comme..
dans la division de.....................................
....
....
en tout temps entre le.................................
.... et le ....
.... aux conditions stipulées
dans le permis.

ANNEXE.

PERMIS DE CHASSE

(personnel et non transmissible).

J'autorise par le présent...................................
à tuer (ou capturer) sur la ferme ou dans la localité connue sous le nom de...
....
dans la division de...
....
....
en tout temps entre le......................................
et le.. inclus.

Le présent permis ne s'étend pas aux terres au delà
des limites de la ferme ou de la localité sus-indiquée.

Il doit être retourné au secrétaire colonial aussitôt
qu'il en a été fait usage, avec l'indication au verso du
nombre de chaque espèce de gibier tué ou capturé.

Donné à Pietermaritzburg, le .... 19.....

Les sections suivantes de la loi n° 8 de 1906 sont réimprimées selon les termes des règlements arrêtés en vertu des dispositions de la section 18 de la loi :

4. Nul ne pourra en aucun temps tuer ou capturer du gibier au moyen de filets, ressorts, trébuchets, trappes, pièges ou bâtons ou avoir en sa possession ou placer ces engins à l'effet de tuer ou de capturer du gibier.

Toutefois, la présente section ne s'appliquera pas à la destruction par les indigènes, au moyen de bâtons, dans une réserve indigène, en dehors du temps prohibé, des oiseaux cités dans l'annexe B.

Nul ne pourra en aucun temps tuer ou tirer avec un fusil double, c'est-à-dire un fusil à répétition, aucune espèce d'antilopes à l'exception du rheebok *(Cervicapra)*, du boschbok *(Tragelaphus sylvaticus)*, du bluebok *(Egocère bleu)*, du klipspringer *(Oreotragus saltator)*, du duiker *(Cephalophus grimmi)*, du grysbok *(Egocère gris)*, de l'inhlengame et de l'imbala.

6. (dernier paragraphe). Toute personne chassant en vertu d'un permis sera tenue de le produire à toute réquisition d'un constable ou d'une autre personne ayant autorité pour examiner les permis.

7. (premier paragraphe). Nul ne pourra en aucun temps tuer ou capturer du gibier mentionné dans l'annexe E; ce gibier ne sera pas compris dans le permis.

9. Tout permis délivré en vertu de la présente loi sera annulé par le Magistrat s'il est établi que le porteur en a fait un usage frauduleux ou illégal, qu'il a tué ou capturé un plus grand nombre de pièces de gibier que le nombre stipulé ou d'autres espèces que celles mentionnées dans le permis, qu'il a contrevenu à quelqu'une des conditions imposées, s'il refuse ou s'abstient sans excuse valable de produire le permis sur réquisition d'une personne ayant autorité à cette fin. Dans ce cas, le permis deviendra nul et la somme payée ne sera pas remboursée.

13. Sera coupable d'une contravention à la présente loi quiconque entrera, sans le consentement du propriétaire ou de l'occupant avec l'intention de tuer ou de capturer du gibier, dans une terre autre qu'une terre de la Couronne ou dans une réserve indigène.

17. Nul ne pourra employer un indigène à la chasse du gibier. Le porteur d'un permis ou la personne chassant légalement du gibier, peut néanmoins employer des indigènes pour se faire assister; toutefois, ces indigènes ne pourront pas porter des armes à feu.

20. Quiconque tuera ou capturera du gibier mentionné dans l'annexe E ou qui, sans posséder le permis délivré par le ministre et dûment endossé par un magistrat, tuera ou capturera un hippopotame ou un rhinocéros noir, sera passible d'une amende ne dépassant pas 100 livres sterling et, à défaut de payement, d'un emprisonnement de six mois au maximum, avec ou sans travaux forcés.

ANNEXE E. — Eléphant, rhinocéros blanc, élan femelle, antilope roane, springbok, buffle femelle, coudou femelle.

Nº..............

Counterfoil.

Nº.....................

GAME PERMIT.

Issued to..
of ....

to kill (or catch) on the ———— known
              farm / locality

as ....
in the Division of ....
....
....
....
at any time between the....................day of
.... and the....................day of
..........................190...., on the conditions
set forth on the License.

...........Magistrate.............................Division.

SCHEDULE.

GAME PERMIT.

(Personal, and Not Transferable.)

I hereby authorise..
of...to kill
(or catch) on the farm or locality known as....................
....
in the Division of...
....
....
....
at any time between this date and the........................
day of...... ...., 190....., inclusive.

This permit does not extend to any lands beyond the
boundaries of the above-mentioned farm or locality.

It must be returned to the Colonial Secretary as soon
as it has been made use of, with an endorsement showing
the number of each variety of game killed or caught.

Given at Pietermaritzburg, this.................................
day of......................................., 190.....

I, the undersigned, hereby certify that I have killed (or caught)*............... ....and no more.

....

Permit Holder.

* Here state the number of each kind of game killed or caught.

The following sections of Act N⁰ 8 of 1906 are reprinted in terms of the Regulations made under the provisions of Section 18 of the Act :—

4. No person shall at any time kill or catch any game by means of nets, springes, gins, traps, snares, pitfalls, or sticks, or have in his possession for the purposes of killing or catching any game, or set any such thing as aforesaid for such purposes.

This section shall not, however, apply to the destruction of the birds included under Schedule B by natives by means of sticks within a native location at any time out of the close season.

No person shall at any time kill or shoot at with a shot gun, that is to say a gun discharging more than a single bullet at a time, any kind of antelope or deer except rheebok, boschbok, bluebok, klipspringer, duiker, grysbok, inhlengame, and imbabala.

6. (last paragraph). Every person hunting under the authority of a permit shall be required to produce it whenever so required by a constable or other person having authority for the purpose of inspecting licenses.

7. (first paragraph). No person shall at any time kill or cath any of the game mentioned in Schedule E, nor shall any such game be included in a permit.

9. Any permit under this Act shall be cancelled by the Magistrate if it is found that the person to whom it was granted has made a fraudulent or illegal use of it, or has killed or caught any game in excess of or other that specified in the permit, or has broken any of its conditions, or if he refuses, or fails without just excuse, to produce it when so required by a person having authority for the purpose. The permit shall thereupon become void, and no refund will be made of the money paid for it.

13. If any person shall, with intent to kill or catch any game, trespass upon any land, other than Crown Land, or Native Trust Land, without the consent of the owner or occupier, he shall be guilty of a contravention of this Act.

17. No person shall employ a Native to hunt game. A person holding a permit or otherwise lawfully engaged in hunting game may, however, employ Natives to assist him, but such Natives shall not use firearms.

20. Any person who shall kill or catch any of the game mentioned in Schedule E, or who, without having the proper permit by the Minister, duly endorsed by a Magistrate, shall kill or catch any hippopotamus or black rhinoceros shall be liable to a fine not exceeding One Hundred Pounds (£ 100), and in default of payment to imprisonment, with or without hard labour, for any term not exceeding six months.

Schedule E—Elephant, White Rhinoceros, Eland Cow, Roan Antelope, Springbok, Buffalo Cow. Koodoo Cow.

Notification du Gouvernement N° 356 de 1907.

Il est porté à la connaissance du public que l'Administrateur en conseil a établi, en vertu de la section 8 de la loi n° 8 de 1906, une réserve à Giant's Castle, dans la division du Magistrat d'Estcourt comprenant la zone entre les limites suivantes :

Du point le plus rapproché de la frontière du Basutoland de la source de la rivière Injusuti suivant une ligne droite à la source de cette rivière; de là le long de la rivière Injusuti jusqu'à la limite de la ferme Cloudland ; ensuite le long des limites ouest et sud de la ferme Cloudland, des limites nord et est des fermes Kingsley et Bouverie, de la limite sud de la ferme Witteberg et des limites ouest des fermes Orkney, Battle, Clermont, Foxfort, Brisbane et Forget-me-not; à partir de là suivant une ligne droite de la frontière extrême-ouest de la

Government Notice N° 356, 1907.

It is hereby notified, for general information, that, under Section 8 of Act N° 8 of 1906, His Excellency the Administrator in Council has been pleased to establish a Game Reserve at Giant's Castle, in the Magisterial Division of Estcourt, to include the whole of the area within the following boundaries :

From the Basutoland border at its nearest point to the source of the Injusuti River in a straight line to the source of that River, thence along the Injusuti River to the boundary of the farm Cloudland, thence along the western and southern boundaries of the farm Cloudland, the northern and eastern boundaries of the farms Kingsley and Bowerie, the southern boundary of the farm Witteberg and the western boundaries of the farms Orkney, Battle, Clermont, Foxfort, Brisbane, and Forget-me-

ferme Forget-me-not jusqu'au sommet du Giant's Castle sur la frontière du Basutoland, et de là le long de cette frontière jusqu'au point mentionné ci-dessus.

C. BIRD,

Sous-secrétaire principal.

Secrétariat colonial, Natal,
    le 14 juin 1907.

---

not, thence in a straight line from the extreme western boundary of the farm Forget-me-not to the peak of the Giant's Castle on the Basutoland border, and thence along the Basutoland border to the point on the border before referred to.

C. BIRD,

Principal Under Secretary.

Colonial Secretary's Office, Natal,
    14th June, 1907.

Annexe No 23.

No 16, 1897.

Notification du Gouvernement.

En vertu des dispositions de la section 14 de la Proclamation du Zoulouland no II de 1897, Son Excellence le Gouverneur ordonne qu'il soit notifié que des réserves de chasse ont été établies dans les districts de Hlabisa et d'Umfolozi inférieur du territoire du Zoulouland, réserves limitées comme il est indiqué ci-dessous et numérotées 1, 2, 3 et 4. Des permis pour chasser dans les réserves nos 1 et 2 peuvent être demandés dans les termes de la section 14 de la proclamation du Zoulouland mentionnée ci-dessus et seront subordonnés, s'ils sont concédés, aux conditions, stipulations et pénalités prévues en vertu de cette proclamation.

Schedule no 23.

No 16, 1897.

Gouvernment notice.

Under the provisions of Section 14 of Zululand Proclamation No II., of 1897, His Excellency the Governor directs it to be notified that Game Reserves have been established in the Hlabisa and Lower Umfolozi Districts of the Territory of Zululand, which reserves are sketched and bounded as hereinunder stated and numbered Nos 1, 2, 3 and 4. Permits to shoot within the Reserves Nos 1 and 2 may be applied for in terms of Section 14 of the Zululand Proclamation hereinbefore mentioned, and, if granted, will be subject to the conditions, stipulations, and penalties provided for under that Proclamation.

Des permis ne seront pas délivrés pour le moment pour chasser dans les réserves n°s 3 et 4.

Par ordre de Son Excellence,

W.-E. PEACHEY,
Secrétaire du Zoulouland.

Palais du Gouvernement,
Pietermaritzburg, le 22 avril 1897.

N° 1. LIMITES. — Au sud le fleuve *Ingweni* à partir de sa source près de la colline Dukunsbaue jusqu'à un point situé près de la colline *Tambana;* de là suivant une ligne droite avec le réservoir *Bumbeni* jusqu'au fleuve *Munywane;* de là le long de ce fleuve vers l'amont jusqu'à sa source; à partir de ce point jusqu'à la chaîne des collines *Bombolo* et le long de son versant jusqu'à la rivière Um-

---

No permits will be granted for the present to shoot within the Reserves numbered 3 and 4.

By His Excellency's command,

W. E. PEACHEY,
Secretary for Zululand.

Government House,
Pietermaritzburg, 22nd April, 1897.

N. 1. BOUNDARIES. — On the south by the *Ingweni* stream from its source near the Dukumbane hill to a point near the *Tambana* hill, from thence in a direct line with the *Bumbeni* store to the *Munywane* stream; thence up the course of that stream to its source; thence on to the *Bombolo* range, and along its watershed to the Umsunduzi River; thence up the course of

sundizi; de là le long du cours de ce fleuve jusqu'à sa source; ensuite suivant une ligne droite aux collines Bombolo; et de là suivant une ligne droite jusqu'à la source du fleuve Ingweni près de la colline Dukumbane.

N° 2. LIMITES.— Une ligne droite partant du plus haut point de l'arête du *Zankomfe* et allant jusqu'à la colline *Mpanzakazi;* de là jusqu'aux emplacements actuels des *kraals Umdimdwane, Mantunjana, Saziwayo* et *Umswazi;* du dernier *kraal* jusqu'au point le plus rapproché du fleuve *Mzinene;* de là vers la colline *Mehlwana,* au sud de la rivière *Hluhluwe;* à partir de ce point jusqu'à la colline *Mtolo;* de là suivant une ligne directe de cette colline à la rivière *Hluhluwe ;* et de là au point le plus élevé de la colline de *Zankomfe.*

N° 3. LIMITES. — La chaîne de collines et la série de lagunes limitées au nord et à l'ouest par le lac *Sta-Lucia* et la rivière *Umfolozi,* à l'est par l'*océan Indien,* et au

---

that river to its source; thence in a straight line to the Bombolo hills; and thence in a straight line to the source of the Ingweni stream near the Dukumbane hill.

N. 2. BOUNDARIES. — A straight line from the highest point of the *Zankomfe* ridge to the *Mpanzakazi* hill; from thence to the present sites of the kraals of *Umdimdwane, Mantunjana, Saziwayo,* and *Umswazi;* from the latter kraal to the nearest point of the *Mzinene* stream; thence to the *Mehlwana* hill, south of the *Hluhluwe* river; thence to the *Mtolo* hill; from thence in a direct line with the same hill to the *Hluhluwe* river; and from there to the highest point of the *Zankomfe* hill.

N. 3. BOUNDARIES. — The range of Hills and Lagoons bounded on the North and West by *St. Lucia* lake and the *Umfolozi* river, on the East by the *Indian Ocean,* and on the South from

sud à partir d'un point à la côte de la mer à 4 milles au sud du cap de *Sta-Lucia* suivant une ligne directe jusqu'au point méridional de la rivière *Umfolozi*.

N⁰ 4. Limites. — La contrée entre les eaux blanches et noires de l'*Umfolozi* à partir de leur confluent jusqu'au sentier *Mandhlagazi*.

Notification du Gouvernement N⁰ 93 de 1905.

En vertu des dispositions de la section 14 de la Proclamation du Zoulouland n⁰ 2 de 1897, Son Excellence le Gouverneur ordonne qu'il soit notifié qu'une réserve de chasse est établie par la présente jusqu'à notification ultérieure dans le district de Hlabisa du Zoulouland, connue comme réserve n⁰ V, et qu'elle est limitée comme suit :

De la source de la rivière Hluhluwe suivant une ligne droite jusqu'au point le plus élevé de la colline Mtolo; de là suivant une ligne droite jusqu'au point le plus

---

a point on the sea coast four miles south of Cape *St. Lucia* in a direct line to the southernmost point of the *Umfolozi* river.

N. 4. Boundaries. — The country between the Black and White *Umfolozi* rivers from their junction to the *Mandhlagazi* footpath.

Government Notice N⁰ 93, 1905.

Under the provisions of Section 14 of Zululand Proclamation N⁰ 2 of 1897, His Excellency the Governor directs it to be notified that a Game Reserve is hereby established until further notice, in the Hlabisa District of Zululand, which will be known as Reserve N⁰ V., and is bounded as follows :

From the source of the Hluhluwe River, in a straight line to

élevé de la colline Mteku; à partir de ce point suivant une ligne droite jusqu'à la source du fleuve Munywana; de là le long de ce fleuve jusqu'à l'endroit où il se jette dans le lac Sta-Lucia; de là le long du rivage ouest de ce lac jusqu'au point où la rivière Inyalazi s'y jette; de là le long de la rivière Inyalazi jusqu'au point où la grand'route de Somkele station à la magistrature de Hlabisa croise cette rivière; de là suivant une ligne droite jusqu'au confluent des eaux blanches et noires de l'Umfolozi; de là le long de l'Umfolozi noir vers l'amont jusqu'à l'endroit où la rivière Mona s'y jette; de là suivant une ligne droite jusqu'à la source de la rivière Hluhluwe.

W. L'Estrange,
Secrétaire colonial.

Secrétariat colonial, Natal,
le 3 février 1905.

---

the highest point of the Mtolo Hill; thence in a straight line to the highest point of the Mteku Hill; thence in a straight line to the source of the Munywana Stream; thence along that stream to where it enters St.Lucia Lake; thence along the Western shore of that lake to where the Inyalazi River flows into the lake; thence along the Inyalazi River to where the new Main Road from Somkele Station to Hlabisa Magistracy crosses that River; thence in a straight line to the junction of the Black and White Umfolozi Rivers; thence up the black Umfolozi River to where the Mona River flows into it; thence in a straight line to the source of the Hluhluwe River.

W. L'Estrange,
Colonial. Secretary

Colonial Secretary's Office, Natal.
3rd February, 1905.

Notification du Gouvernement N° 192 de 1897.

Il est notifié par la présente, à titre d'information générale, que l'abolition des réserves de chasse n°s 1 à 5, établies dans le district de Hlabisa en vertu des notifications du gouvernement du Zoulouland, n° 16 de 1897 et n° 93 de 1905, a été approuvée par Son Excellence le Gouverneur en conseil et qu'elles sont abolies à partir de la présente date.

C. Bird,
Sous-Secrétaire principal.

Secrétariat principal, Natal,
le 5 avril 1907.

Notification du Gouvernement N° 322 de 1907.

Il est notifié par la présente, à titre d'information générale, qu'en vertu de la section 8 de la loi n° 8 de 1906, Son Excellence le Gouverneur en conseil a étendu la

---

Government Notice N° 192, 1907,

It is hereby notified, for general information, that the abolition of the Game Reserves Nos. 1 and 5, established in the Hlabisa District under Government Notices, Zululand, N° 16, 1897, and N° 93, 1905, has been approved by His Excellency the Governor in Council, and that they are abolished herewith, with effect from this date.

C. Bird,
Principal Under Secretary.

Colonial Secretary's Office, Natal.
5th April, 1907.

Government Notice No. 322, 1907.

It is hereby notified, for general information, that, under Section 8 of Act No. 8 of 1906, His Excellency the Governor in Council has been pleased to extend the Game Reserve No. 4, in the Lower Umfolozi Division of the Province of Zululand, which was

réserve de chasse nº 4 dans la division de l'Umfolozi inférieur de la province de Zoulouland, établie en vertu de
la notification du gouvernement du Zoulouland, nº 16
de 1897, de façon à y comprendre toute la zone comprise
dans les limites suivantes :

Du confluent des eaux blanches et noires de l'Umfolozi,
vers l'aval de cette rivière jusqu'au point où elle rejoint le
fleuve Imvamanzi; de là le long de ce fleuve jusqu'à sa
source; de là suivant une ligne droite jusqu'au plus haut
point de la colline Sangoyana; à partir de ce point suivant
une ligne droite jusqu'à l'endroit où le sentier Mandha-
lakazi croise les eaux blanches de l'Umfolozi; de là le
long du sentier précité jusqu'au point où il croise les eaux
noires de l'Umfolozi et à partir de cet endroit le long de
cette rivière jusqu'à son confluent avec les eaux blanches
de l'Umfolozi.

C. BIRD,
Sous-Secrétaire principal.

Secrétariat colonial, Natal,
 le 30 mai 1907.

---

established under the Zululand Government Notice No. 16 of
1897, to include the whole of the area within the following boundaries :—

From the junction of the White and Black Umfolozi Rivers,
down the Umfolozi to where the Invamanzi Stream joins it,
thence along the Imvamanzi Stream to its source, thence in a
straight line to the highest point of the Sangoyana Hill, thence in
a straight line to where the Mandhlakazi footpath crosses the
White Umfolozi River, thence along the Mandhlakazi footpath to
where it crosses the Black Umfolozi River, and thence along the
Black Umfolozi River to its junction with the White Umfolozi
River.

C. BIRD,
Principal Under-Secretary.

Colonial Secretary's Office, Natal,
 30th May, 1907.

Annexe n° 24.

(N° 33 de 1909.)

Matthew Nathan.
Gouverneur.

LOI

*réglant l'exportation des défenses d'éléphants et des cornes,
peaux et cuirs de certaines espèces de gibier.*

Il est arrêté ce qui suit par Sa Majesté le Roi, de l'avis
et avec le consentement du Conseil législatif et de l'Assemblée législative du Natal :

1. Aucune défense d'éléphant pesant moins de onze
livres ne sera exportée de la colonie.

Toute personne exportant ou essayant d'exporter une
défense en contravention à la présente loi sera passible
devant un magistrat d'une amende ne dépassant pas
50 livres sterling et la défense, si elle est trouvée, sera
confisquée.

2. Les cornes, cuirs ou peaux des animaux mentionnés

Schedule n° 24.

(No. 33, 1909.)

Matthew Nathan,
Governor.

ACT

*To regulate the export of elephant tusks and the horns, hides and
skins of certain game.*

Be it enacted by the King's Most Excellent Majesty, by and
with the advice and consent of the Legislative Council and Legislative Assembly of Natal, as follows :—

1. No elephant tusk weighing less than eleven pounds shall be
exported from the Colony. Any person exporting or attempting to
export a tusk in contravention of this Act shall be liable on con-

dans l'annexe de la présente loi et les défenses d'éléphants et d'hippopotames sont soumis lors de l'exportation de la colonie à un droit de 20 p. c. de leur valeur au port d'exportation.

Toute personne exportant ou essayant d'exporter en fraude des cuirs, peaux, défenses ou cornes sera passible devant un magistrat d'une amende ne dépassant pas 10 livres sterling pour chaque objet exporté ou dont l'exportation est tentée ou, à défaut de payement, d'un emprisonnement de trois mois au plus avec ou sans travaux forcés, à moins que l'amende ne soit payée plus tôt.

3. Les droits d'exportation perçus en vertu de la présente loi seront payés au collecteur des douanes et les lois et règlements douaniers applicables au recouvrement des droits d'entrée, à la saisie et à la confiscation d'objets soumis à ce droit et à toutes les autres matières y relatives. s'appliqueront, *mutatis mutandis*, et dans les limites où

---

viction before a magistrate to a fine not exceeding £ 50 and the tusk shall, if found, be confiscated.

2. The horns, hides or skins of the animals mentioned in the schedule to this Act, and the tusks of elephants and hippopotamus shall be subject upon export from the colony to a duty of twenty per cent. of their value at the port of export.

Any person exporting or attempting to export any hides, skins, tusks or horns as aforesaid in contravention hereof shall be liable on conviction before a magistrate to a fine not exceeding ten pounds sterling for every such article exported or attempted to be exported, or in default of payment thereof to imprisonment with or without hard labour for a period not exceeding three months unless such fine be sooner paid.

3. The export duties under this Act shall be paid to the Collector of Custom and the Customs laws and regulations applicable to the collection of import duties seizure and forfeiture of articles liable to such duty, and all other matters incidental thereto shall,

c'est possible, à ces droits de sortie et objets qui y sont soumis, sous réserve de toutes modifications spéciales qui peuvent être apportées, le cas échéant, par les règlements prévus ci-après, afin d'adapter ces lois et règlements aux fins de la présente loi.

4. Le Gouverneur en conseil peut, de temps à autre, arrêter des règlements pour l'exécution de la présente loi.

ANNEXE.

Éléphant, rhinocéros, hippopotame, girafe ou caméléopard, buffle, élan, coudou, hartebeest, bontebok, blesbok, gemsbok, rietbok, klipspringer, zèbre, couagga, zèbre de Burchell ou tout gnou ou wildebeest de toute espèce.

Donné au Palais du Gouvernement à Pietermaritzburg, le 18 décembre 1909.

Par ordre de Son Excellence le Gouverneur.

C. O' GRADY GUBBINS,
Secrétaire colonial.

---

mutatis mutandis, and as far as may be practicable, apply to such export duties and articles liable thereto, subject to any special alterations which may be made by the regulations hereinafter provided for in order to adapt such laws and regulations to the purposes of this Act.

4. The Governor in Council may from time to time make regulations for giving effect to his Act.

SCHEDULE.

Elephant, rhinoceros, hippopotamus, giraffe, or cameleopard, buffalo, eland, koodoo, hartebeest, bontebok, blesbok, gemsbok, rietbok, klipspringer, zebra, quagga, Burchell's zebra or any gnu or wildebeest of either variety.

Given at Government House, Pietermaritzburg, this eighteenth day of December, 1909.

By command of His Excellency the Governor,

C. O'GRADY GUBBINS,
Colonial Secretary.

BETCHOUANALAND

BETCHOUANALAND

Annexe n° 25.

PROCLAMATION

de son Excellence le Haut Commissaire.
(21 Septembre 1904)·

Considérant qu'il y a lieu d'amender l'arrêté du 19 septembre 1893 sur la chasse de certaines espèces de gibier dans le protectorat du Betchouanaland;

Je déclare, proclame et fais savoir ce qui suit en vertu des pouvoirs dont je suis investi :

1. La proclamation du Haut Commissaire du 19 septembre 1893 est abrogée; toutefois, cette abrogation ne s'appliquera pas aux poursuites en cours ni aux péna-

BECHUANALAND

Schedule n° 25.

PROCLAMATION

By His Excellency the High Commissioner.
(21th. September 1904).

Whereas it is expedient to amend the Proclamation dated the 19th day of September, 1893, regulating the killing of certain game in the Bechuanaland Protectorate;

Now therefore under and by virtue of the powers in me vested I do hereby declare, proclaim and make known as follows :

1. The Proclamation of the High Commissioner dated the 19th of September 1893 shall be and is hereby repealed, but no

lités encourues ou à infliger en vertu de la dite proclamation à la date où la présente entrera en vigueur.

2. Aux fins de la présente proclamation l'expression « gros gibier » signifiera l'autruche vivant à l'état sauvage ainsi que les différents animaux ci-après non domestiqués et connus généralement sous les noms de : hippopotame, rhinocéros, buffle, zèbre, quagga, et toutes les espèces d'antilopes à l'exception du rhebuck *(Capreola)*, du klipspringer *(oreotragus saltator)*, du duiker *(Cephalophus grimmi)* et du stembuck.

3. La période comprise entre le 1er octobre et le dernier jour de février de l'année suivante, ces deux jours y compris, constituera une saison fermée à la chasse pendant laquelle il sera interdit de tuer, prendre, capturer, poursuivre, chasser ou tirer le gros gibier, sauf dans les cas prévus ci-après.

4. Nul ne pourra, à quelqu'époque que ce soit, prendre, capturer, poursuivre, chasser ou tirer l'éléphant, la

---

such repeal shall affect any proceedings pending or any penalty incurred or to be imposed under the said Proclamation at the date when this Proclamation shall take effect.

2. For the purposes of this Proclamation the following term shall have the meaning herein assigned to it, viz. : — « Large Game » shall mean the wild ostrich and the several animals following not being domesticated and commonly known as hippopotamus, rhinoceros, buffalo, zebra, quagga and all animals of the antelope species except the rhebuck, klipspringer, duiker and stembuck.

3. The period from the first day of October to the last day of February in the succeeding year both days inclusive shall be a close season within which it shall be unlawful to kill, catch, capture, pursue, hunt or shoot at large game, save as hereinafter provided.

4. No person shall at any time catch, capture, pursue, hunt or

girafe ou l'élan, sauf dans les cas prévus ci-après; et toute personne qui contreviendra à cette défense sera passible d'une amende de 150 livres sterling au maximum, et à défaut de payement, d'un emprisonnement avec ou sans travaux forcés de douze mois au plus.

5. Sous réserve des dispositions relatives au temps prohibé et des autres stipulations de la présente proclamation, le Commissaire Résident du Protectorat du Betchouanaland peut délivrer des permis, aux conditions qu'il jugera utiles, autorisant la chasse au « gros gibier ». Ces permis ne pourront être transférés à des tiers et ils seront soumis aux taxes suivantes :

Pour toute la saison ou pour une période excédant
    trois mois.................................... £ 20
Pour trois mois ou pour une période excédant deux
    mois .... £ 12
Pour deux mois ou pour une période excédant un
    mois .... £ 8

---

shoot at any elephant, giraffe or eland, save as hereinafter provided; and every person contravening this section shall be liable upon conviction to a penalty not exceeding £ 150 and in default of payment to imprisonment with or without hard labour for any period not exceeding twelve months.

5. Subject to the provisions herein contained defining the close season and to other the provisions of this Proclamation it shall be lawful for the Resident Commissioner of the Bechuanaland Protectorate to issue licenses upon such conditions as he may deem expedient to any person authorising him to shoot « large game ». Such licenses shall not be transferable and the following fees shall be chargeable therefore :

For the full season or for any period exceeding three
    calendar month .... £ 20
For three calendar months or for any period exceed-
    ing two calendar months .... £ 12

Pour un mois ou pour une période excédant
quatorze jours.............................. £ 4
Pour quatorze jours ou pour une période moindre £ 2

6. Sera passible d'une amende ne dépassant pas 150 livres
sterling et, à défaut de paiement, d'un emprisonnement,
avec ou sans travaux forcés, de douze mois au maximum,
quiconque, sauf dans les cas prévus ci-après, tuera, prendra, capturera, poursuivra, chassera ou tirera une pièce
de « gros gibier » sans avoir au préalable obtenu une
licence ou un permis conformément aux stipulations de
la présente Proclamation, ou après l'expiration du temps
pour lequel la licence ou le permis lui aura été délivré,
ou contrairement aux conditions de la licence ou du permis, ou en temps prohibé.

7. Le Commissaire Résident ou tout Commissaire
Assistant, Magistrat ou Juge de paix dans les limites de
sa juridiction, tout membre d'une force de police établie
légalement dans le Protectorat du Betchouanaland ou

For two calendar months or any period exceeding
one calendar month .... £ 8
For one calendar month or any period exceeding
fourteen days .... £ 4
For fourteen days or any lesser period .... £ 2

6. Any person who shall, save as hereinafter provided, kill,
catch, capture, pursue, hunt or shoot at any « large game » without
having previously obtained a license or permit under the provisions of this Proclamation or after the expiration of the time for
which such license or permit shall have been granted or contrary
to the conditions of such license or permit or during the close
season, shall be liable to a penalty not exceeding £ 150 and in
default of payment to imprisonment with or without hard
labour for any period not exceeding twelve months.

7. It shall be lawful for the Resident Commissioner or for
any Assistant Commissioner or Magistrate or Justice of the

toute personne dûment autorisée par le Commissaire Résident, le Commissaire Assistant ou Magistrat dans les limites de sa juridiction, peut exiger en tout temps la production de sa licence ou de son permis, à toute personne poursuivant du gros gibier, un éléphant, une girafe ou un élan; et toute personne ne pouvant produire la licence ou le permis ou refusant de le faire, sera passible d'une amende ne pouvant excéder 50 livres sterling ou, à défaut de payement, d'un emprisonnement avec ou sans travaux forcés de quatre mois au maximum.

8. Le recouvrement de toutes les amendes imposées par la présente Proclamation sera poursuivi devant le Commissaire Assistant ou Magistrat ayant juridiction; ces amendes pourront être recouvrées par la saisie et la vente des propriétés appartenant au délinquant. Une partie des amendes recouvrées, ne dépassant en aucun cas la moitié, peut, au gré du Commissaire Assistant ou du Magistrat jugeant la cause, être payée à la personne (pour-

---

Peace within the limits of his jurisdiction or for any member of any police force lawfully established within the Bechuanaland Protectorate or for any other person duly authorised by the Resident Commissioner or by any Assistant Commissioner or Magistrate within the limits of his jurisdiction at any time to demand the production of his license or permit by any person engaged in the pursuit of large game or of any elephant, giraffe or eland and any person failing or refusing to produce the same shall be liable upon conviction to a penalty not exceeding £ 50 or in default of payment to imprisonment with or without hard labour for any period not exceeding four months.

8. Any penalties imposed by this Proclamation may be sued for before any Assistant Commissioner or Magistrate having jurisdiction and all such penalties may be recovered by the seizure and sale of any property belonging to the person convicted and any portion of the penalties recovered not exceeding in

vu qu'elle ne soit pas au service du Gouvernement du Protectorat du Betchouanaland) dont les renseignements auront permis d'établir la culpabilité.

9. Nonobstant toute disposition contraire contenue dans la présente Proclamation, le Haut Commissaire peut autoriser le Commissaire Résident, de la manière qu'il jugera convenable et dans les limites qu'il fixera, à délivrer des permis gratuits pour tuer l'éléphant, la girafe ou l'élan; il peut aussi retirer en tout temps cette autorisation au Commissaire Résident.

10. Nonobstant toute disposition contraire contenue dans la présente Proclamation, le Commissaire Résident peut délivrer des permis gratuits pour la chasse au « gros gibier » pour une période n'excédant pas deux jours.

11. Nonobstant toute disposition contraire contenue dans la présente Proclamation, le Commissaire Résident peut délivrer, dans les limites qu'il prescrira, des permis

---

any case one half may in the discretion of the Assistant Commissioner or Magistrate trying the case be paid to the person (not being on the service of the Bechuanaland Protectorate Government) on whose information the conviction shall have been made.

9. Notwithstanding anything to the contrary in this Proclamation contained it shall be lawful for the High Commissioner in such manner as he may think fit to authorise the Resident Commissioner to issue permits without charge to kill any elephant, giraffe or eland subject to such limitations as the High Commissioner may appoint and to at any time withdraw such authority from the Resident Commissioner.

10. Notwithstanding anything to the contrary in this Proclamation contained it shall be lawful for the Resident Commissioner to issue permits without charge for the killing of « large game » for any period not exceeding two days.

11. Notwithstanding anything to the contrary in this Procla-

gratuits à des fonctionnaires et à des membres de la police du Protectorat du Betchouanaland les autorisant à tuer, prendre, capturer, poursuivre, chasser ou tirer le « gros gibier ».

12. Nonobstant toute disposition contraire contenue dans la présente Proclamation, le Commissaire Résident peut délivrer des permis gratuits à des personnes voyageant par étapes sur les routes ordinaires pour tuer, sauf en temps prohibé, du « gros gibier » en quantité raisonnable pour servir à leur nourriture, à une distance d'un mille au plus de la route.

13. Nonobstant toute disposition contraire contenue dans la présente Proclamation, le Commissaire Résident peut, s'il le juge nécessaire, délivrer à des fonctionnaires et à des membres de la police du Protectorat du Betchouanaland des permis pour tuer du « gros gibier » en temps prohibé, lorsque ces fonctionnaires et agents

---

mation contained it shall be lawful for the Resident Commissioner to issue permits without charge to any Officials of the Bechuanaland Protectorate Service and to any member of the Bechuanaland Protectorate Police authorising and allowing such officials or police to kill, catch, capture, pursue, hunt or shoot at « large game » subject to such limitations as the Resident Commissioner may in any such permit prescribe.

12. Notwithstanding anything to the contrary in this Proclamation contained it shall be lawful for the Resident Commissioner to issue permits without charge to persons travelling on journeys on ordinary roads to kill « large game » in reasonable quantities for food within a distance of not more than one mile from such road, except in the close season.

13. Notwithstanding anything to the contrary in this Proclamation contained the Resident Commissioner may, if he thinks that necessity demands it, issue to officials of the Protectorate and members of the Bechuanaland Protectorate Police permits

voyagent pour le service du Gouvernement dans des régions où il est impossible de se procurer raisonnablement par d'autres moyens les vivres nécessaires.

14. Aucune disposition de la présente Proclamation ne s'applique aux membres d'une tribu indigène qui tueront, avec la permission du Chef Souverain de la tribu, du « gros gibier », des éléphants, des girafes ou des élans dans les territoires attribués légalement pour la chasse à cette tribu, sauf dans les cas prévus ci-après.

15. Aucune personne, indigène ou autre, ne peut tuer la femelle de l'autruche, ni enlever, déplacer, détruire ou être en possession de plumes ou d'œufs de ces oiseaux sans la permission du Commissaire Résident. Toute personne contrevenant à cette section sera passible pour chaque infraction d'une amende ne dépassant pas 50 livres sterling ou, à défaut de payement, d'un empri-

---

to kill « large game » during the close season when such officials and police are travelling on Government service in portions of the country where adequate food supplies cannot by any other reasonable means be obtained.

14. Nothing in this Proclamation contained shall apply to any member of a native tribe who shall with the permission of the Paramount Chief of such tribe kill « large game » elephants, giraffes or elands within the territory lawfully hunted by such tribe, save as hereinafter mentioned.

15. No person whether native or otherwise shall kill the hen bird of the ostrich or remove, interfere with disturb or be in possession of the feathers or eggs of such birds without the permission of the Resident Commissioner. Any person contravening this section shall be liable to a fine in respect to each offence not exceeding £ 50 or in default of payment to imprisonment with or without hard. labour for a period not exceeding four months.

16. This Proclamation shall be entitled « The Large Game

sonnement avec ou sans travaux forcés de quatre mois au maximum.

16. La présente Proclamation sera intitulée : « La Proclamation de 1904 pour la protection du « gros gibier » et entrera en vigueur le 1er octobre 1904.

Dieu garde le Roi!

Donné sous ma signature et mon sceau à Johannesburg, le 21 septembre 1904.

MILNER,
Haut Commissaire.

Par ordre de Son Excellence le Haut Commissaire.

C. H. Rodwell,
Secrétaire impérial.

Preservation Proclamation 1904 » and shall take effect on the 1st day of October 1904.

God Save the King!

Given under my Hand and Seal at Johannesburg this twenty-first day of September One thousand Nine hundred and Four.

MILNER,
High Commissioner.

By Command of His Excellency the High Commissioner.

C. H. RODWELL,
Imperial Secretary.

PROCLAMATION DU 29 MAI 1906.

Considérant qu'il est utile d'empêcher la destruction de la girafe dans le Protectorat du Betchouanaland :

En vertu des pouvoirs dont je suis investi, je déclare, proclame et fais savoir ce qui suit par la présente Proclamation :

1. Nul ne pourra faire le trafic ni recevoir par voie d'échange, de mise en gage ou autrement des peaux ou des queues de girafe sans la permission écrite du Commissaire Résident.

2. Toute personne ne faisant pas partie de l'une des tribus indigènes du Protectorat ne pourra posséder des peaux ou des queues de girafe sans la permission écrite du Commissaire Résident, à moins que l'animal n'ait été légalement tué par cette personne conformément aux prescriptions de la Proclamation de 1904 sur la protection

SCHEDULE N⁰ 26.

PROCLAMATION N⁰ 5 OF 1906.

Whereas it is expedient to check the destruction of giraffe within the limits ot the Bechuanaland Protectorate :

Now therefore under and by virtue of the powers in me vested I do hereby declare, proclaim and make known as follows :

1. No person shall deal in or receive by way of barter, pledge or otherwise the hides or tails of the giraffe without the permission in writing of the Resident Commissioner.

2. No person not being a member of one of the Native tribes of the Protectorate shall be in possession of the hides or tails of the giraffe without the permission in writing of the Resident

du gros gibier; l'inculpé sera tenu de prouver la véracité du fait devant le tribunal.

3. Toute personne qui contreviendra aux prescriptions de la présente Proclamation sera passible d'une amende n'excédant pas cinquante livres sterling ou, à défaut de payement, d'un emprisonnement avec ou sans travaux forcés de quatre mois au maximum.

4. Toutes les peaux ou queues de girafes trouvées en possession de personnes ne faisant pas partie de l'une des tribus indigènes du Protectorat et ne pouvant pas produire sur demande l'autorisation écrite du Commissaire Résident peuvent être saisies, confisquées, détruites ou vendues par ordre de ce fonctionnaire.

Les produits des ventes de ce genre seront versés au Trésor public du Protectorat du Betchouanaland.

5. Le mot « personne » dans la présente Proclamation comprendra les sociétés qu'elles soient régulièrement constituées (*incorporated*) ou non, ainsi que les firmes ou associations.

Commissioner unless such giraffe shall have been lawfully killed by such person in accordance with the provisions of the Large Game Preservation Proclamation 1904 and the burden of proving any such fact shall in any Court be upon the accused.

3. Any person who shall contravene the provisions of this Proclamation shall be liable on conviction to a fine not exceeding fifty pounds or in default of payment to imprisonment with or without hard labour for a period not exceeding four months.

4. Any hides or tails of giraffe found in the possession of any person (not being a member of one of the Native tribes of the Protectorate) who is unable to produce on demand the Resident Commissioner's written permit for the same may be seized and confiscated and destroyed or may be sold by order of the Resident Commissioner. The proceeds of any such sale shall be credited to the Revenue of the Bechuanaland Protectorate.

21

6. Toute amende infligée à une société, firme ou association peut être recouvrée par saisie-exécution sur les biens meubles et immeubles appartenant à la dite société, firme ou association ou occupés par elles.

7. La présente Proclamation sera considérée comme faisant corps avec la Proclamation n° 22 de 1904 intitulée: « La Proclamation de 1904 pour la protection du gros gibier ». Elle entrera en vigueur le 1er juillet 1906.

Donnée sous ma signature et mon sceau à Johannesburg, le 29 mai 1906.

(signé) SELBORNE.
Haut Commissaire.

---

5. The word « person » in this Proclamation shall include any Company whether incorporated or not and any firm or partnership.

6. Any fine imposed on any Company firm or partnership may be recovered by levying execution upon the goods and chattels on the premises belonging to or occupied by any such company, firm or partnership.

7. This Proclamation shall be read as one with Proclamation N° 22 of 1904 entitled « The Large Game Preservation Proclamation 1904 » and shall come into operation on the first day of July 1906.

Given under my Hand and Seal at Johannesburg this Twenty-ninth day of May One thousand Nine hundred and Six.

(sd) SELBORNE,
High Commissioner.

Annexe N⁰ 27.

PROCLAMATION DU 16 FÉVRIER 1907

———

Considérant qu'il est utile de prendre des mesures afin de prévenir la destruction du gibier dans certaines parties du Protectorat du Betchouanaland et pendant certaines périodes.

En vertu des pouvoirs dont je suis investi, je déclare, proclame et fais connaître ce qui suit par la présente Proclamation :

1. Le Haut Commissaire peut de temps à autre, par notification insérée dans la *Gazette*, déterminer dans le Protectorat du Betchouanaland des régions dans lesquelles les oiseaux ou les animaux spécifiés dans ladite notification seront protégés et ne pourront être détruits, pen-

———

Schedule N⁰ 27.

PROCLAMATION N⁰ 2 OF 1907.

———

Whereas it is expedient that provision should be made to prevent the destruction of certain game in certain parts and during certain periods in the Bechuanaland Protectorate.

Now therefore under and by virtue of the powers in me vested I do hereby declare, proclaim and make known as follows :

1. The High Commissioner may from time to time by Notice in the *Gazette* define areas in the Bechuanaland Protectorate within which any bird or animal specified in such Notice shall be protected and not destroyed for a period specified in such Notice and not exceeding three years and may from time to time revoke, add to amend or otherwise vary such Notice.

2. Any person who shall save as as hereinafter provided, kill, catch, capture, pursue, hunt or shoot at any bird or animal men-

dant une période déterminée ne dépassant pas trois ans ; il peut aussi de temps à autre, rapporter, compléter ou, amender ladite notification.

2. Toute personne qui, sauf dans les cas prévus ci-après, tuera, prendra, capturera, poursuivra, chassera ou tirera un oiseau ou un animal mentionné dans cette notification, sera passible d'une amende ne dépassant pas 150 livres sterling ou, à défaut de payement, d'un emprisonnement avec ou sans travaux forcés de douze mois au maximum.

3. Les dispositions de la présente Proclamation, de la notification dont il est question plus haut ou de toute autre loi ne s'appliquent pas aux fonctionnaires du Protectorat, aux membres de la police du Protectorat du Betchouanaland ni aux voyageurs de bonne foi à qui le Commissaire Résident aura délivré des permis pour tuer du gibier à une époque ou dans une région quelconques du Protectorat du Betchouanaland, lorsque lesdites personnes voyageront dans des régions où elles ne peuvent se procurer par d'autres moyens raisonnables

---

tioned in any such Notice aforesaid in contravention of the terms thereof shall be liable on conviction to a penalty not exceeding £ 150 or in default of payment to imprisonment with or without hard labour for any period not exceeding twelve months.

3. Nothing in this Proclamation or such Notice aforesaid or in any other law shall apply to officials of the Protectorate members of the Bechuanaland Protectorate Police and to bona fide travellers to whom have been issued by the Resident Commissioner permits to kill game at any time in any portion of the Bechuanaland Protectorate when such persons are travelling in portions of the country where adequate food supplies cannot by any other reasonable means be obtained and the Resident Commissioner shall be and is hereby authorised to issue any such permits at his own discretion.

les vivres qui leur sont nécessaires; le Commissaire Résident est autorisé par la présente à délivrer des permis de ce genre à sa discrétion.

4. La présente Proclamation entrera en vigueur le jour de sa publication dans la *Gazette* et sera considérée comme faisant corps avec la Proclamation nº 22 de 1904.

5. « Les dispositions contenues dans la présente Proclamation ne s'appliqueront pas aux membres des tribus indigènes s'ils poursuivent ou chassent du gibier dans les limites des réserves occupées par les tribus auxquelles ils appartiennent. »

Donnée sous ma signature et sous mon sceau à Prétoria, le 6 février 1907.

(signé) SELBORNE,
Haut Commissaire.

---

4. This Proclamation shall take effect from the date of its publication in the *Gazette* and shall be read as one with Proclamation Nº 22 of 1904.

5. « Nothing in this Proclamation contained shall apply to any member of a native tribe when engaged in pursuing or hunting game within the limits of the reserve occupied by the tribe of which he is a member. »

Given under my Hand and Seal at Pretoria this sixth day of February One thousand Nine hundred and Seven.

(sd) SELBORNE,
High Commissioner.

BASOUTOLAND

BASOUTOLAND

ANNEXE N° 28.

PROCLAMATION

de Son Excellence le Haut Commissaire.

Considérant qu'il est utile de prendre certaines mesures pour la protection du gibier dans le territoire de Basoutoland ;

En vertu des pouvoirs qui me sont conférés, je déclare, proclame et publie ce qui suit :

1. Aux fins de la présente proclamation et à moins de stipulations contraires dans le texte :

(1) Le mot « gibier » comprendra (comme signification) tous les animaux et oiseaux non domestiqués mentionnés

---

BASUTOLAND

ANNEXE N° 28.

PROCLAMATION

by His Excellency the High Commissioner.

Whereas it is expedient to make certain provision for the Preservation of Game within the Territory of Basutoland ;

Now therefore under and by virtue of the powers in me vested I do hereby proclaim declare and make known as follows : —

1. For the purposes of this Proclamation unless inconsistent with the context

(1) « Game » shall include all animals or birds not being domes-

dans l'annexe de la présente proclamation ou dans toute autre annexe amendée par l'avis du Haut-Commissaire, publié en vertu de la section 9 de la présente;

(2) Par « gros gibier » il faut entendre les animaux ou oiseaux non domestiqués mentionnés dans la partie II de l'annexe de la présente proclamation ou dans la partie de cette annexe amendée par l'avis précité;

(3) Le mot « chasser » signifiera tirer, poursuivre, capturer, tuer ou blesser volontairement.

2. La période comprise entre le 1er septembre et le dernier jour de février, ces deux jours y compris, sera un temps prohibé pendant lequel il sera interdit de chasser du gibier.

3. Il sera loisible au Commissaire-Résident, ou à tout fonctionnaire dûment autorisé par lui, de délivrer à toute personne des permis de chasse au gibier, et ce aux conditions qu'il juge utiles; un permis de ce genre ne sera

---

ticated named in the Schedule to this Proclamation or any such Schedule as amended by High Commissioner's Notice issued under section *nine* (9) of this Proclamation;

(2) « Large Game » shall include the animals or birds not being domesticated mentioned in Part II of the Schedule to this Proclamation or such part of the Schedule as amended by such notice as aforesaid;

(3) « Hunt » shall mean shooting at, pursuing, taking, killing or wilfully disturbing.

2. The period from the first day of September in each year to the last day of February in the succeeding year both days inclusive shall be a close season within which it shall be unlawful to hunt game.

3. It shall be lawful for the Resident Commissioner or any Officer duly authorized by him to issue licenses upon such condition as the Resident Commissioner may deem expedient to any person authorising such person to hunt game; no such license

pas transmissible et la taxe à payer de ce chef sera de
10 shillings par mois ou partie de mois pour lequel
(laquelle) il est valable. Le Commissaire-Résident ou le
fonctionnaire autorisé peut, à son gré, accepter ou refuser
toute demande de permis.

4. Quiconque se livre à la chasse au gibier en temps
prohibé ou sans être muni d'un permis, sera passible,
après preuve de ce fait, d'une amende ne dépassant pas
100 livres sterling, et, à défaut de payement, d'un emprisonnement avec ou sans travaux forcés de six mois au
maximum.

5. Indépendamment du permis susdit, toute personne
désirant chasser au gros gibier doit se pourvoir d'un permis spécial chez le Commissaire-Résident. Ce dernier
permis ne sera délivré par ce fonctionnaire qu'avec l'assentiment du chef principal; d'autre part, il peut, à son
gré, refuser toute demande d'un tel permis et, en cas

---

shall be transferable and the fee chargeable for any such license
shall be ten shillings for every month or part of a month during
which the same is available. It shall be in the discretion of the
Resident Commissioner or such Officer as aforesaid to grant or
refuse any application for such license.

4. Any person who hunts game during the close season and
any person who hunts game at any time without having such
license as aforesaid shall be liable on conviction to a penalty not
exceeding one hundred pounds (£ 100) and in default of payment
to imprisonment with or without hard labour for any period not
exceeding six months.

5. In addition to such license as aforesaid it shall be necessary
for any person desiring to hunt large game to obtain a special
permit from the Resident Commissioner. Such permit shall not
be granted by the Resident Commissioner to any person except
with the concurrence of the Paramount Chief and it shall be in
the discretion of the Resident Commissioner to refuse any appli-

d'octroi, déterminer les conditions auxquelles celui-ci est subordonné.

6. Nul ne peut, à aucun moment, chasser au gros gibier sans avoir obtenu le permis spécial dont il est question dans la section précédente et, pour le surplus, qu'en se conformant aux conditions de ce permis. Quiconque contreviendra à cette section sera passible, après preuve du fait, d'une amende ne dépassant pas 150 livres sterling et, à défaut de payement, d'un emprisonnement avec ou sans travaux forcés de douze mois au maximum.

7. Il sera loisible au Commissaire-Résident ou à tout Commissaire-Adjoint, dans les limites de leur juridiction, ou à tout agent d'une force de police établie légalement dans le Basoutoland, ou à toute personne dûment autorisée par le Commissaire-Résident ou par un Commissaire-Adjoint, dans les limites de leur juridiction, d'inviter, en tout temps, une personne chassant au petit ou au gros gibier, à produire son permis; et toute personne négli-

---

cation for such permit and where such permit is granted to determine the conditions subject to which the same is granted.

6. No person shall at any time hunt large game unless he has obtained such a special permit as is in the last preceding section mentioned or otherwise than in accordance with the conditions of such permit. Any person contravening this section shall be liable on conviction to a penalty not exceeding one hundred and fifty pounds and in default of payment to imprisonment with or without hard labour for any period not exceeding twelve months.

7. It shall be lawful for the Resident Commissioner or for any Assistant Commissioner within the limits of his jurisdiction or for any member of any police force lawfully established within Basutoland or for any other person duly authorized by the Resident Commissioner or by any Assistant Commissioner within the limits of his jurisdiction at any time to demand the production of his license by any person engaged in hunting game and of his

geant ou refusant de produire son permis sur cette demande sera passible, après preuve de ce fait, d'une amende ne dépassant pas 50 livres sterling ou, à défaut de payement, d'un emprisonnement avec ou sans travaux forcés de quatre mois au maximum.

8. Le recouvrement ou l'exécution de toutes les pénalités imposées par la présente proclamation peuvent être poursuivis devant tout tribunal du Commissaire-Résident ou Commissaire-Adjoint ayant juridiction; les amendes peuvent être recouvrées par la saisie et la vente de toute propriété appartenant à la personne condamnée; et une partie des amendes recouvrées, ne dépassant dans aucun cas la moitié, peut, au gré du Commissaire-Résident ou du Commissaire-Adjoint jugeant le cas, être payée à la personne (n'étant pas au service du Gouvernement du Basoutoland) dont la dénonciation a amené la condamnation.

9. Il sera loisible au Haut-Commissaire, par avis inséré

---

permit by any person engaged in hunting large game and any person failing or refusing to produce such license or permit on such demand shall be liable upon conviction to a penalty not exceeding fifty pounds or in default of payment to imprisonment with or without hard labour for any period not exceeding four months.

8. Any penalties imposed by this Proclamation may be sued for before any Court of Resident Commissioner or Assistant Commissioner having jurisdiction and all such penalties may be recovered by the seizure and sale of any property belonging to the person convicted and any portion of the penalties recovered not exceeding in any case one half may in the discretion of the Resident Commissioner or Assistant Commissioner trying the case be paid to the person (not being in the service of the Basutoland Government) on whose information the conviction shall have been made.

dans la *Gazette*, d'ajouter ou de biffer de temps en temps des noms d'animaux ou d'oiseaux de chaque partie de l'annexe de la présente proclamation.

10. Nonobstant toute disposition contraire dans la présente proclamation, un membre d'une tribu indigène du Basoutoland ne sera pas obligé de prendre un permis tel que celui mentionné dans la section 3, et aucune des dispositions de la présente relatives à ces permis ne s'appliquera à un membre de cette tribu.

11. La présente proclamation sera citée à toutes fins sous le nom de « Proclamation de 1907 sur la protection du gibier » et elle entrera en vigueur à la date de sa publication dans la *Gazette*.

Dieu garde le Roi!

---

9. It shall be lawful for the High Commissioner by notice in the *Gazette* from time to time to add to or withdraw from either part of the Schedule to this Proclamation the names of any bird or animal.

10. Notwithstanding anything to the contrary in this Proclamation contained, it shall not be necessary for any member of a native tribue of Basutoland to take out a license such as is in section 3 mentioned and none of the provisions of this Proclamation relating to such licenses shall apply to any member of such tribe.

11. This Proclamation may be cited for all purposes as « The Game Preservation Proclamation 1907 » and shall have force and take effect from the date of its publication in the *Gazette*.

God Save the King.

Donnée sous ma signature et mon sceau, à Prétoria, le 27 août 1907.

SELBORNE,
Haut-Commissaire.

Par ordre de Son Excellence le Haut-Commissaire :
W. G. BENTINCK,
Pour le Secrétaire Impérial.

ANNEXE I.

Les Vaal Rhebucks;
Les Rooi Rhebucks;
Les Oréotragues sauteurs (*Oreotragus Saltatrix*);
Les Reedbucks.

ANNEXE II.

Les élans;
Les grandes antilopes.

Given under my Hand and Seal at Pretoria this 27th. day of August One Thousand Nine Hundred and Seven.

SELBORNE,
High Commissioner.

By Command of His Excellency the High Commissioner :
W. G. BENTINCK,
for Imperial Secretary

SCHEDULE I.

Vaal Rhebuck;
Rooi Rhebuck;
Klipspringer;
Reedbuck.

SCHEDULE II

Eland;
Hartebeeste.

RHODÉSIE DU SUD

RHODÉSIE DU SUD

Annexe N° 29.

Ordonnance du 6 Juin 1906.   Passée au Conseil Législatif.

ORDONNANCE

pour consolider et amender les lois tendant à assurer une meilleure protection du gibier dans la Rhodésie du Sud.

L Administrateur de la Rhodésie du Sud décrète ce qui suit, de l'avis et avec le consentement du Conseil Législatif :

1. La présente ordonnance peut être citée à toutes fins, sous le nom de « Ordonnance de 1906 pour la consolidation de la loi sur le gibier ».

SOUTHERN RHODESIA

Schedule F^o 29.

Ordinance of 6th June 1906.   Passed by the Legislative Council.

AN ORDINANCE

to consolidate and amend the Laws for the better preservation of Game in Southern Rhodesia.

Be it enacted by the Administrator of Southern Rhodesia with the advice and consent of the Legislative Council thereof, as follows :

1. This Ordinance may be cited for all purposes as the « Game Law Consolidation Ordinance, 1906 ».

2. «L'ordonnance de 1899 pour la préservation du gibier» et «l'ordonnance d'amendement de 1903 pour la préservation du gibier» sont abrogées par la présente, sauf en ce qui concerne les permis en cours ou les avis publiés sous leur empire; ces permis et ces avis resteront en vigueur aux conditions stipulées dans les dites ordonnances jusqu'à l'expiration de la période pour laquelle les permis auront été délivrés et jusqu'à ce que les avis auront été rapportés.

3. Aux fins de la présente ordonnance :

(1) Le mot «gibier» comprend les différents animaux et oiseaux non domestiqués, mentionnés dans les catégories suivantes :

Catégorie A. — Toutes les variétés des oiseaux suivants: l'outarde (y compris le *koorhaan* et le *paauw*), le dikkop, le francolin (y compris le faisan et la perdrix), la pintade, la grouse de sable (vulgairement nommée perdrix Namaqua), et toutes les espèces d'antilopes non comprises dans les catégories B et C.

---

2. «The Game Preservation Ordinance, 1899», and the «Game Preservation Amendment Ordinance, 1903», are hereby repealed, except as to licences current and notices issued thereunder, which shall respectively be and remain in force subject to the provisions of the said Ordinances until the expiration of the period for which the same shall have been granted, or until any such notice is withdrawn.

3. For the purposes of this Ordinance :

(1) The word «Game» shall be deemed and taken to mean and include the several animals and birds not being domesticated, respectively mentioned in the following classes :

Class A. — All varieties of the following birds, namely, Bustard (including Koorhaan and Paauw), Dikkop, Francolin (including Pheasant and Partridge), Guinea Fowl, Sand-Grouse

Catégorie B. — Le bushbuck *(Tragelophus sylvaticus)*, le hartebeest (Rooi et Lichtenstein), l'impala, le lechwe, le pookoo, les antilopes des genres *niger* et *equinus*, le sitatunga, le tsessibe, le waterbuck, et le gnou ou wildebeest.

Catégorie C. — (gros gibier) : L élan, l'éléphant, la girafe, le gansbuck, l'hippopotame, l'impala, le kootoo, l'autruche, le rhinocéros (blanc et noir), le springbuck *(antidorcas echore),* le zèbre, le zèbre de Burchell ou Quagga.

(2) « Permis de chasse » signifiera un permis dûment délivré pour chasser, tuer, capturer, poursuivre ou tirer du gibier.

4. L'Administrateur peut, par notification insérée dans la *Gazette*, ou par une autorisation spéciale, en rapport avec la sous-section (4) de la présente ordonnance, exercer les pouvoirs suivants :

(1) Décréter que dans une partie quelconque de la Rhodésie du Sud, le gibier des catégories A et B, ou tout

---

(commonly known as Namaqua Partridge), and all species of the Antelope family not contained in the Classes B and C.

Class B. — Bushbuck, Hartebeest (Rooi and Lichtenstein), Impala, Lechwe, Pookoo, Roan and Sable Antelope, Sitatunga, Tsessibe, Waterbuck, and Gnu or Wildebeest.

Class C. — (Royal Game). Eland, Elephant, Giraffe, Gemsbuck, Hippopotamus, Inyala, Koodoo, Ostrich, Rhinoceros (black and white), Springbuck, Zebra, Burchell Zebra or Quagga.

(2) « Game Licence » shall mean a licence duly issued to hunt, kill, capture, pursue, or shoot at game.

4. The Administrator may by notice in the *Gazette* or by special permit in regard to Sub-section (4) hereof, exercise any of the following powers, viz. :

(1) Declare as to any part of Southern Rhodesia, that Game of

animal spécifié dans la notification, sera protégé et ne pourra être détruit ni chassé pendant un laps de temps ne dépassant pas cinq années;

(2) Suspendre les effets de la présente ordonnance, totalement ou partiellement, dans tout le territoire ou dans certains districts ou parties de districts, ou protéger certain gibier pendant un laps de temps déterminé;

(3) Décréter ou prescrire que certaines espèces de gibier mentionnées dans les catégories A, B et C, seront transférées d'une catégorie dans une autre; de même, ajouter à telle catégorie qu'il jugera convenir telles espèces d'animaux ou d'oiseaux qui n'y seraient pas mentionnées et apporter des modIfications à toutes ces mesures;

(4) Exempter de l'observance des dispositions de la présente ordonnance les prospecteurs, fermiers, membres de la police ou voyageurs et leur permettre de tuer le gibier des catégories A et B pour leur servir de nourriture, en des localités distantes d'au moins vingt milles d'une agglomération quelconque; toutefois:

(*a*) aucune pièce de gibier obtenue grâce à cette exemp-

Classes A or B, or any animal or bird to be in such notice specified, shall be protected, and not hunted or destroyed, for any number of years not exceeding five;

(2) Suspend the operation of this Ordinance or parts thereof, either as to the whole territory or certain districts or portions of districts, or protect certain game for a period of time to be stated;

(3) Declare or provide that certain game or descriptions of game mentioned in Classes A, B, and C respectively shall be transferred from one class to another, and also add to such class as he shall deem fit such description of animal or bird as is not mentioned in any, and again alter such provision;

(4) Exempt from any of the provisions of this Ordinance prospectors, farmers, police, or persons travelling, and permit them to kill game of the Classes A and B for actual consumption as food,

tion ne pourra être apportée dans une ville, ni vendue, ni échangée;

(*b*) les exemptions ainsi accordées n'autoriseront jamais personne à tuer ou à capturer du gibier dans des propriétés privées.

(5) Prescrire les formules des permis à adopter et à employer, ainsi que les conditions à inscrire sur les permis ou sur leur verso;

(6) Déterminer et fixer, changer ou modifier le temps prohibé ou la saison de fermeture de la chasse pendant lesquels il sera interdit de tuer, poursuivre, chasser ou tirer du gibier, avec ou sans permis de chasse, dans la Rhodésie du Sud ou dans une partie de ce territoire à déterminer;

(7) Autoriser la destruction de certains animaux lorsqu'il sera convaincu que cette destruction est nécessaire pour la sécurité publique.

5. — (1) Les permis, appelés « permis de chasse » seront délivrés annuellement; ils seront valables pendant la saison de la chasse proprement dite, conformément

---

at places distant twenty miles and upwards from any township : Provided that,

(*a*) no game obtained under any such exemption shall be brought to any town, or be sold or bartered;

(*b*) nothing in any exemption shall be deemed to authorise the killing or capture of game on the land of private owners.

(5) Direct or issue the forms of licences to be adopted and used, and particulars, if any, to be stated in or endorsed upon such licences as he may deem fit;

(6) Determine and fix, alter or vary the close time or fence seasons within which it shall not be lawful to kill, pursue, hunt, or shoot at game, either with or without a game licence in Southern Rhodesia or in any part thereof to be stated;

(7) Authorise the destruction of animals when he shall be

aux termes ou conditions y mentionnés et en tenant compte des prescriptions de la présente ordonnance.

(2) Ces permis, autorisant à tirer ou à poursuivre le gibier, seront les suivants et porteront des timbres de la valeur indiquée, savoir :

Nᵒ I, valeur £ 1, pour le gibier mentionné dans la catégorie A de la section 3, sans autre permission ou autorisation ;

Nᵒ II, valeur £ 5, ne pouvant être délivré qu'à des personnes domiciliées dans la Rhodésie du Sud ;

Nᵒ III, valeur £ 25, pouvant être délivré à des personnes domiciliées ailleurs que dans la Rhodésie du Sud.

Les conditions des permis II et III sont telles que le porteur d'un de ces permis peut tuer, chasser ou capturer au plus trois individus de chacune des espèces mentionnées dans la catégorie B, ou s'il veut tuer, chasser ou capturer plus de trois animaux des espèces mentionnées dans cette catégorie, qu'il ne pourra en tout cas dépasser le nombre total de quinze animaux parmi ceux mentionnés

---

satisfied that such destruction is in the interest of public safety.

5. — (1) Licences, to be known as Game Licences, shall be taken out annually and shall be operative during the proper hunting or shooting season according to the terms or conditions therein mentioned or referred to, subject to the provisions of this Ordinance.

(2) Such licences shall be granted of the kinds following authorising the killing or pursuit of game, and shall bear stamps of the value indicated, that is to say :

Nᵒ I., Value £ 1, for game mentioned in Class A of Section 3 without other permission or authority ;

Nᵒ II., Value £ 5, to be issued only to persons domiciled in Southern Rhodesia ; .

Nᵒ III., Value £ 25, to be issued to a person not so domiciled ;

dans l'ensemble de cette catégorie; toutefois, sur payement d'une nouvelle somme, fixée à 5 livres sterling pour
les personnes domiciliées, et à 15 livres sterling pour celles
non domiciliées, l'Administrateur ou le fonctionnaire
qu'il aura délégué à cet effet, pourra porter ce nombre
de quinze à vingt-cinq.

6. — (1) Nonobstant toute disposition contraire contenue dans la présente ordonnance, l'Administrateur peut
autoriser ou ordonner la délivrance de permis pour la
capture d'élans, d'autruches, de zèbres et de zèbres de
Burchell, etc., s'il est convaincu que ces animaux sont
nécessaires pour l'élevage ou la culture.

(2) Les permis délivrés en vertu de cette section seront
valables pour une période, qui devra y être indiquée,
n'excédant pas six mois; ils peuvent être renouvelés
pour une période similaire.

(3) Tout permis de ce genre portera un timbre d'une
valeur de 1 livre sterling.

7. Les demandes des permis à délivrer en vertu de

The conditions of licences II and III being that the holder thereof may kill, hunt, or capture three head of each of the species
mentioned in Class B and no more, or should he elect to kill,
hunt or capture more than three of any one species in that
class, then not more than fifteen head of game mentioned in
Class B in all; provided that upon payment of a further sum of
£ 5 by persons domiciled, and £ 15 by such as are not domiciled, the Administrator or such officer as he may see fit to
empower in that behalf may at his discretion increase the number fifteen above referred to up to a total of twenty-five.

6. — (1) Notwithstanding anything to the contrary contained
in this Ordinance, the Administrator may authorise or direct that
permits be granted for the capture of Elands, Ostriches, Zebras
and Burchell Zebras, or other animals, upon being satisfied that
such animals are required for breeding or farming purposes.

la section précédente devront être accompagnées d'un état indiquant le nombre et la nature des pièces de gibier que les réquérants désirent capturer ainsi qu'une déclaration formelle portant que les animaux sont effectivement nécessaires pour l'élevage ou la culture et que ceux qui seront capturés ne seront ni tués ni utilisés dans un autre but que celui de l'élevage ou de la culture sans la permission écrite de l'Administrateur.

8. Toute personne qui :

(1) sans la permission ci-dessus citée tuera, ordonnera ou permettra de tuer ou vendra un animal pour la capture duquel elle aura obtenu un permis conformément à la présente ordonnance ou qui en disposera de toute autre façon; ou

(2) capturera un nombre d'animaux plus élevé ou d'autres animaux que ceux indiqués dans la demande qu'elle aura faite et inscrits sur son permis;

sera passible de la peine prescrite et tout permis déli-

---

(2) Permits granted under this section shall be of force and effect for a period, to be stated therein, not exceeding six months, but may be renewed for a similar period.

(3) Every such permit shall bear a stamp of the value of £ 1.

7. Applicants for permits under the preceding section shall, with their applications, submit a statement setting forth the number and description of game desired to be captured, together with a solemn declaration that the animals are actually required for the purposes of breeding or farming, an that such as are captured will not be killed, disposed of, or used for any purpose other than that of breeding or farming, without the written permission of the Administrator.

8. Any person who shall either,

(1) without such permission as aforesaid, kill or cause permit to be killed, or who shall sell or otherwise dispose of any animal

vré à cette personne conformément à la présente ordonnance deviendra nul et sans aucune valeur.

9. Nul ne pourra tuer, capturer, chasser, poursuivre ou tirer du gibier, à moins d'être porteur d'un permis de chasse et de se conformer strictement aux conditions dudit permis; cependant, l'occupant d'une terre cultivée, ou toute personne investie de l'autorité de cet occupant, peut, en tout temps, prendre ou détruire du gibier causant réellement des dégâts sur cette terre.

10. Nul ne pourra, en vertu d'un permis de chasse quelconque, chasser, poursuivre, capturer, ou tuer, n'importe à quel moment, une des pièces de gibier comprises dans la catégorie C de la section 3, sans la permission écrite de l'Administrateur. Une permission de ce genre peut, au gré de l'Administrateur, être délivrée au porteur d'un permis de chasse pour une période à indiquer dans la permission; cette période peut être fixée ou non dans une saison où la chasse est prohibée.

---

for the capture of which he has obtained a permit under this Ordinance ; or

(2) capture a greater number of animals, or other animals than such as are stated upon the permit granted to him;

shall upon conviction be liable to the prescribed penalty, and any permit granted to such person under this Ordinance shall be and become void.

9. No person shall kill, capture, hunt, pursue or shoot at game unless he be the holder of a game licence and acting within the terms of such licence, save that the occupier of any cultivated land, or any person acting under the authority of such occupier, may at any time take or destroy game actually doing damage in such land.

10. No person shall, under the authority of any game licence, hunt, pursue, capture, or kill any of the game at any time inclu-

11. Tout permis délivré par l'Administrateur en vertu de la section précédente portera un timbre d'une valeur de 5 livres sterling; toutefois, l'Administrateur ne délivrera pas de permis pour chasser, poursuivre, capturer ou tuer les animaux de la catégorie C, sauf pour les cas prévus par la section 6 de la présente ordonnance, à moins que ces animaux ne soient réellement nécessaires pour des buts scientifiques à indiquer dans la demande.

12. Nul ne pourra, pendant une époque fermée à la chasse pour un district ou quelqu'autre portion de territoire, y poursuivre, capturer, tirer ou tuer du gibier; ni posséder, vendre, colporter, ou exposer en vente du gibier dans un tel district, après l'expiration de la première semaine suivant le commencement de l'époque fermée à la chasse.

13. Nul ne pourra vendre, échanger, colporter, ou exposer pour la vente ou pour l'échange aucune pièce de gibier, à moins d'être porteur d'un permis pour vendre du

---

ded in Class C of Section 3, without the permission in writing of the Administrator. Such permission may, at the discretion of the Administrator, be granted to the holder of a game licence for a period to be in such permission stated, whether such period be within a close or fence season or not.

11. Every permit granted by the Administrator under the provisions of the last preceding section shall be stamped to the value of £ 5 : provided that the Administrator shall not grant permission to hunt, pursue, capture or kill any animal of the said Class C except as is provided in and by Section 6 of this Ordinance, unless such animals are actually required for scientific purposes to be stated in the application.

12. No person shall during a prescribed close time or fence season for any district or other area either pursue, capture, shoot at or kill game therein; or possess, sell, hawk, or expose for sale

gibier; ce permis s'ajoute au permis de chasse. Les permis de ce genre seront délivrés annuellement et porteront des timbres de la valeur de 10 livres sterling. Aucun permis pour vendre du gibier ne sera délivré par un préposé à la vente des timbres, ni par un autre fonctionnaire, à moins que le demandeur n'ait produit un certificat signé par le Magistrat du District et attestant qu'à son avis le postulant remplit toutes les conditions requises pour obtenir la permission de vendre du gibier.

14. Nul ne pourra, sans permission écrite spéciale délivrée par l'Administrateur pour des buts scientifiques ou autres mentionnés dans la permission, volontairement déplacer, déranger ou détruire les œufs ou les petits d'un oiseau ou d'un animal compris parmi ceux déterminés à la section 3 de la présente ordonnance, ni vendre, colporter ou exposer en vente de ces œufs ou jeunes oiseaux ou animaux, qu'ils se les soient procurés avec ou sans un permis.

---

any game in such district after the expiration of one week from the commencement of such close time or fence season.

13. No person shall sell, barter, hawk, or expose for sale or barter any game unless holding a licence to sell game, which licence shall be in addition to a game licence. Such licence shall be taken out annually and shall bear stamps to the value of £ 10. No licence to sell game shall be issued or granted by any distributor of stamps, or other authorized officer, unless the applicant shall produce a certificate signed by the Magistrate of the District that the applicant is in his opinion a fit and proper person to be licensed to sell game.

14. No person shall without special permission in writing from the Administrator for scientific or other purposes to be mentioned in such permission, wilfully remove, disturb or destroy any eggs or the young of any bird or animal included under the definitions

Tout permis de ce genre indiquera le nombre et la dénomination des œufs, oiseaux ou animaux que le porteur a
le droit d'acquérir ou de prendre.

15. Toute personne qui, sous le couvert d'un des
permis mentionnés à la section précédente, se procurera
ou autorisera quelqu'un à se procurer un nombre d'œufs
ou de jeunes d'oiseaux plus grand que celui spécifié ou
d'une autre sorte que celles indiquées dans son permis,
sera coupable de contravention à la présente section de la
présente ordonnance.

16. Aucune disposition de la présente ordonnance ne
sera considérée comme étant de nature à autoriser le porteur d'un permis de chasse à tuer ou à poursuivre du
gibier sur une terre appartenant à une autre personne,
sans que le propriétaire ou l'occupant de cette terre n'ait
au préalable donné sa permission.

Toutefois, une permission donnée par le propriétaire ou
l'occupant après le fait accompli aura la même valeur que
si elle avait été donnée auparavant.

---

of game in Section 3 of this Ordinance, nor shall sell, hawk, or
expose for sale any such eggs or young birds or animals
whether obtained under permit or not. Every such permit
shall state the number and denomination of such eggs, birds or
animals which the holder is entitled to obtain or take.

15. Any person who shall under cover of any such permit as
is mentioned in the last preceding section obtain, or authorize
or cause to be obtained a greater number of eggs or young of
birds or of kinds other than such as shall be specified in the
permit granted to him, shall be guilty of contravening this section of this Ordinance.

16. Nothing in this Ordinance contained shall be deemed to
authorize the holder of a game licence to kill game or to enter or
trespass upon lands of another person in the pursuit of game,
without the permission of the owner or occupier thereof gran-

17. Lorsque le propriétaire ou l'occupant d'une terre aura fait connaître par lettre, annonce dans la *Gazette* ou dans un journal local, ou par affiches apposées sur la propriété, qu'il désire y conserver le gibier, toute personne qui, contrairement aux dispositions de la section précédente, poursuivra le gibier sur cette propriété sera passible d'une peine n'excédant pas 5 livres sterling pour une première infraction, ni 10 livres sterling pour une infraction subséquente. Cette amende sera recouvrée sans préjudice du droit du propriétaire ou de l'occupant d'intenter une action pour violation de propriété ou pour la valeur du gibier pris, tué ou endommagé.

18. Lorsqu'une personne sera accusée d'avoir tué, capturé, poursuivi, chassé, tiré, vendu, colporté ou exposé en vente du gibier sans le permis requis et qu'elle allèguera pour sa défense que ce gibier endommageait des récoltes sur des terres ou dans des jardins cultivés, la preuve de la véracité de ces allégations devra être faite par l'inculpé.

19. Aucun gibier vivant, ni les œufs des oiseaux consi-

---

ted before such killing or pursuit. But any permission given by such owner or occupier after the event with reference to the offence shall be as valid as if given before the offence.

17. If the owner or occupier of land shall have given notice or warning either by letter, advertisement in the *Gazette* or in a local newspaper, or by notice boards upon the property that he is desirous of preserving the game thereon, then any person who shall contrary to the provisions of the last preceding section enter or trespass thereon in pursuit of game, shall be liable, upon conviction, to a penalty not exceeding £ 5 for a first offence and not exceeding £ 10 for a subsequent offence. Such penalty shall be recoverable without prejudice to the owner's or occupier's right of action for trespass or for the value of any game taken or killed or injured by such person.

18. Whenever any person shall be charged with killing, or

dérés comme gibier, ne seront transportés au delà des limites de la Rhodésie du Sud sans la permission écrite de l'Administrateur ou du fonctionnaire qu'il aura préposé à cet effet.

20. Dans les poursuites intentées en vertu de la présente ordonnance tout gibier, animal ou oiseau sera considéré comme sauvage jusqu'à ce qu'il soit prouvé qu'il était domestiqué.

21. Toute personne convaincue de contravention aux prescriptions de la présente ordonnance, sera passible des pénalités suivantes :

(1) pour contravention aux sections 8, 9, 12, 14 ou 15 :

(*a*) en ce qui concerne le gibier de la catégorie A, pour une première infraction, une somme ne dépassant pas 2 livres sterling, et pour une seconde infraction ou une infraction subséquente, une somme ne dépassant pas 5 livres sterling;

(*b*) en ce qui concerne le gibier de la catégorie B, pour

---

capturing, pursuing, hunting or shooting at, selling, hawking or exposing for sale game without the requisite licence, and shall allege in defence that such game was injuring crops in cultivated lands or gardens, the proof of the truth of any such allegation shall be with the person charged.

19. No living game or the eggs of any game birds shall be conveyed beyond the limits of Southern Rhodesia without the written permission of the Administrator or of such official as he may depute for that purpose.

20. In any case prosecuted under this Ordinance every game, animal or bird, shall be presumed to have been wild unless proved to have been domesticated.

21. Any person convicted of contravention of the provisions of this Ordinance shall be liable to the penalties following, that is to say:

une première infraction une somme ne dépassant pas 10 livres sterling, et pour une seconde infraction ou une infraction subséquente, une somme ne dépassant pas 20 livres sterling;

(c) en ce qui concerne le gibier de la catégorie C, pour une première infraction, une somme ne dépassant pas 25 livres sterling, et pour une seconde infraction ou une infraction subséquente, une somme ne dépassant pas 50 livres sterling;

(2) pour contravention aux sections 10 ou 13, pour une première infraction une somme ne dépassant pas 25 livres sterling, et pour une seconde infraction ou une infraction subséquente, une somme ne dépassant pas 50 livres sterling;

(3) pour contravention à une section pour laquelle il n'a pas été prescrit de pénalité autre ou spéciale, pour une première infraction une somme ne dépassant pas 5 livres sterling, et pour une seconde infraction ou une infraction

---

(1) for contravention of the 8th, 9th, 12th, 14th or 15th sections :

(a) in regard to game in Class A, for a first offence a sum not exceeding £ 2, and for a second or subsequent offence a sum not exceeding £ 5;

(b) in regard to game in Class B, for a first offence a sum not exceeding £ 10, and for a second or subsequent offence a sum not exceeding £ 20;

(c) in regard to game in Class C, for a first offence a sum not exceeding £ 25, and for a second or subsequent offence a sum not exceeding £ 50;

(2) for contravention of the 10th or 13th section, for a first offence a sum not exceeding £ 25, and for a second or subsequent offence a sum not exceeding £ 50;

(3) for contravention of any section in respect to which no other

subséquente, une somme ne dépassant pas 10 livres sterling.

22. A défaut de payement d'une amende infligée pour contravention à la présente ordonnance, la personne condamnée, sera, en l'absence d'autres prescriptions à ce sujet passible d'emprisonnement, avec ou sans travaux forcés :

(1) de quatorze jours au maximum si l'amende infligée n'excède pas 5 livres sterling.

(2) d'un mois au maximum si l'amende infligée dépasse 5 livres sterling et n'excède pas 10 livres sterling;

(3) de trois mois au plus si l'amende infligée dépasse 10 livres sterling et n'excède pas 50 livres sterling; à moins que dans chaque cas l'amende ne soit payée plus tôt,

23. Après condamnation d'une personne pour contravention à la présente ordonnance, le Magistrat devant

---

or special penalty has been prescribed, for a first offence a sum not exceeding £ 5, and for a second or subsequent offence a sum not exceeding £ 10.

22. In default of payment of any penalty imposed for contravention of this Ordinance the person convicted shall, in the absence of other provisions in that behalf in this Ordinance specially provided, be liable to imprisonment, with or without hard labour, for the respective periods following :

(1) for a period not exceeding fourteen days if the fine imposed shall not exceed £ 5;

(2) for a period not exceeding one month if the fine imposed shall exceed £ 5 and not exceed £ 10;

(3) for a period not exceeding three months if the fine imposed shall exceed £ 10 and not exceed £ 50;

unless in each case the fine be sooner paid.

23. Upon the conviction of any person for a contravention of

lequel elle a été jugée peut, s'il le juge opportun, ordonner:

(*a*) l'annulation de tout permis de chasse détenu par cette personne;

(*b*) que pour le restant de la saison ouverte à la chasse tout permis lui soit refusé.

24. Toutes poursuites pour contraventions aux prescriptions de la présente ordonnance peuvent être intentées et jugées par le tribunal du Magistrat du District dans lequel l'infraction à été commise; ce tribunal peut infliger les amendes prévues pour les contraventions en question.

25. Toute personne sera censée : avoir qualité pour poursuivre à titre privé une personne supposée coupable de contravention à la présente ordonnance.

26. Dans toute poursuite pour infraction à la présente ordonnance il suffira d'énoncer l'infraction dans les termes de la présente ordonnance.

---

this Ordinance the Magistrate before whom he was tried may, if he deem fit, order :

(*a*) the cancellation of any game licence then held by him.

(*b*) that for the rest of the current shooting season he shall be debarred from obtaining any game licence.

24. All prosecutions for contravention of any of the provisions of this Ordinance may be instituted and tried in the Court of the Magistrate of the District in which the offence was committed and such Court may impose the penalties provided for such contravention.

25. Any person shall be deemed to have capacity to prosecute as a private prosecutor any person charged with any offence under this Ordinance.

26. In any prosecution for an offence under the provisions of this Ordinance, it shall be sufficient to set forth the offence in the words of this Ordinance.

Je donne mon assentiment à la présente ordonnance telle qu'elle a passé au Conseil de la Rhodésie du Sud.

SELBORNE,
Haut Commissaire.

W. H. MILTON,
Administrateur.

J. ROBERTSON,
Greffier du Conseil.

Salisbury, le 6 juin 1906

I assent to this Ordinance in terms of the Southern Rhodesia Order in Council, 1898.

SELBORNE,
High Commissioner.

W. H. MILTON,
Administrator.

J. ROBERTSON,
Clerk of Council.

Salisbury, June 6, 1906.

RHODÉSIE DU NORD-OUEST

(BAROTZILAND)

BAROTZILAND

Annexe nᵒ 30.

PROCLAMATION

de son Excellence le Haut Commissaire du 14 janvier 1905.

Considérant qu'il est désirable de pourvoir à la préservation du gibier dans le territoire défini par l'ordre en Conseil de 1899 du Barotziland (Rhodésie du Nord-Ouest):

A cet effet et en vertu des pouvoirs dont je suis investi, je déclare, proclame et fais connaître ce qui suit, par la présente proclamation :

1. La loi d'Angleterre concernant le gibier et sa préservation en tant qu'elle est en vigueur dans le territoire

---

BAROTZILAND

Schedule Nᵒ 30.

PROCLAMATION

by His Excellency the High Commissioner.
(14th. January 1905).

Whereas it is desirable to provide for the preservation of game within the territory defined by the Barotziland North-Western Rhodesia Order in Council of 1899;

Now therefore under and by virtue of the powers in me vested I do hereby declare, proclaim and make known as follows :

1. The law of England relating to game and the preservation thereof so far as it is in operation within the territory defined by

défini par l'ordre en Conseil de 1899 du Barotziland (Rhodésie du Nord-Ouest) est abrogée par la présente.

2. Dans cette proclamation, pourvu que cela ne soit pas incompatible avec le texte :

« Chasser » signifiera : prendre, tuer, poursuivre, tirer ou molester volontairement ;

« Vendre » comprendra les faits de colporter, d'exposer en vente ou d'essayer de vendre ;

Par « gibier » il faut entendre les différentes sortes d'oiseaux et d'animaux non domestiqués qui sont mentionnés dans les annexes 1, 2 et 3 ;

« Réserve de chasse » signifiera toute étendue de pays déclarée en vertu des prescriptions de la présente proclamation comme devant constituer une réserve de chasse ;

« Permis » signifiera un permis dûment délivré en vertu de la présente proclamation pour chasser du gibier ;

L'expression « têtes de gibier » signifiera et comprendra

---

the Barotziland North-Western Rhodesia Order in Council of 1899 is hereby repealed.

2. In this Proclamation if not inconsistent with the context :

« hunt » shall include taking, killing, pursuing, shooting at or wilfully molesting;

« sell » shall include hawking and exposing for sale and attempting to sell;

« game » shall mean and include the several birds and animals not being domesticated mentioned in Schedules 1, 2 and 3;

« game reserve » shall mean any tract of land declared under the provisions of this Proclamation to be a game reserve;

« licence » shall mean a licence duly issued under this Proclamation to hunt game;

« game heads » shall mean and include the heads, skulls or horns of any game mentioned in Schedules 2 and 3 but shall not include the tusks of eléphant;

« person resident in the territory » shall mean any *bonâ fide* tra-

les têtes,crânes ou cornes de gibier mentionné aux annexes 2 et 3, mais ne comprendra pas les défenses d'éléphants;

« personne résidant dans le territoire » signifiera tout homme qui sera, *bona fide*, négociant, colporteur, prospecteur, entrepreneur de transports, fermier, mineur ou membre d'un métier reconnu exerçant un commerce, une occupation ou un métier quelconque dans le territoire; toute personne se trouvant *bona fide* au service soit d'un négociant, colporteur, prospecteur, entrepreneur de transports, fermier, mineur ou homme de métier, soit d'une Compagnie de chemins de fer, soit d'un constructeur de chemins de fer, exécutant un travail à l'intérieur du territoire; tout serviteur ou employé de la *British South Africa Company* occupé dans l'Administration de la Rhodésie du Nord-Ouest; et toutes autres personnes pouvant être définies plus tard par l'Administrateur par voie de notification dans la *Gazette;*

---

der, hawker, prospector, transport-rider, farmer, miner or member of a recognised profession carrying on any trade, business or profession within the territory or a person in the *bonâ fide* employ of any such trader, hawker, prospector, transport-rider, farmer, minor or professional man or of any railway company or railway construction contractor carrying on work within the territory or any servant or employee of the British South Africa Company employed in the North-Western Rhodesia Administration or such other persons as may be hereafter defined by the Administrator by Notice in the *Gazette;*

« native » shall except in section *thirteen* mean any native being a member of a tribe residing within the territory and under the tribal rule of the paramount chief of the Barotse Nation and shall not include any person of other African aboriginal descent residing for the time being within the territory;

« the territory » shall mean the territory within the limits of the Barotziland North-Western Rhodesia Order in Council of 1899;

« Indigène » signifiera, excepté pour la section *treize*, tout natif membre d'une tribu résidant dans le territoire et soumis aux règlements indigènes du chef souverain de la nation des Barotsé ; ce mot ne désignera aucun autre aborigène africain se trouvant momentanément dans le territoire ;

« Le territoire » signifiera le territoire compris dans les limites fixées par l'ordre en Conseil de 1899 du Barotziland ;

« Animaux » signifiera : le gibier ;

« Gazette » signifiera la *Official Gazette* du Haut Commissaire ;

« Mois » signifie un mois du calendrier ;

« Personne » comprend les corporations ;

Le pluriel comprendra le singulier, le singulier le pluriel, et le masculin, le féminin.

3. L'Administrateur peut, par notification insérée dans la *Gazette*, exercer les pouvoirs suivants :

(*a*) déclarer que dans une portion quelconque du

« animals » shall include game ;

« Gazette » shall mean the *Official Gazette* of the High Commissioner ;

« month » means calendar month ;

« person » includes corporations.

The plural shall include the singular and the singular the plural and the masculine the feminine.

3. The Administrator may by Notice in the *Gazette* exercise any of the following powers :

(a) declare as to any part of the territory that any bird or animal within such tract to be in the Notice specified shall be protected and not hunted for any number of years (not exceeding five) to be in the Notice specified ;

(b) (after obtaining the approval of the High Commissioner) suspend the operation of this Proclamation or any part or parts

territoire un oiseau ou un animal spécifié sera, dans une étendue indiquée dans la notification, protégé et ne pourra être chassé pendant un certain nombre d'années (n'excédant pas cinq) à déterminer dans la notification ;

(*b*) (après avoir obtenu l'approbation du Haut Commissaire) suspendre l'effet de la présente Proclamation totalement ou partiellement, dans tout le territoire ou dans une partie seulement, ou protéger certain gibier ou certaines catégories de gibier pour un laps de temps à fixer;

(*c*) déclarer et prescrire que certain gibier ou espèces de gibier mentionnés aux annexes 1, 2 et 3 seront transférés d'une catégorie dans une autre;

(*d*) arrêter des conditions quant au nombre, à l'âge ou au sexe du gibier qui pourra être chassé en vertu d'un permis ;

(*e*) prohiber ou limiter certaines méthodes employées pour chasser, tuer ou capturer du gibier, des animaux ou des poissons, s'il estime que ces méthodes sont trop destructives ;

---

thereof either as to the whole of the territory or certain districts or portions of districts or protect certain game or classes of game for a period of time to be stated;

(c) declare and provide that certain game or descriptions of game mentioned in Schedules 1, 2 and 3 respectively shall be transferred or retransferred from one class to the other;

(d) make any condition as to the numbers, age or sex of the game which may be hunted by virtue of a licence;

(e) prohibit or limit any method employed for hunting, killing or capturing any game, animals or fish which appears to him to be unduly destructive;

(f) establish a reward fund for the reward of and thereout reward persons bringing in to any District Commissioner or other duly authorised official any male or female or young (dead or alive) or the eggs of any of the animals or birds mentioned in

(*f*) établir un fonds de récompense, et, au moyen de ce fonds, récompenser les personnes qui apporteront à un commissaire de district ou à un autre fonctionnaire dûment autorisé, un mâle, une femelle ou un petit (mort ou vif), ou les œufs de quelqu'un des animaux ou des oiseaux mentionnés à l'annexe 4, et réglementer les conditions de payement ainsi que la manière de prouver le droit aux récompenses susdites.

(*g*) exempter de certaines prescriptions de la présente Proclamation les prospecteurs, les fermiers ou les personnes voyageant dans le territoire et leur permettre de chasser du gibier pour être consommé sur le champ comme nourriture, à des endroits distants de plus de vingt milles d'une agglomération bâtie; toutefois, aucun gibier obtenu sous le bénéfice de ces exemptions ne pourra être apporté dans une agglomération bâtie, ni être vendu ni échangé; de même, ces exemptions n'autoriseront pas non plus ceux qui en bénéficieront à transgresser les sections *seize* et *dix-sept* de la présente Proclamation;

(*h*) fixer et prescrire les temps fermés ou saisons

Schedule 4 and regulate the conditions of payment and manner of proof of any claim;

(*g*) exempt from any of the provisions of this Proclamation prospectors farmers, or persons travelling in the territory and permit them to hunt game for actual consumption as food at places distant more than twenty miles from any township; provided that no game obtained under any such exemption shall be brought to any township or to be sold or bartered and that nothing in any such exemption contained shall be deemed to authorise any trespass in contravention of sections *sixteen* or *seventeen* of this Proclamation;

(*h*) fix and prescribe the close time or fence season within which it shall not be lawful to hunt any game either with or

prohibées pendant lesquels il sera interdit de chasser, avec ou sans permis de chasse ; les notifications concernant la fermeture de la chasse pourront s'appliquer :

1. à tout le territoire ; ou

2. à un district ou groupe de districts dans le territoire ; ou

3. à une partie de district ou à des parties de différents districts adjacents ; elles pourront aussi prescrire des périodes de fermeture différentes pour certaines catégories ou espèces de gibier ;

(i) décréter qu'une certaine étendue de terre comprise dans le territoire constituera une réserve de chasse et en définir ou en modifier les limites de temps à autre ;

(j) compléter ou amender la liste des personnes définies dans la section précédente comme « personnes résidant dans le territoire ».

4. L'Administrateur, le fonctionnaire ou toute autre personne autorisés par la présente Proclamation à délivrer des permis pourra, par endossement sur le permis au moment de la délivrance, stipuler telles conditions qui

---

without a game license and so that a Notice fixing and prescribing a close time or fence season may apply :

1. to the whole of the territory ; or

2. to a district or group of districts within the territory ; or

3. a part of a district or parts of several adjacent districts : and may prescribe a different close time or fence season for certain classes or kinds of game ;

(i) declare any tract of land within the territory to be a Game Reserve and from time to time define or alter the limits and boundaries thereof ;

(j) add to or amend the list of those defined in the last preceding section as « persons resident in the territory ».

4. The Administrator or the official or other person authorised

paraîtront convenables à l'Administrateur, pourvu que ces conditions rentrent dans les pouvoirs accordés à ce haut fonctionnaire par la section précédente.

5. *(a)* Nul ne pourra chasser le gibier mentionné à l'annexe 1, à moins d'y être autorisé par un permis ordinaire.

(b) Nul ne pourra chasser le gibier mentionné à l'annexe 2, à moins d'y être autorisé par un permis spécial.

(c) Nul ne pourra chasser le gibier mentionné à l'annexe 3, à moins d'y être autorisé par un permis d'Administrateur; toutefois, le porteur d'un permis d'Administrateur sera censé être porteur d'un permis ordinaire ainsi que d'un permis spécial, et le porteur d'un permis spécial sera également censé être porteur d'un permis ordinaire.

6. Les permis ordinaires et spéciaux peuvent être délivrés par des commissaires de district ou par d'autres personnes autorisées à cet effet par l'Administrateur et

---

by this Proclamation to issue any license may by endorsement on the license at the time of issue make any such special conditions as shall to the Administrator seem fit, provided that such conditions are within the powers given to the Administrator by the last preceding section.

5. *(a)*No person shall hunt any of the game in Schedule 1 mentioned unless he is authorised thereto by an ordinary license.

(b) No person shall hunt any of the game in Schedule 2 mentioned unless he shall be authorised thereto by a special license.

(c) No person shall hunt any of the game in Schedule 3 mentioned unless he is authorised thereto by an Administrator's license; provided that the holder of an Administrator's license shall be deemed to be a holder of an ordinary and a special license also and the holder of a special license shall be deemed to be a holder of an ordinary license also.

6. Ordinary and special licenses may be issued by any District

porteront des timbres jusqu'à concurrence des valeurs suivantes :

Pour un permis ordinaire, pour une personne résidant ou non dans le territoire, 1 livre sterling;

Pour un permis spécial, pour une personne résidant dans le territoire, 5 livres sterling;

Pour toute autre personne 25 livres sterling.

Le permis d'Administrateur peut être délivré par ce haut fonctionnaire, à son gré, mais à condition de le faire approuver d'abord par le chef souverain de la nation des Barotsé; ce permis portera des timbres d'une valeur de 50 livres sterling.

7. Nul ne pourra :

(a) chasser dans un district ou territoire quelconque pendant l'époque où la chasse sera fermée ou interdite, à moins qu'il ne trouve des animaux commettant des dégâts à des récoltes sur des terres ou dans des jardins cultivés, ni posséder ou vendre du gibier dans ces territoires, après

---

Commissioner or other person authorised thereto by the Administrator and shall bear stamps to the value as follows :

For an ordinary license for a person whether resident in the territory or not £ 1;

For a special license for a person resident in the territory £ 5 ; for any other person £ 25.

An Administrator's license may be issued by the Administrator at his discretion but subject to the approval before issue thereof of the paramount chief of the Barotse Nation and such license shall bear stamps to the value of £ 50.

7. No person shall :

(a) during a prescribed close time or fence season for any district or other area hunt game therein unless found injuring crops in cultivated lands or gardens or possess or sell any game in such districts after the expiration of one week from the commencement of such close time or fence season;

l'expiration de la première semaine qui suit le commencement de la fermeture ou de l'interdiction de la chasse;

(b) vendre du gibier à moins d'être porteur d'un permis pour la vente du gibier délivré en vertu de la présente sous-section. Le permis pour vendre du gibier est annuel et sera délivré par les personnes autorisées par la présente Proclamation à délivrer des permis ordinaires ou spéciaux; il portera des timbres de la valeur de 10 livres sterling; ce permis viendra s'ajouter au permis de chasse et sera distinct de celui-ci.

8. Un commissaire de district ou un autre fonctionnaire dûment autorisé, à qui est adressée une demande de permis spécial ou de permis pour vendre du gibier en vertu de la section précédente peut, à son gré, refuser d'accorder ces permis, sans être tenu de fournir aucune explication concernant ce refus.

9. Les permis délivrés en vertu de la présente Proclamation seront :

(a) valables pour un an du 1er janvier au 31 décembre de chaque année;

(b) sell any game unless he shall hold a license to sell game issued under this sub-section. A license to sell game shall be taken out annually shall be issued by the persons authorised by this Proclamation to issue ordinary or special licenses and shall bear stamps to the value of £ 10; such license shall be additional to and distinct from any game license.

8. A District Commissioner or other duly authorised official to whom application is made for a special license or for a license to sell game under the last preceding section may in his discretion refuse to issue any such license and shall not be bound to assign any reason for such refusal.

9. Licenses granted under this Proclamation shall be :
(a) annual from 1st January to 31st December of each year;
(b) not transferable;

(b) personnels; .

(c) exhibés, sur la demande d'un fonctionnaire quelconque de la Rhodésie du Nord-Ouest;

(d) porteurs au verso des conditions générales imposées en vertu de la section *trois* ou des conditions spéciales, imposées en vertu de la section *quatre*, selon le genre de permis.

(e) révocables en cas d'infraction à toute prescription de la présente Proclamation ou à toute condition générale ou spéciale imposée en vertu des sections *trois* et *quatre*.

10. Nul ne pourra chasser aucun animal dans une réserve de chasse, à moins d'y être expressément autorisé en vertu de la présente Proclamation ou d'un permis délivré par l'Administrateur; nul ne pourra être trouvé dans un territoire de chasse réservée, dans des circonstances pouvant faire supposer qu'il est illégalement à la poursuite d'un animal.

11. Nul ne pourra, sans la permission écrite de l'Administrateur accordée dans un but scientifique ou autre, déplacer, déranger ou détruire volontairement des œufs

---

(c) produced on demand by any officer of the Administration of North-Western Rhodesia;

(d) endorsed with any general conditions made under section *three* or any special conditions imposed under section *four* in respect of the license;

(e) revocable on conviction for any breach of any of the provisions of this Proclamation or of any general or special conditions made by virtue of the provisions of either of the sections *three* and *four*.

10. No person shall hunt any animal within a Game Reserve save as in this Proclamation or in any Administrator's license may be expressly allowed or shall be found within a Game Reserve in such circumstances as show that he was unlawfully in pursuit of any animal.

ou des petits d'une espèce de gibier quelconque ni vendre
de ces œufs ou petits, qu'il se les soit procurés avec ou
sans permission écrite de l'Administrateur. Toute permission écrite de cette nature mentionnera distinctement
le nombre et la dénomination des œufs ou petits que le
porteur sera autorisé à se procurer.

12. Toute personne qui, sous le couvert d'une permission écrite de cette nature, se procurera ou procurera
à quelqu'un des œufs ou de jeunes animaux en nombre
plus grand ou d'une espèce autre que ceux mentionnés,
dans la permission, ou qui vendra des œufs ou des
jeunes animaux, obtenus grâce à une permission écrite,
sera coupable d'infraction et passible des pénalités prescrites ci-après.

13. (*a*) Personne ne pourra installer des pièges, lacets, trappes ou autres engins dans le but de tuer ou
de capturer un animal ou un oiseau mentionnés aux
annexes 1, 2 et 3;

---

11. No person shall without the special written permission of
the Administrator to be granted for any scientific or other purposes mentioned therein wilfully remove, disturb or destroy any
eggs or the young of any game and no person shall sell any such
eggs or young game whether obtained under such written permission or not. Every such written permission shall distinctly
state the number and denomination of such eggs or young game
which the holder is entitled to obtain or take.

12. Every person who shall under cover of such written permission as is mentioned in the last preceding section obtain or
authorise or cause to be obtained eggs or young game greater
in number or of denominations other than such as shall
be specified in the permission granted to him or who shall sell
any eggs or young game obtained under a written permission
shall be guilty of an offence and shall on conviction be liable to
the penalties hereinafter provided.

(*b*) nul ne pourra employer de la dynamite ou autres explosifs, ni du poison pour prendre du poisson, sans la permission écrite de l'Administrateur.

(*c*) nul ne pourra employer aucun indigène pour chasser du gibier. Cependant, un porteur de permis de chasse peut, lorsqu'il est à la chasse, employer des indigènes pour l'aider, mais ces derniers ne pourront pas se servir d'armes à feu. Dans la présente section, le terme *indigène* comprendra comme signification toutes personnes aborigènes d'Afrique.

14. Nul ne pourra chasser les jeunes éléphants non adultes, ni les femelles des animaux mentionnés aux annexes 1, 2 et 3 lorsqu'elles accompagneront leurs petits à moins d'y être autorisé par un permis délivré par l'Administrateur. On considérera, aux fins de la présente section comme jeunes éléphants non adultes, ceux qui portent des défenses d'un poids inférieur à vingt livres la paire.

---

13. No person shall :

(a) make or use any pitfall, snare, trap or engine for the purpose of killing or capturing any animal or bird mentioned in Schedules 1, 2 and 3;

(b) use dynamite or other explosives or any poison for the purpose of taking fish without the written permission of the Administrator;

(c) employ any native to hunt any game. A license holder however when hunting game may employ natives to assist him, but such natives shall not use firearms. In this section the term « native » shall include all persons of African aboriginal descent.

14. No person shall hunt the immature young of the elephant or the female of any of the animals mentioned in Schedules 1, 2 or 3 when accompanying her young unless he is authorised thereto by an Administrator's license. The immature young of the elephant is defined for the purpose of this section as being

15. Lorsqu'une personne sera inculpée d'avoir chassé du gibier sans le permis prescrit et qu'elle alléguera pour sa défense que ce gibier endommageait des récoltes sur des terres cultivées ou dans des jardins, ou que cette chasse était justifiée par la légitime défense, ou que les oiseaux ou animaux tués étaient domestiqués, la preuve de la véracité de ces assertions devra être fournie par l'accusé.

16. Aucune disposition de la présente Proclamation n'autorisera une personne munie d'un permis à pénétrer dans une propriété privée, si ce n'est en cas de poursuite d'un animal blessé légalement en dehors des limites de cette propriété.

17. Lorsqu'un propriétaire ou occupant d'une terre aura, soit par annonce insérée dans la *Gazette* ou dans un journal local, soit par affiches apposées sur la propriété, manifesté le désir de protéger le gibier dans ses propriétés, toute personne qui sera trouvée dans ces propriétés à la

---

a young elephant carrying tusks of less weight than twenty pounds a pair.

15. Whenever any person shall be charged with hunting game without the necessary license and shall allege in defence that such game was injuring crops in cultivated lands or gardens or that such hunting was necessary for the preservation of human life or that the birds or animals hunted were domesticated, the proof of the truth of any such allegation shall be with the person charged.

16. Nothing in this Proclamation contained shall entitle any license holder to trespass on private property except in pursuit of any animal lawfully wounded outside the boundaries of such property.

17. If the owner or occupier of any land shall have given notice or warning either by letter advertisement in the *Gazette* or in a local newspaper or by notice boards on the property that he is

poursuite de gibier, sera passible d'une amende ne dépassant pas 5 livres sterling pour une première infraction,
ni 10 livres sterling pour une infraction subséquente
commise dans la même propriété : toutefois, ces propriétés devront être fermées ou clôturées, ou bien il faudra
prouver que l'inculpé a eu connaissance des annonces
ou affiches dont il est question plus haut, ou que de toute
autre façon la défense fut portée à sa connaissance.
Ces amendes seront recouvrables sans préjudice du droit
du propriétaire ou occupant d'intenter une action pour
violation de sa propriété ou pour la valeur du gibier pris,
tué ou blessé.

18. Tout magistrat, magistrat assistant ou juge de
paix qui aura des raisons de croire que des animaux ou
des oiseaux tués ou chassés contrairement aux prescriptions de la présente Proclamation se trouvent en possession ou sous la garde d'une personne quelconque, peut
faire des recherches ou en faire faire en son nom dans

---

desirous of preserving the game thereon then any person who
shall enter or trespass thereon in pursuit of game shall be
liable on conviction to a penalty not exceeding £ 5 for a first
offence and not exceeding £ 10 for a subsequent offence in
respect of the same property: provided that such land shall be
fenced or enclosed or that the notice boards as aforesaid shall
have come to his notice or that he was otherwise aware of the
trespass. Such penalty shall be recoverable without prejudice
to the owner's or occupier's right of action for trespass or for
the value of any game taken or killed or injured by such person.

18. Any Magistrate, Assistant Magistrate or Justice of the
Peace if he has reason to believe that any portion of any animal
or bird killed or hunted in contravention of any of the provisions
of this Proclamation is in the possession or under the control of
any person may search or cause to be searched by warrant under
his hand any place where he has reason to believe any such ani-

tout endroit où il supposera que ces animaux se trouvent; s'il les découvre, il peut les saisir et les détenir jusqu'à ce qu'il ait la preuve que ces animaux ou oiseaux ont été chassés ou tués conformément aux prescriptions de la présente Proclamation et d'aucune autre façon; à défaut de preuve de ce genre, il a le droit de confisquer et il confisquera le gibier en question.

19. Chaque fois qu'une condamnation aura été prononcée pour infraction à la présente Proclamation, tous les animaux vivants, têtes, cornes, défenses, peaux ou autres dépouilles de gibier trouvés en possession ou sous la garde des personnes condamnées, pourront être confisqués.

20. Toute personne contrevenant aux prescriptions de la présente Proclamation sera passible des amendes suivantes :

(*a*) pour une première contravention à la section *cinq*, sous-section (*a*) et aux sections *onze, douze* et *treize* respectivement une somme ne dépassant pas 5 livres

---

mal or bird to be and may seize and detain them until he shall be satisfied that such animal or bird was killed or hunted in conformity with the provisions of this Proclamation and not otherwise **and in** default of such proof may declare the same to be forfeited and they shall be forfeited accordingly.

19. In all cases of conviction for any offence against this Proclamation **any live** animals or game and any heads, horns, tusks, skins or other remains of any animals or game found in the possession or under the control of the person convicted shall be liable to forfeiture.

20. Any person convicted of a contravention of the provisions of this Proclamation shall be liable to the penalties following that is to say :

(*a*) for contravention of section *five* sub-section (*a*) and sections *eleven, twelve* and *thirteen* respectively for a first offence a sum

sterling, et pour une seconde infraction, une somme ne dépassant pas 10 livres sterling;

(*b*) pour une première contravention à la section *cinq*, sous-sections (*b*) et (*c*) et aux sections *dix* et *quatorze*, respectivement une somme n'excédant pas 50 livres sterling et pour une seconde infraction, ou une infraction subséquente, une somme n'excédant pas 100 livres sterling, ou, s'il s'agit de plus de deux animaux, une amende du chef de chaque animal n'excédant pas 25 livres sterling pour une première infraction, ni 50 livres sterling pour une seconde;

(*c*) pour une première contravention à la section *sept*, une somme ne dépassant pas 25 livres sterling, et pour une seconde infraction ou une infraction subséquente, une somme n'excédant pas 50 livres sterling;

(*d*) pour une contravention à l'une des conditions stipulées par l'Administrateur en vertu des pouvoirs qui lui sont conférés par les sections *trois* et *quatre* et autres que celles prévues dans la sous-section précédente, dans

---

not exceeding £ 5 and for a second offence a sum not exceeding £ 10;

(*b*) for contravention of section *five* sub-sections (*b*) and (*c*) and sections *ten* and *fourteen* respectively for a first offence a sum not exceeding £ 50 and for a second or subsequent offence a sum not exceeding £ 100 or where the offence relates to more animals than two to a fine in respect of each animal not exceeding in the case of a first offence £ 25 and in the case of a second offence £ 50;

(*c*) for a contravention of section *seven* for a first offence a sum not exceeding £ 25 and for a second or subsequent offence a sum not exceeding £ 50;

(*d*) for contravention of any condition made by the Administrator by virtue of the powers conferred upon him by sections *three* and *four* other than those offences provided for in the

le cas d'une première infraction une somme n'excédant pas 25 livres sterling et, dans le cas d'une seconde infraction, une somme n'excédant pas 25 livres sterling.

21. A défaut de payement d'une amende imposée pour contravention aux prescriptions de la présente Proclamation, la personne condamnée sera, en l'absence d'autre prescription de la présente Proclamation, passible d'emprisonnement avec ou sans travaux forcés :

d'un mois au maximum, si l'amende imposée dépasse 5 livres sterling;

de trois mois au plus, si l'amende imposée excède 5 livres sterling et n'excède pas 10 livres sterling;

de six mois au plus, si l'amende imposée dépasse 10 livres sterling et ne dépasse pas 50 livres sterling;

de douze mois au maximum, si l'amende imposée excède 50 livres sterling; à moins que dans chaque cas l'amende ne soit payée plus tôt.

22. Le tribunal devant lequel un délinquant sera jugé

last preceding sub-sections in the case of a first offence a sum not exceeding £ 25 and in the case of a second offence £ 50.

21. In default of payment of any penalty imposed for any contravention of the provisions of this Proclamation, the person convicted shall in the absence of other provision in that behalf in this Proclamation specially provided be liable to imprisonment with or without hard labour for the respective periods following :

for a period not exceeding one month if the fine imposed shall exceed £ 5;

for a period not exceeding three months if the fine imposed shall exceed £ 5 and shall not exceed £ 10;

for a period not exceeding six months if the fine imposed shall exceed £ 10 and shall not exceed £ 50;

for a period not exceeding twelve months if the fine imposed shall exceed £ 50; unless in each case the fine be sooner paid.

pourra, en cas de condamnation, attribuer une somme ne dépassant pas la moitié de l'amende recouvrée à la personne sur l'information de laquelle la condamnation aura été prononcée, pourvu que cette personne ne soit pas un complice du condamné.

23. Conformément aux prescriptions de la concession accordée par le Roi Lewanika, chef souverain de la nation Barotsé, à la *British South Africa Company* en date du 17 octobre 1900, les indigènes seront exempts des mesures prescrites par la présente Proclamation.

24. Toute tête de gibier exportée du territoire sera passible du droit suivant :

(a) 10 shillings par tête pour les espèces de gibier mentionnées à l'annexe 2;

(b) 20 shillings par tête pour les espèces de gibier mentionnées à l'annexe 3.

25. Ces droits seront perçus par le receveur de district le plus proche ou par toute autre personne autorisée à cet

---

22. The Court before which and offender shall be tried may in case of conviction award a sum not exceeding one-half of the fine or penalty recovered to any person upon whose information such conviction was obtained, provided that such person be not an accessory.

23. In accordance with the provisions of the Concession granted by King Lewanika Paramount Chief of the Barotse Nation to the British South Africa Company dated October 17th 1900 natives shall be exempted from the provisions of this Proclamation.

24. Upon every game head exported from within the territory there shall be payable a duty :

(*a*) of 10s. per head for game mentioned in Schedule 2;

(*b*) of 20s. per head for game mentioned in Schedule 3.

25. Such duty shall be leviable by and paid to the nearest District Commissioner Collector or other person authorised

effet par écrit par l'Administrateur le plus rapproché du port de sortie, lequel donnera reçu de la somme ; la production de ce reçu constituera une autorisation suffisante pour exporter le nombre et les espèces de têtes de gibier y mentionnées.

26. Les ports de sortie pour l'exportation du gibier seront les suivants, sur le Zambèze : *Secuti's Drift* (1) (Victoria Falls), *Sejebe's Drift* (Walker's Drift), *Kasungula Drift*, *Sesheke Drift*, et tous autres endroits qui pourraient plus tard être déclarés ports de sortie, conformément à la présente Proclamation, au moyen d'une notification insérée dans la *Gazette* par l'Administrateur. Toutes les têtes de gibier exportées passeront par l'un ou l'autre de ces ports.

27. Toute personne qui exportera ou tentera d'exporter une tête de gibier hors du territoire, qu'elle l'ait

(1) *Drift* = passage, gué.

---

thereto in writing by the Administrator adjacent to the port of exit who shall give his receipt for the same, the production of receipt at the port of exit shall be full and sufficient authority for the exportation of the number and description of the game heads specified in the said receipt.

26. The ports of exit for the purposes of this Proclamation shall be the following drifts on the Zambesi River : — *Sekuli's Drift* (Victoria Falls), *Sejebe's Drift* (Walker's Drift), *Kasungula Drift*, *Sesheke Drift* and such other drifts or roads as may be hereafter declared as ports of exit under this Proclamation by the Administrator by Notice in the *Gazette* and all game heads exported shall go by one or other of the said drifts.

27. Any person who shall export or attempt to export any game head from within the territory whether the head was secured by him by virtue of a game license or by trade or otherwise without payment of the export duty imposed by this Proclamation or any person who shall export or attempt to export

obtenue grâce à un permis de chasse, en l'achetant ou de toute autre manière, sans payer le droit prescrit par la présente Proclamation, ou toute personne qui exportera ou tentera d'exporter du gibier par un autre port que ceux indiqués ci-dessus ou à indiquer plus tard, sera passible d'une amende ne dépassant pas cinquante shillings pour chaque tête de gibier qu'elle aura exportée ou tenté d'exporter, ou à défaut de payement, d'un emprisonnement avec ou sans travaux forcés d'un mois au plus, à moins que l'amende ne soit payée plus tôt.

28. Dans les poursuites intentées pour exportation ou tentative d'exportation de gibier sans payement des droits prescrits par la présente Proclamation, lorsque la Couronne prouvera que l'accusé ou son agent n'a pas produit le reçu mentionné à la section *vingt-cinq*, le tribunal qui connaît du cas, considérera jusqu'à preuve du contraire que l'accusé n'a pas payé ces droits.

---

any game head by other than one of the ports of exit specified or hereafter declared as in the last preceding section provided shall on conviction be liable to a fine not exceeding fifty shillings for every such game head exported or attempted to be exported of in default of payment to imprisonment with or without hard labour for a period not exceeding one month unless such fine be sooner paid.

28. In any prosecution for exporting or attempting to export any game head without having paid the duty imposed by this Proclamation on proof by the Crown that the accused or his agent failed on demand to produce the receipt mentioned in section *twenty-five* the Court before which the case is heard shall presume until the contrary is proved that the accused had not paid such duty.

29. It shall be lawful for the Administrator to exempt from payment of the export duty as aforesaid by writing under his hand :

29. L'Administrateur pourra, par une autorisation écrite de sa main, exempter des droits d'exportation :

(a) des têtes de gibier exportées dans des buts purement scientifiques au profit d'institutions publiques dans la Rhodésie du Sud, la Colonie du Cap ou ailleurs ;

(b) des têtes de gibier pouvant être considérées *bona fide* comme étant la propriété d'un indigène et exportées pour être vendues ou données.

30. Les sections précédentes de la présente Proclamation ne s'appliqueront pas à la partie du Barotseland dans laquelle la *British South Africa Company* (par convention conclue avec le chef souverain de la Nation Barotsé en date du 17 octobre 1900) s'est mise d'accord avec ledit chef souverain pour assurer le plus possible la protection du gibier, c'est-à-dire :

(1) tout gibier et les animaux mentionnés à l'annexe 4 dans le district connu sous le nom de Diowa, situé au nord-ouest de Lealui, sur la rive droite (ouest) du Zam-

---

(a) game heads exported for purely scientific purposes for the benefit of some public institution in Southern Rhodesia, the Cape Colony or elsewhere ;

(b) game heads the *bona fide* property of a native exported for the purpose of sale or gift.

30. The foregoing sections of this Proclamation shall not apply to that portion of Barotseland in which the British South Africa Company (by an agreement entered into with the Paramount Chief of the Barotse Nation dated the 17th day of October 1900) agreed with the said Paramount Chief to use its best endeavours to preserve game, that is to say :

(1) all game and the animals mentioned in Schedule 4 in the district known as Diowa lying north-west of Lealui on the right (west) bank of the Zambesi River and south of the lower Lungwi Bungo River ;

bèze et au sud du cours inférieur de la rivière Lungwi Bungo ;

(2) le lechwe sitatunga et l'antilope pookoo sur le cours inférieur de la rivière Luena ;

(3) le lechwe et l'antilope pookoo dans la vallée Barotsé proprement dite.

31. Toute personne qui, sans permis délivré par un Administrateur en vertu de la section *six*, chassera un des animaux mentionnés dans la section précédente dans un district ou territoire dans lesquels ils sont protégés aux termes dudit accord, ou qui sera trouvée dans un de ces districts ou territoires dans des circonstances pouvant faire supposer qu'elle poursuivait un de ces animaux contrairement aux termes de ladite convention, sera passible d'une amende n'excédant pas 50 livres sterling pour une première infraction et 100 livres sterling pour une deuxième infraction ou une infraction subséquente.

---

(2) lechwe sitatunga and pookoo antelope on the lower reaches of the Luena River ;

(3) lechwe and pookoo antelope in the Barotse Valley proper.

31. Any person who without an Administrator's license issued under section *six* shall hunt any such game or animals as are mentioned in the last preceding section in a district or area in which such game or animals are to be preserved in terms of the said agreement or shall be found in such district or area in such circumstances as to show that he was in pursuit of game or animals in contravention of the terms of the said agreement herein set forth shall be liable on conviction to a fine not exceeding £ 50 and on a second or subsequent conviction to a fine not exceeding £ 100.

32. This Proclamation shall have force and take effect from the date of its publication in the *Gazette*.

God Save the King !

32. La présente Promulgation entrera en vigueur le jour de sa publication dans la *Gazette*.

Dieu garde le Roi!

Donné sous ma signature et mon sceau à Johannesburg, le 14 janvier 1905.

MILNER,
Haut Commissaire.

Par ordre de Son Excellence le Haut Commissaire :

C. H. RODWELL,
Secrétaire Impérial.

ANNEXE 1.

Outarde (y compris Koorhaan et Paauw).
Francolin (y compris Faisan et Perdrix).
Dikkop.
Pintade.

Given under my Hand and Seal at Johannesburg this Fourteenth day of January One thousand Nine hundred and five.

MILNER,
High Commissioner.

By Command of His Excellency the High Commissioner.

C. H. RODWELL,
Imperial Secretary.

SCHEDULE 1.

Bustard (including Korhaan and Paauw).
Francolin (including Pheasant and Partridge).
Dikkop.
Guinea Fowl.

Sand Grouse (Perdrix Namaqua).

Et toutes les espèces d'antilopes non mentionnées aux annexes 2 et 3.

ANNEXE 2.

Hartebeest (Rooi et Lichtenstein).
Antilope rouane.
Wildebeest (gnou).
Hippopotame.
Lechwe.
Klipspringer *(Oreotragus saltator)*.
Impala.
Pookoo.
Antilope noire.
Tsesebe.
Sitatunga.
Zèbre de Burchell.
Bushbuck.

Sand Grouse (Namaqua Partridge).

And all such of the Antelope species as are not contained in Schedules 2 and 3.

SCHEDULE 2.

Hartebeeste (Rooi and Lichtenstein).
Roan Antelope.
Wildebeeste (Gnu).
Hippopotamus.
Lechwe.
Klipspringer.
Impala.
Pookoo.
Sable Antelope.
Tsesebe.

Waterbuck.
Gemsbock.
Buffle.

ANNEXE 3.

Eléphant.
Rhinocéros.
Girafe.
Elan.
Koodoo.
Zèbre de montagne.
Duiker de l'Afrique Occidentale ou à dos blanc.
Autruche.

ANNEXE 4.

Lion.
Chien chasseur.
Léopard.

Sitatunga.
Burchell Zebra.
Bushbuck.
Waterbuck.
Gemsbok.
Buffalo.

SCHEDULE 3.

Elephant.
Rhinoceros.
Giraffe.
Eland.
Koodoo.
Mountain Zebra.
West African or White-backed Duiker.
Ostrich.

SCHEDULE 4.

Lion.
Hunting Dog.

Cheetah.
Loutre.
Hyène.
Chacal.
Babouin.
Singes destructeurs.
Crocodiles.
Pythons.
Serpents venimeux.
Grands oiseaux de proie, excepté les vautours et les hiboux.

Leopard.
Cheetah.
Otter.
Hyaena.
Jackal.
Baboon.
Destructive Monkeys.
Crocodiles.
Pythons.
Poisonous Snakes.
Large birds of prey except Vultures and Owls.

Annexe N° 31.

PROCLAMATION

de Son Excellence le Haut Commissaire du 10 juillet 1906

Considérant qu'il est utile d'amender la Proclamation n⁰ 1 de 1905, relative à la préservation du gibier dans le territoire défini par l'ordre du Conseil du Barotziland Rhodésie du Nord-Ouest de 1899 (désigné ci-après sous le nom de « territoire ») :

A cet effet et en vertu des pouvoirs dont je suis investi, je décrète, proclame et fais savoir ce qui suit par la présente :

1. Nonobstant toute disposition de la section *cinq* de la Proclamation n⁰ 1 de 1905 :

(a) le porteur d'un permis spécial peut, en vertu de ce permis, chasser et tuer les animaux suivants mentionnés à

Schedule N° 31.

PROCLAMATION

By His Excellency the High Commissioner.

(10th. July 1906).

Whereas it is expedient to amend Proclamation N⁰ 1 of 1905, relating to the preservation of game within the territory defined by the Barotziland-North-Western Rhodesia Order in Council, 1899 (hereinafter referred to as « the territory ») :

Now therefore under and by virtue of the powers in me vested I do hereby declare, proclaim and make known as follows :

1. Notwithstanding anything in Section *five* of Proclamation N⁰ 1 of 1905 contained :

(a) the holder of a Special Licence may under such licence

l'Annexe 3 de ladite Proclamation, c'est-à-dire trois élans mâles et un koodoo mâle;

(b) le porteur d'un permis spécial peut, en vertu de ce permis, chasser et tuer tout gibier mentionné à ladite Annexe 3, excepté l'éléphant, la girafe et le rhinocéros; il est entendu toutefois que le gibier dont la chasse est auto-risée en vertu de la présente au moyen d'un permis spé-cial doit se trouver dans une zone infestée de la mouche tsé-tsé, l'obligation de prouver ce dernier point étant, en cas de poursuites, à charge des personnes qui auront chassé le gibier en question.

(c) tout membre européen d'une société de mission-naires reconnue qui exerce ses fonctions dans le territoire, peut, en vertu d'un permis ordinaire, chasser et tuer le gibier mentionné à l'Annexe 2 de ladite Proclamation, mais sans dépasser dix têtes de ce gibier.

2. Nonobstant toute disposition contenue dans les sections *vingt-quatre à vingt-neuf* de la dite Proclamation,

---

hunt and kill the following animals mentioned in Schedule Three of the said Proclamation, that is to say three eland bulls and one koodoo bull;

(b) the holder of a Special Licence may under such licence hunt and kill any game mentioned in the said Schedule Three save and except elephant, giraffe and rhinoceros; provided that game authorised hereby to be hunted under a Special Licence be within an area infected with tsetse fly the burden of proving which shall in any prosecution lie upon the person hunting such game;

(c) any European member of a recognised Missionary Society which carries on its work in the territory may under the autho-rity of an ordinary licence hunt and kill game mentioned in Schedule Two of the said Proclamation not exceeding ten head of such game.

2. Notwithstanding anything in sections *twenty-four* to *twenty-*

il sera loisible à toute personne munie d'un permis spécial
ou d'un permis délivré par un administrateur, d'exporter
sans payer de droits du gibier tiré en vertu de ces permis,
du moment que le nombre d'animaux exportés ne dépasse
pas trois têtes de chaque variété de gibier.

3. La présente Proclamation entrera en vigueur le jour
de sa publication dans la *Gazette*.

Dieu garde le Roi!

Donné sous ma signature et mon sceau à Prétoria, le
11 juin 1906.

SELBORNE,
Haut Commissaire.

Par ordre de Son Excellence
le Haut Commissaire.

C. H. RODWELL,
Secrétaire Impérial.

---

nine inclusive of the said Proclamation, it shall be lawful for any
person being the holder of a Special Licence or Administrator's
Licence to export free of duty any game which may have been
hunted under the authority of such licence not exceeding three
heads of each variety of such game.

3. This Proclamation shall have force and take effect from
the date of its publication in the *Gazette*.

God Save the King !

Given under my Hand and Seal at Pretoria this Eleventh day
of July One thousand Nine hundred and Six.

SELBORNE,
High Commissioner.

By Command of His Excellency the
High Commissioner.

C. H. RODWELL,
Imperial Secretary.

Notification N° 77 de 1906 du Haut Commissaire.

Par la présente il est notifié que l'Administrateur du Barotziland (Rodhésie Nord-Ouest) dans l'exercice des pouvoirs qui lui sont conférés par la section *trois*, sous-section *(d)*, de la Proclamation n° 1 de 1905, a prescrit que le porteur d'un permis spécial ou d'un permis délivré par un administrateur aux fins de ladite Proclamation ne pourra tuer, en vertu de ce permis, plus de cinq mâles et deux femelles, d'antilopes noires, ni plus de trois zèbres.

Par ordre de Son Excellence
le Haut Commissaire,

C. H. RODWELL,
Secrétaire Impérial.

Johannesburg, le 10 juillet 1906.

High Commissioner's Notice N° 77 of 1906.

It is hereby notified that the Administrator of Barotziland-North-Western Rhodesia, in the exercise of the powers on him conferred by Section *three*, Sub-Section *(d)*, of Proclamation N° 1 of 1905, has prescribed that the holder of a Special Licence or Administrator's Licence under such Proclamation shall not kill, under any such licence, sable antelope in a greater number than five bulls and two cows, and zebra to a greater number than three.

By Command of His Excellency the
High Commissioner.

C. H. RODWELL,
Imperial Secretary.

Johannesburg, July 10, 1906.

Annexe n° 32.

Notification du Haut Commissaire N° 94 de 1907.

Dans l'exercice des pouvoirs qui lui sont conférés par la section *trois*, sous-section (1) de la Proclamation n° 1 de 1905, l'administrateur du Barotziland (Rhodésie du Nord-Ouest) a déclaré réserve de chasse la zone décrite dans l'annexe ci-après.

Nul ne pourra chasser un animal dans la dite réserve, sauf dans les cas expressément autorisés par la Proclamation susdite, par une notification publiée en exécution de celle-ci ou par un permis délivré par l'administrateur, et toute personne trouvée dans cette réserve dans des circonstances établissant qu'elle poursuivait illégalement un animal sera passible des pénalités prescrites par la dite Proclamation.

Schedule n° 32.

High Commissioner's Notice N° 94 of 1907 :

It is hereby notified that the Administrator of Barotziland-North-Western Rhodesia in the exercise of the powers on him conferred by section *three*, subsection (1) of Proclamation N° 1 of 1905, has declared the tract of land described in the Schedule hereto to be a Game Reserve.

No person shall hunt any animal within the limits of the said reserve, save as in the Proclamation aforesaid or in any Notice issued thereunder or in any Administrator's licence may be expressly allowed, and any person found therein under such circumstances as show that he was unlawfully in pursuit of any animal will be liable to the penalties prescribed by the said Proclamation.

Il est également notifié par la présente, que la dite zone est fermée à la prospection et que la délimitation de terrains miniers n'y est pas autorisée par concessions spéciales ou autrement.

Toute personne qui, sans permission ou excuse légale, abat ou endommage, fait abattre ou endommager des arbres ou des arbustes dans la dite réserve ou qui y met ou y fait mettre le feu à l'herbe, sera passible des pénalités stipulées par la loi.

Par ordre de Son Excellence
le Haut Commissaire.

W. G. BENTINCK,
pour le Secrétaire Impérial.

Johannesburg, le 10 septembre 1907.

ANNEXE.

Une bande de terrain le long de la rive septentrionale du Zambèze, s'étendant à l'Est de Victoria-Falls sur une

---

Notice is also hereby given that the said tract is reserved against prospecting and that no pegging of mining areas thereon, whether under special grants or otherwise, will be recorded.

Any person who shall, without lawful permission or excuse, cut down or damage or cause to be cut down or damaged any trees r shrubs within the said reserve or set fire to o · cause to be set on fire the grass thereon will be liable to the penalties by law provided.

By command of His Excellency
the High Commissioner,

W. G. BENTINCK,
for Imperial Secretary.

Johannesburg, 10th September, 1907.

SCHEDULE.

A tract of land along the northern bank of the Zambesi River extending from the Victoria Falls eastward for a distance of forty

distance de quarante milles et ayant partout une largeur de deux milles à partir de la rive du fleuve.

NOTIFICATION DU GOUVERNEMENT N° 11 DE 1908.

Il est porté à la connaissance du public qu'en vertu des pouvoirs qui me sont conférés par la section 3 de la Proclamation n° 1 de 1905 du Haut Commissaire, j'ai déclaré réserve de chasse la zone délimitée comme suit :

A partir du confluent des rivières Lungo et Kafue, vers l'aval de ce dernier cours d'eau jusqu'au confluent des Lafupa et Kafue, vers l'amont de la rivière Lafupa jusqu'au confluent des Lafupa et Tombwe; de là dans une direction ouest jusqu'à la source de la rivière Lalafuta; puis vers le sud, le long du versant des Kafue et Zambèze jusqu'à la source de la rivière Musa, vers l'aval de celle-ci jusqu'à son confluent avec la rivière Kafue, le long de

---

miles and having a breadth of two miles from any point along the river bank.

GOVERNMENT NOTICE N° 11 OF 1908 :

It is hereby notified for Public information that by virtue of the powers conferred on me by Section 3 of the High Commissioner's Proclamation N° 1 of 1905, I have declared the area bounded as follows to be a Game Reserve :

From the Lunga-Kafue junction down the Kafue River to the Lafupa-Kafue junction, up the Lafupa River to the Lafupa-Tombwe confluence, thence in a Westerly direction to the head-waters of the Lalafuta River, thence South along the Kafue-Zambesi watershed to the head-waters of the Musa River, down the Musa River to its junction with the Kafue River, down the

celle-ci vers l'aval jusqu'au confluent des Kafue et Nasanga; de là vers l'amont de la rivière Nasanga jusqu'à
sa source; et enfin dans une direction nord-ouest jusqu'au
confluent des Lunga et Kafue.

Robert Codrington,
Administrateur.

Par ordre de Son Excellence l'Administrateur,

Henry Rangeley,
Secrétaire ff.

Livingstone, le 5 mai 1908.

Kafue River to the Kafue-Nasanga or Nansenga confluence,
thence up the Nasanga or Nansenga River to its head-waters,
thence in a North-Westerly direction to the Lunga-Kafue confluence.

Robert Codrington,
Administrator.

By Command of His Honour the Administrator,

Henry Rangeley,
Acting Secretary.

Livingstone, 5th May, 1908.

ILE MAURICE

ILE MAURICE

ORDONNANCE

N° 8 de 1869.

Henry Barkly. — Décrétée par le Gouverneur de Maurice et de ses Dépendances, de l'avis et avec le consentement du Conseil du Gouvernement de la dite île.

ORDONNANCE

pour amender et **coordonner** *les lois sur la Chasse.*

(4 mai 1869.)

Attendu qu'il est convenable d'amender et de **coordonner** les lois relatives à la Chasse, aux Permis de Chasse et au temps pendant lequel il n'est pas permis de chasser.

Il est en conséquence décrété par Son Excellence le Gouverneur, de l'avis et avec le consentement du Conseil du Gouvernement, ainsi qu'il suit :

PARTIE I.

Permis de Chasse.

1. Personne ne pourra, sans un permis qui lui sera dûment accordé de la manière ci-après exprimée, chasser ou tuer du gibier, le détruire ou le prendre, ou essayer de le faire d'une manière quelconque, ou aller à sa poursuite ou à sa recherche.

Toute personne contrevenant à cette disposition encourra une amende qui ne sera pas moindre de £ 2 ni de plus de £ 10, et en cas de récidive le délinquant sera passible d'une amende qui ne sera pas moindre de £ 10 et qui n'excèdera pas £ 20.

2. Un permis de chasse sera accordé par le Collecteur des revenus intérieurs ou par tout officier dûment autorisé par le dit Collecteur à agir dans un District, à toute personne qui en fera la demande, et qui paiera une somme de deux livres sterling pour le droit.

Si le permis est accordé à un serviteur, le droit sera d'une livre sterling.

Ces permis ne seront pas transmissibles, ils ne seront en aucun cas valables pour plus de douze mois, et devront être renouvelés le 1er avril de chaque année ; mais les personnes qui auront déjà payé le droit pour leur permis de chasse pendant cette année, et avant la mise en vigueur de la présente Ordonnance, ne seront pas tenues de renouveler leur permis avant le 1er avril de l'année prochaine.

Les personnes résidant à Maurice pendant moins d'un mois ne seront pas tenues de prendre un permis de chasse.

3. La demande d'un permis de chasse et le permis de chasse seront dans la forme des Annexes A et B.

4. Il ne sera pas accordé de permis de chasse :

1o Aux mineurs, sans l'autorisation de leur père, de leur mère ou de leur tuteur ;

2o Aux interdits ;

3o Aux personnes qui n'auront pas exécuté les jugements rendus contre elles en vertu des dispositions de la présente Ordonnance.

5. Une liste de tous les permis accordés sera publiée la semaine suivante dans la *Gazette du Gouvernement*, par le Collecteur des revenus intérieurs.

6. Il est expressément défendu, sous peine d'une amende qui ne sera pas moindre de £ 2 ni de plus de £ 10, de tirer sur les routes et chemins publics, dans les rues, ou dans tout autre endroit public quelconque.

7. Toute personne, n'ayant pas de permis, et trouvée avec un fusil entre les mains, sur un terrain, sur la grande route ou un chemin public quelconque, sera, en l'absence de preuves satisfaisantes du contraire, présumée en possession de ce fusil dans le but de chasser, et en fait chassant avec; et cette personne sera passible de l'amende mentionnée en l'article premier.

8. Toute personne qui, à quelque époque de l'année que ce soit, portera un fusil, ou chassera, ou par le moyen de chiens, de filets, trébuchets, pièges ou autres engins quelconques, prendra ou tuera, ou essayera de prendre ou de tuer du gibier, sur des terres qu'il n'occupera pas ou qui ne lui appartiendront pas, si ce n'est avec le consentement exprès du propriétaire ou de l'occupant des dites terres, sera punie comme braconnier, et tous ceux qui seront trouvés en sa compagnie, quoiqu'ils n'aient ni chiens, ni fusils, ni autres engins avec eux, seront aussi punis comme braconniers.

Toute personne qui contreviendra aux dispositions du présent article encourra une amende qui ne sera pas moindre de £ 5 ni de plus de £ 50, et en cas de récidive, elle sera de plus passible de l'emprisonnement pour un temps qui ne sera pas moindre d'un mois ni de plus de six mois avec travail.

9. Personne ne pourra porter un fusil, ou chasser, ou par un moyen quelconque, tuer ou prendre ou essayer de tuer ou de prendre, du gibier sur les terrains de la Couronne, sans la permission expresse du Gouverneur.

Néanmoins, si des terrains de la Couronne ont été loués

à une personne ou placés sous son gardiennage, le consentement de cette personne sera suffisant.

Toute personne contrevenant à la présente disposition encourra les peines édictées en l'article 8 de la présente Ordonnance.

10. Le Gouverneur pourra, à la requête de tout propriétaire ou occupant de terres, nommer des gardes-chasses pour garder le gibier sur ces terres. Les dits gardes-chasses seront assermentés devant le Magistrat de district du district dans lequel ils auront à agir, et ils auront dans les limites des dites terres les mêmes pouvoirs qu'ont les gardes forestiers en vertu de la présente Ordonnance.

PARTIE II.

Temps pendant lequel la chasse est défendue.

11. Il ne sera permis à personne de chasser, prendre, tuer ou détruire d'une manière quelconque, les cerfs, perdrix, pintades sauvages, cailles, canards sauvages ou sarcelles pendant les périodes suivantes, à savoir :

1º Les cerfs, du 1er septembre de chaque année au 15 mai de l'année suivante;

2º Les perdrix et les oiseaux ci-dessus mentionnés, du 15 septembre de chaque année au 15 avril de l'année suivante.

12. Si, pendant les dites périodes, une personne quelconque, dans un lieu quelconque ou par des moyens quelconques, prend, tue, détruit, ou essaie de prendre, de tuer ou de détruire, ou va à la chasse des cerfs, des perdrix, des cailles ou des dits autres oiseaux, cette personne encourra pour chaque contravention, une amende qui ne sera pas moindre de £5 ni de plus de £10; et tout délinquant sera, en cas de récidive dans les douze mois qui suivront

une première contravention, condamné à l'emprisonnement pour un temps qui ne sera pas moindre de cinq
jours ni de plus d'un mois, ou à une amende qui ne sera
pas moindre de £ 5 ou de plus de £ 30.

13. Personne ne pourra, en aucun temps, vendre ou
colporter du gibier à moins d'être dûment patenté pour
vendre du gibier.

Toute patente pour vendre du gibier accordée cette
année vaudra jusqu'au 14 mai 1870, et toutes patentes
semblables accordées pendant les années suivantes seront
valables pendant un an à partir de leur date.

La dite patente annuelle sera accordée par le Collecteur
des revenus intérieurs sur le paiement de la somme de
£ 0.10.0, et toute personne ainsi patentée pour vendre du
gibier placera sur la devanture de sa maison, de sa bou-
tique ou de son étal ou sur le panier dans lequel le gibier
sera porté, une enseigne, portant en lettres lisiblement
écrites ses noms et prénoms, avec les mots suivants :
« Patenté pour vendre du gibier ».

Toute personne ainsi patentée sera tenue de déclarer
à tout officier ou constable de police, ou garde forestier,
le nom de la personne avec laquelle et l'endroit où elle
se sera procuré le gibier vendu, colporté ou offert ou exposé en vente par elle.

14. Toute personne qui vendra du gibier sans avoir
au préalable pris une patente à cet effet, ou qui négligera
de placer l'enseigne ou refusera de faire la déclaration
mentionnée dans l'article qui précède, sera passible des
peines portées en l'article premier de la présente Ordonnance.

15. Si pendant le temps prohibé une personne quelconque est trouvée en possession de venaison, de perdrix
ou des autres dits oiseaux, ou achète, vend ou expose en

vente du gibier de cette nature, cette personne sera considérée comme ayant commis une contravention à la présente Ordonnance, et encourra pour chacune des dites contraventions, une amende qui ne sera pas moindre de £ 5 ni de plus de £ 10, ainsi que la confiscation du dit gibier.

Néanmoins, cette disposition ne s'appliquera pas aux cerfs et aux oiseaux qui seront élevés à l'état domestique ou importés ; mais il sera du devoir de la personne trouvée en possession des dits cerfs ou oiseaux de prouver qu'ils ont été ainsi élevés ou importés.

Dans le cas où il y aurait récidive dans les douze mois qui suivront une condamnation, le délinquant sera condamné à l'emprisonnement pour un temps qui ne sera pas moindre de cinq jours ni de plus d'un mois, ou à une amende qui ne sera pas moindre de £ 15 ni de plus de £ 30.

16. Le Gouverneur pourra, de temps en temps et par proclamation, défendre d'une manière absolue de chasser, prendre ou tuer tout oiseau ou animal sauvage, en outre des cerfs, perdrix et des autres oiseaux susdits, ou fixer chaque année le temps pendant lequel le dit oiseau ou animal pourra être légalement tué, chassé ou pris.

Toute personne qui chassera, tuera ou prendra même sur des terres qu'elle occupera ou dont elle sera propriétaire, le dit oiseau ou animal, ou qui l'achètera, le vendra ou qui sera trouvée en possession du dit oiseau ou animal, en contravention à la susdite proclamation, ou en tout autre temps que celui fixé par le Gouverneur, sera passible des peines portées en l'article 11 de la présente Ordonnance.

17. Le Gouverneur pourra, de temps en temps, étendre la saison de la chasse, et toutes les fois qu'il le croira nécessaire, ou permettre de chasser et tuer le gibier

sur des terrains spécialement désignés, toutes les fois
qu'il jugera convenable de donner une semblable autorisation.

PARTIE III.

*Dispositions pour obliger à l'exécution de la présente
Ordonnance.*

18. Toute personne prise en contravention à la présente Ordonnance pourra, sans warrant, être arrêtée par
le propriétaire ou l'occupant de toute terre traversée ou
visitée illégalement, ou par toute personne au service du
dit propriétaire ou possesseur, ou par tout officier ou
constable de police, ou par tout garde forestier, ou par
tout inspecteur de patente, à moins que le dit délinquant
ne soit connu de la personne qui aura le pouvoir de l'arrêter, ou à moins que le dit délinquant ne donne des renseignements satisfaisants relativement à son nom et à
son domicile.

Si le dit délinquant est arrêté, il sera conduit à la
station de police la plus voisine, et si l'officier ayant
charge de la station trouve suffisants les renseignements
relatifs au nom et au domicile de la personne arrêtée, il
la mettra provisoirement en liberté.

Si cette personne n'est pas mise en liberté, elle devra
dans les quarante-huit heures de son arrestation, ou
plus tôt si cela est possible, être conduite devant le
Magistrat du District où la contravention aura été commise.

19. Toutes les fois qu'une personne sera vue portant un fusil ou chassant, ou poursuivant du gibier, il
sera permis à tout officier ou constable de police, ou à
tout garde forestier, ou à tout inspecteur de patente qui

verra la dite personne, d'entrer sur toute terre, sans warrant, pour demander à cette personne si elle a un permis de chasse, et pour veiller à l'exécution des dispositions de la présente Ordonnance de toute autre manière.

Tout inspecteur, sergent ou caporal de police, pourra en outre, toutes les fois qu'il aura de bonnes raisons de croire qu'une contravention à la présente Ordonnance est préméditée, ou que l'on est à la commettre, déposer une information de ce fait devant un magistrat de district et obtenir un warrant pour pénétrer sur toute terre ou dans tout emplacement, afin de veiller à l'exécution des dispositions de la présente Ordonnance.

20. Dans le cas où toute personne, en quelque temps que ce soit, par violence, intimidation ou menace, ou de toute autre manière, empêchera, ou gênera, ou attaquera toute personne agissant en vertu de la présente Ordonnance et pour la faire exécuter, cette personne sera passible d'une amende qui ne sera pas moindre de £ 10 et qui n'excèdera pas £ 50, ou d'un emprisonnement qui n'excèdera pas un an, sans préjudice du droit qu'aura le Procureur général de poursuivre le délinquant, s'il le préfère, en vertu des articles de l'Ordonnance N° 6 de 1838, communément appelée le Code Pénal de cette colonie.

21. Tous les chiens qui seront vus chassant sur des terres sans la permission du propriétaire ou de l'occupant des dites terres, ou vus chassant n'importe où pendant le temps prohibé, pourront être capturés par le propriétaire ou l'occupant des dites terres ou par ses serviteurs, ou par tout officier ou constable de police ou par tout garde forestier; néanmoins, les dits chiens devront être immédiatement envoyés à la station de police la plus voisine.

22. Si un chien a été capturé en vertu des dispositions de l'article qui précède, et si le dit chien n'est pas

réclamé par son propriétaire dans les trois jours de sa capture, l'inspecteur de police du district dans lequel il aura été capturé, pourra publier un avis dans deux journaux quotidiens contenant une description sommaire du chien, et fixant un délai dans lequel le chien, s'il n'est pas réclamé, sera vendu.

Si le jour fixé pour la vente le chien n'est pas réclamé, le dit inspecteur vendra le chien au dernier enchérisseur, dans la cour du Tribunal de district, et le prix de la dite vente, déduction faite d'une somme de cinq shellings payables au dit inspecteur, et des frais dus pour le dit avis et la subsistance du chien, sera versé au caissier de district pour être tenu à la disposition du propriétaire du chien, s'il le requiert.

Si dans le mois le propriétaire du chien ne réclame pas le dit prix, il appartiendra au Trésor colonial.

Les frais de subsistance de tout chien n'excéderont pas six pence par jour.

Si le chien est réclamé par son maître, celui-ci ne pourra en reprendre possession qu'après avoir payé les dépenses encourues comme il est dit plus haut et l'amende de cinq shellings payable ainsi qu'il vient d'être expliqué. Lorsque plusieurs chiens appartenant au même propriétaire auront été capturés et envoyés à la station de police, l'amende due à l'inspecteur de police en vertu du présent article n'excèdera pas £ 1.

23. Le propriétaire ou l'occupant de toute terre ou de tout emplacement, et ses serviteurs, même ceux qui n'auront pas de permis en vertu de la présente Ordonnance, pourront tuer tout chien sauvage ou vaguant, dont le propriétaire ne sera pas connu, et qui sera trouvé par eux sur la dite terre ou le dit emplacement.

Le dit propriétaire ou occupant, et ses serviteurs pour-

ront aussi tuer tout cerf vaguant sur une portion cultivée de sa terre, pourvu que, toutes les fois qu'un cerf sera ainsi tué hors la saison de la chasse, une déclaration en soit faite à l'inspecteur de police du district et que le dit cerf soit envoyé, aux frais de la Commission de laLoi sur les pauvres, à la station de police la plus voisine pour être mis à la disposition du Comité local des pauvres.

Toute personne qui négligera de faire la dite déclaration à l'inspecteur de police encourra une amende de £ 3.

24. Le Gouverneur pourra, sur rapport de l'Inspecteur général de la police, ordonner qu'aucun permis de chasse ne sera accordé à toute personne condamnée en vertu de la présente Ordonnance.

Cette prohibition pourra être faite pour une ou plusieurs années, mais ne s'étendra pas à plus de cinq ans.

25. Aucune poursuite ou condamnation en vertu de la présente Ordonnance ne préjudiciera au droit de toute personne d'introduire une demande, devant un tribunal civil, en dommages-intérêts pour raison de tout acte punissable en vertu des dispositions de la présente Ordonnance.

26. Les pères, mères, tuteurs, maîtres et commettants seront civilement responsables des contraventions commises aux dispositions de la présente Ordonnance par leurs enfants non mariés, encore mineurs, leurs pupilles s'ils résident avec leurs tuteurs, leurs domestiques ou préposés.

Leur responsabilité sera établie conformément aux dispositions de l'article 1384 du Code civil; elle sera limitée aux dommages et aux frais, et le jugement qui les accordera ne pourra être exécuté par la contrainte par corps.

PARTIE IV.

Procédure.

27. Toute contravention aux dispositions de la présente Ordonnance sera entendue et jugée par le Magistrat de district du district dans lequel elle aura été commise et la condamnation à toutes amendes prévues par la présente Ordonnance sera poursuivie devant le dit Magistrat, de la manière indiquée par l'Ordonnance N° 35 de 1852.

28. La condamnation aux dites amendes pourra être poursuivie à la requête de l'une des personnes qui suivent, à savoir :

1° Le propriétaire ou l'occupant du terrain illégalement visité ;

2° Tout agent du dit propriétaire ou occupant ;

3° Tout officier ou constable de police ;

4° Tout garde forestier ;

5° Tout garde-chasse ;

6° Tout inspecteur des patentes.

29. En outre des amendes édictées par la présente Ordonnance contre les contrevenants à ses dispositions, la condamnation du contrevenant emportera avec elle la confiscation des fusils, filets, trébuchets, pièges ou autres engins, et de tout gibier trouvés en sa possession au moment de la contravention.

30. Toutes les fois qu'un contrevenant aux dispositions de la présente Ordonnance aura été trouvé coupable et condamné à payer une amende, le Magistrat du district pourra ordonner au contrevenant de la payer soit immédiatement, soit dans un délai qui n'excèdera pas huit jours, selon que le Magistrat le jugera convenable.

En cas de non payement, le contrevenant sera arrêté et

envoyé en prison, pendant un temps qui n'excèdera pas celui spécifié dans l'échelle suivante, à moins que l'amende ne soit payée dans l'intervalle.

Pour toute amende n'excédant pas £ 1, l'emprisonnement n'excèdera pas sept jours.

Pour toute amende n'excédant pas £ 5, l'emprisonnement n'excèdera pas quatorze jours.

Pour toute amende n'excédant pas £ 10, l'emprisonnement n'excèdera pas un mois.

Pour toute amende n'excédant pas £ 20, l'emprisonnement n'excèdera pas deux mois.

Pour toute amende n'excédant pas £ 50, l'emprisonnement n'excèdera pas six mois.

31. Si plusieurs personnes sont condamnées pour une même contravention aux dispositions de la présente Ordonnance, elles seront solidairement responsables du paiement de l'amende, des dommages et des frais formant le montant de la condamnation.

32. Toute poursuite, en vertu des dispositions de la présente Ordonnance, sera commencée dans les deux mois qui suivront la date à laquelle les faits formant l'objet de la poursuite auront été découverts et connus, mais pas plus tard.

PARTIE V.

Interprétation des mots, abrogation de lois et promulgation de la présente Ordonnance.

33. Le mot « gibier » signifiera cerfs, lièvres, perdrix, cailles, pintades sauvages, canards sauvages, sarcelles et tous autres oiseaux ou animaux sauvages, qui seront compris dans les proclamations faites par le Gouverneur en vertu de l'article 16 de la présente Ordonnance.

Sauf la nature du sujet, les mots au singulier s'appliqueront à une pluralité de personnes, d'animaux, d'oiseaux et de choses; et les mots au masculin s'appliqueront aux personnes et aux animaux du genre féminin.

34. L'Ordonnance N⁰ 4 de 1836, l'Ordonnance N⁰ 17 de 1842, l'Ordonnance N⁰ 22 de 1867, et toutes lois et proclamations relatives à la chasse et aux permis de chasse sont abrogées par les présentes.

35. La présente Ordonnance sera mise en vigueur le 15 mai, A. D. 1869.

Passée en Conseil au Port Louis, Ile Maurice, ce quatre mai mil huit cent soixante-neuf.

THOS. ELLIOTT,
Secrétaire par intérim du
Conseil du Gouvernement.

Publiée par ordre de Son Excellence le Gouverneur.

EDWARD NEWTON,
Secrétaire colonial.

Annexe A.

ORDONNANCE N° 8 DE 1869.

Article 3.

Déclaration pour obtenir un permis de chasse.

Je................................., résidant à.....................
dans le district de......................... demande par ces présentes un permis pour avoir le droit de chasser pendant
l'année finissant le 31 mars 186....

Signature du Requérant.	Sa profession ou son industrie.
Age .... Taille (*)............................. Teint .... Couleur des cheveux................... Couleur des yeux...................... Marques distinctives.................	

Je certifie que la déclaration ci-dessus est vraie et
correcte.

Port-Louis, ce.............. jour de......................... 186....
Vu :

(**) *Signature ou marque
du déclarant.*

*Inspecteur en chef
des patentes.*

(*) Grande, petite ou moyenne.
(**) Le maître fera la déclaration et la signera pour son serviteur.

Annexe B.

ORDONNANCE N° 8 DE 1869.

Article 3.
Permis de chasse.

M. ...., résidant à........................
dans le district de.......................... dont le signalement
suit, ainsi qu'il l'a déclaré, a par ces présentes l'autorisation de porter des armes pour tuer le gibier, pendant
l'année finissant le 31 mars 186.....

Signalement de la personne autorisée.	Sa profession ou son industrie.
Age	
Taille(*).....................................	
Teint	
Couleur des cheveux	
Couleur des yeux	
Marques distinctives..................	

Bureau des revenus intérieurs,
Port-Louis, ce................... jour de...................186....
Enregistré N°.............

Collecteur,

Reçu de M... la somme
de... livres sterling, montant
du droit sur le permis ci-dessus.
Bureau des Revenus intérieurs,
Port-Louis, ce.................... jour de...................186..
£ ....

Collecteur,

Livre de caisse N°.....................

(*) **Grande, petite ou moyenne.**

ILE MAURICE

ANNEXE N⁰ 34.

ORDONNANCE

arrêtée par le Gouverneur de Maurice et de ses dépendances, de l'avis et avec le consentement du Conseil du Gouvernement de la dite île.

Amendant l'ordonnance n⁰ 8 de 1869 intitulée « Ordonnance pour amender et coordonner les lois sur la chasse ».

A.-P. PHAYRE.

(L. S.).   (3 avril 1877.)

Considérant qu'il y a lieu d'amender l'ordonnance n⁰ 8

ISLAND OF MAURITIUS

SCHEDULE N⁰ 34.

AN ORDINANCE

Enacted by the Governor of Mauritius and its Dependencies, with the advice and consent of the Council of Government thereof.
To amend Ordinance N⁰ 8 of 1869 entitled « An Ordinance to amend and consolidate the law on Game ».

A. P. PHAYRE.

(L. S.)   .   (3rd April 1877.)

Whereas it is expedient to amend Ordinance N⁰ 8 of 1869 enti-

de 1869 intitulée « Ordonnance pour amender et coordonner les lois sur la chasse ».

Il est en conséquence décrété par Son Excellence le Gouverneur, de l'avis et avec le consentement du Conseil du Gouvernement, ainsi qu'il suit :

1. Nul ne pourra poursuivre, capturer, tuer ou détruire des perdrix et des cailles d'une manière quelconque du 15 août de chaque année jusqu'au 1er avril de l'année suivante.

Quiconque contreviendra au présent article encourra les peines prévues dans l'ordonnance n° 8 de 1869, article 12.

2. L'article 11 de l'ordonnance n° 8 de 1869 est abrogé par la présente pour autant qu'elle concerne les perdrix et les cailles.

3. La présente ordonnance sera lue et interprétée comme faisant partie de l'ordonnance n° 8 de 1869.

---

tled « An Ordinance to amend and consolidate the law on « Game »;

Be it therefore enacted by His Excellency the Governor with the advice and consent of the Council of Government, as follows :

1. It shall not be lawful for any person to pursue, take, kill or destroy partridges and quails by any means whatsoever from the 15th August in every year until the 1st day of April following.

Any person contravening this Article shall incur the penalties provided in Ordinance N° 8 of 1869, Article 12.

2. Article 11 of Ordinance N° 8 of 1869 is hereby repealed as far as partridges and quails are concerned but no further.

3. This Ordinance shall be read and construed as forming part of Ordinance N° 8 of 1869.

Passed in Council at Port Louis, Island of Mauritius, this

Passée en Conseil au Port Louis, île Maurice, le 3 avril 1877.

L.-E. Schmidt,
Secrétaire ff. de Conseil du Gouvernement.

Publiée par ordre de son Excellence le Gouverneur.
W.-H. Marsch,
Secrétaire colonial ff.

Third day of April One thousand Eight hundred and seventy-seven.

L. E. Schmidt,
Acting Secretary to the Council of Government.

Published by Order of His Excellency the Governor.
W. H. Marsch,
Acting Colonial Secretary.

ANNEXE N⁰ 35.

ORDONNANCE

décrétée par Son Excellence le Lieutenant-Gouverneur de Maurice et de ses Dépendances, de l'avis et avec le consentement du Conseil du Gouvernement de la dite île.

Amendant l'ordonnance n⁰ 8 de 1869 et arrêtant des mesures pour une meilleure protection des oiseaux sauvages et de certains autres animaux.

F. NAPIER BROOME.

(16 septembre 1881.)

(L. S.).

Considérant qu'il est utile de prendre des mesures pour rendre la protection des oiseaux sauvages et de certains autres animaux plus efficace qu'elle n'est assurée par l'article 16 de l'ordonnance n⁰ 8 de 1869; qu'il y a lieu, à cet effet, de donner au Gouverneur des pouvoirs

---

SCHEDULE N⁰ 35.

AN ORDINANCE

Enacted by His Excellency the Lieutenant-Governor of Mauritius and its Dependencies, with the advice and consent of the Council of Government thereof.

To amend Ordinance N⁰ 8 of 1869, and to provide better protection for Wild Birds and certain other animals.

F. NAPIER BROOME.

(16th. September 1881.)

(L. S.)

Whereas it is expedient to provide better protection for Wild Birds and certain other animals, than is ensured by article 16 of Ordinance 8 of 1869, and, for that purpose, to give to the Governor larger powers than are given to him by the said article, and to amend the said article;

plus larges que ceux qui lui sont conférés par le dit article et d'amender celui-ci;

Il est en conséquence décrété par Son Excellence le Lieutenant-Gouverneur, de l'avis et avec le consentement du Conseil du Gouvernement :

1. L'article 16 de l'ordonnance n° 8 de 1869 est abrogée par la présente et remplacé par la disposition suivante :

XVI. Le Gouverneur pourra, de temps en temps et par proclamation, défendre d'une manière absolue de chasser, tuer ou prendre en tout endroit, ou d'acheter, vendre ou exposer en vente dans une place publique, tous oiseaux ou animaux sauvages autres que cerfs, perdrix ou oiseaux susdits et mentionnés dans l'ordonnance n° 6 de 1877, ou fixer chaque année le temps pendant lequel ces oiseaux ou animaux pourront être légalement tués, chassés ou pris, ou achetés, vendus ou exposés publiquement en vente.

Toute proclamation faite comme il est dit ci-dessus

Be it therefore enacted by His Excellency the Lieutenant-Governor, with the advice and consent of the Council of Government as follows :

1. Article 16 of Ordinance 8 of 1869 is hereby repealed and replaced by the following :

XVI. It shall be lawful for the Governor, from time to time, by Proclamation to prohibit absolutely the shooting, killing, taking in any place, or the purchase, sale, or exhibition for sale, in any public place, of any wild Bird or Animal other than Deer, Partridges, and the other Birds mentioned herein-before, and in Ordinance 6 of 1877, or to fix a period in each year during which such wild Bird or Animal may be lawfully killed, shot at, taken or publicly purchased, sold or exposed for sale.

Any Proclamation issued as aforesaid may at any time be

peut en tout temps être amendée, retirée ou abrogée par le Gouverneur par une proclamation ultérieure.

Toute personne qui chassera, tuera, capturera, fera usage de pièges pour prendre ces oiseaux et animaux sauvages même sur des terres dont elle sera propriétaire ou qu'elle occupera, ou qui achètera, vendra, ou sera trouvée en possession de ces oiseaux ou animaux en contravention à une proclamation faite en vertu des dispositions du présent article, ou en tout autre temps que celui fixé par le Gouverneur, encourra les pénalités prévues à l'article 12 de cette ordonnance.

2. Toutes les proclamations faites en vertu de l'article 16 de l'ordonnance n° 8 de 1869 maintenant abrogé, resteront en vigueur jusqu'à ce qu'elles aient été amendées, rapportées ou remplacées par une proclamation ultérieure.

3. La présente ordonnance sera lue et interprétée comme une partie de l'ordonnance n° 8 de 1869.

---

amended, revoked or repealed by the Governor by a further Proclamation.

Any person shooting, killing or taking, or using any snare or device to take any such wild Bird or Animal, even upon land owned or occupied by him, or buying, selling, or being found in possession of the same in contravention of any Proclamation issued under the provisions of this article, or within any period other than the period appointed by the Governor, shall incur the penalties provided in article 12 of this Ordinance.

2. All Proclamations made under article 16 of Ordinance N° 8 of 1869 now repealed and replaced as in the previous article enacted, shall remain and continue in full force until the same be amended, revoked, or replaced by a further Proclamation.

3. This Ordinance shall be read and construed as part of Ordinance 8 of 1869.

Passée en Conseil, au Port Louis, île Maurice, le 13 septembre 1881.

Donald Stuart,
Secrétaire ff. de Conseil du Gouvernement.

Publiée par ordre de Son Excellence le Lieutenant-Gouverneur.

H. N. D. Beyts,
Secrétaire colonial ff.

Passed in Council, at Port-Louis, Island of Mauritius, this thirteenth day of September One thousand Eight hundred and Eighty one.

Donald Stuart,
Acting Secretary
of the Council of Government.

Published by order of His Excellency the Lieutenant-Governor

H. N. D. Beyts,
Acting Colonial Secretary.

ANNEXE N° 36.

ORDONNANCE

*rendue par le Gouverneur de Maurice et de ses Dépen-
dances, de l'avis et avec le consentement du Conseil du
Gouvernement de cette île.*

Pour amender l'ordonnance n° 8 de 1869 et pour abroger
l'ordonnance n° 26 de 1884-1885.

Je donne mon assentiment,

HUBERT E. H. JERNINGHAM,
Gouverneur.

Le 27 décembre 1895.

Considérant qu'il y a lieu d'amender l'ordonnance n° 8
de 1869 et d'abroger l'ordonnance n° 26 de 1884-1885;

SCHEDULE N° 36.

AN ORDINANCE

*Enacted by the Governor of Mauritius and its Dependencies, with
the advice and consent of the Council of Government thereof.*

To amend Ordinance N° 8 of 1869 and to repeal Ordinance
N° 26 of 1884-85.

I assent,

HUBERT E. H. JERNINGHAM,
Governor.

27th. December 1895.

Whereas it is expedient to amend Ordinance N° 8 of 1869 and
to repeal Ordinance N° 26 of 1884-85;

Be it therefore enacted by the Governor, with the advice and
consent of the Council of Government, as follows :

1. This Ordinance may be cited as « The Game Law Amendment Ordinance, 1895 ».

Il est décrété ce qui suit par le Gouverneur, de l'avis et avec le consentement du Conseil du Gouvernement :

1. La présente ordonnance peut être citée sous le nom de « L'ordonnance de 1895 amendant la loi sur la chasse ».

2. Le paragraphe suivant sera ajouté à et lu avec la section 9 de l'ordonnance n° 8 de 1869 :

Quinconque contreviendra aux dispositions du présent article et de l'article précédent encourra une peine d'au moins 100 roupies et ne dépassant pas 500 roupies, si l'infraction est commise entre 8 heures du soir et 4 heures du matin; le contrevenant sera en outre passible d'un emprisonnement d'un mois au moins et de six mois au plus.

3. Le paragraphe premier de l'article 11 de l'ordonnance n° 8 de 1869 est amendé en remplaçant l'expression : « 15 mai suivant » par celle de : « 31 mai suivant inclus ».

---

2. The following paragraph shall be added to and read with Section 9 of Ordinance N° 8 of 1869 :

Every person offending against the provisions of this article and the preceding article shall, when the offence is committed between the hours of eight in the evening and four in the morning incur a penalty not less than one hundred Rupees (Rs. 100) and not more than five hundred Rupees (Rs. 500); such offender shall besides be liable to imprisonment for a term of not less than one month and not exceeding six months with labor.

3. Paragraph 1 of Article 11 of Ordinance N° 8 of 1869 is amended by substituting to the expression : « 15th. of May following », the expression « 31st. of May following inclusive ».

4. Article 29 of Ordinance N° 8 of 1869 is hereby repealed and in lieu and stead thereof the following shall be read :

Besides the fines or penalties provided for by this Ordinance for

4. L'article 29 de l'ordonnance n° 8 de 1869 est abrogé par la présente et remplacé par le suivant :

Indépendamment des amendes et des pénalités prévues par la présente ordonnance pour la punition d'une contravention aux dispositions des articles 8, 9, 11 et 12, la condamnation d'un contrevenant emportera la confiscation et la destruction des fusils, filets, pièges, trébuchets ou autres engins et de tout gibier trouvés en sa possession au moment de la contravention.

Cette destruction aura lieu en présence du Magistrat de district et, lorsqu'il s'agit d'un fusil, il faut entendre la destruction de la crosse, de la platine et du canon.

5. Est abrogée par la présente l'ordonnance n° 26 de 1884-1885 intitulée « Ordonnance conférant aux magistrats le pouvoir d'infliger des peines moindres que les peines minima fixées par l'ordonnance n° 8 de 1869 « amendant et coordonnant les lois sur la chasse ».

---

the punishment of any offence against the provisions of articles 8, 9, 11 and 12, the conviction of any offender shall carry with it the forfeiture and destruction of any gun, net, gin, snare, or other engine and of any game found in his possession at the time of the offence.

Such destruction shall take place in presence of the District Magistrate, and, in the case of a gun, shall mean the destruction of the stock, of the lock and of the barrel.

5. Ordinance N° 26 of 1884-85, entitled « An Ordinance to give to Magistrates the power of awarding penalties less than the minimum penalties fixed by Ordinance N° 8 of 1869 « To amend and consolidate the laws on Game » is hereby repealed.

6. This Ordinance shall come into force on the day of its publication in the Government Gazette.

Passed in Council at Port Louis, Island of Mauritius, this

6. La présente ordonnance entrera en vigueur le jour de sa publication dans la *Gazette du Gouvernement.*

Passée en Conseil au Port-Louis, île Maurice, le 27 décembre 1895.

WM. C. RAE,
Greffier du Conseil du Gouvernement.

Publiée par ordre de Son Excellence le Gouverneur, le 28 décembre 1895.

C. A. KING-HARMAN,
Secrétaire colonial.

---

twentieth day of December, One thousand eight hundred and ninety five.

WM. C. RAE,
Clerk of the Council of Government.

Published by order of His Excellency the Governor, this twenty eighth day of December, One thousand eight hundred and ninety-five.

C. A. KING-HARMAN,
Colonial Secretary.

Annexe N° 37.

ORDONNANCE

décrétée par Son Excellence le Lieutenant-Gouverneur de Maurice et de ses Dépendances, de l'avis et avec le consentement du Conseil du Gouvernement de cette île.

Pour réglementer la location de certains droits sur les terres de la Couronne.

F. NAPIER BROOME.

(L. S.) (11 décembre 1882.)

Considérant qu'il a été décrété par l'article 537 du Code civil de cette colonie, que les terres n'appartenant pas à des personnes privées doivent être administrées de la manière et conformément aux règles spécialement prévues;

Considérant que des terres ont été et seront encore acquises par le gouvernement de cette colonie en vertu

---

Schedule N° 37.

AN ORDINANCE

Enacted by His Excellency the Lieutenant-Governor of Mauritius and its Dependencies, with the advice and consent of the Council of Government thereof.

To provide for the lease of certain rights on Crown Lands.

F. NAPIER BROOME.

(L.S.) (11th December, 1882.)

Whereas it is enacted by Article 537 of the Civil Code of this Colony that property which does not belong to private individuals must be administered in the manner and according to rules specialy provided;

Whereas lands have been and are to be acquired by the Government of this Colony under the provisions of Ordinance

des dispositions de l'ordonnance n⁰ 10 de 1881 et qu'il importe de faire rentrer une certaine recette de la location de certains droits sur ces terres;

Considérant en outre qu'il est utile d'arrêter des mesures pour la location de ces droits en ce qui regarde d'autres terres appartenant au gouvernement colonial;

Il est en conséquence décrété ce qui suit par Son Excellence le Lieutenant-Gouverneur, de l'avis et avec le consentement du Conseil du Gouvernement :

1. La présente ordonnance peut à toutes fins être citée sous le nom de « Ordonnance de 1882 sur la location de la chasse et de la pêche».

2. Le Gouverneur pourra ordonner la location du droit de chasse et de pêche sur les terres appartenant au Gouvernement de Maurice acquises ou non en vertu de l'ordonnance n⁰ 10 de 1881.

3. Une décision semblable ne pourra être prise qu'après avoir consulté l'administration des bois et forêts.

---

10 of 1881 and it is expedient that some revenue should be derived from the lease of certain rights over or in those lands;

Whereas it is further expedient to make provision for the lease of the same rights in regard to other lands belonging to the Colonial Government;

Be it therefore enacted by His Excellency the Lieutenant-Governor, with the advice and consent of the Council of Government, as follows :

1. This Ordinance may for all purposes be cited as « The Shooting and Fishing Leases Ordinance, 1882 ».

2. It shall be lawful for the Governor to order the lease of the right to shoot and go·in pursuit of game and to fish, hunt or fowl on lands belonging to the Government of Mauritius whether acquired or not by virtue of Ordinance 10 of 1881.

4. L'ordre étant donné. le Gouverneur prescrira que des soumissions publiques seront reçues avant l'octroi d'aucun bail. Le gouvernement ne sera pas tenu d'accepter la plus haute soumission ou toute autre.

5. Le bail sera autant que possible conforme au modèle de l'annexe jointe à la présente ordonnance, subordonné aux additions ou modifications qui pourraient être approuvées par le Gouverneur et qui pourraient rentrer dans l'objet prévu à l'article 2 de la présente.

6. Le bail sera signé par le locataire, le secrétaire colonial ou le secrétaire colonial adjoint.

7. Au bail sera annexé un plan indiquant les tenants et aboutissants de la terre à laquelle il se rapporte et le bail lui-même mentionnera ces tenants et aboutissants.

8. Lorsqu'il s'agit de soumissions, le bail sera rédigé par le directeur des forêts et approuvé par le secrétaire colonial ou le secrétaire colonial adjoint et les soumissions seront faites en tenant compte du bail rédigé ainsi approuvé.

---

3. No such order shall be made except after consulting the Woods and Forests Board.

4. Upon such order made, the Governor shall direct that public tenders be invited before granting any lease.

The Government shall not be bound to accept either the highest or any tender.

5. The deed of lease shall be, as nearly as may be, in the form in the Schedule annexed to this Ordinance, subject to any addition or modification which may be approved by the Governor and which may fall within the scope of the lease provided in Article 2 hereof.

6. The deed of lease shall be signed by the lessee, and the Colonial Secretary or Assistant Colonial Secretary.

7. There shall be attached to the deed of lease a plan show-

9. Le bail aura une durée de dix ans au maximum.

10. Le loyer sera toujours payable par anticipation au receveur général.

11. Le locataire fournira à la satisfaction du receveur général, avant la signature du bail, une caution signée conjointement et solidairement avec lui par un répondant au moins et libellée de façon à garantir l'accomplissement de toutes les conditions du bail.

12. Le bail sera fait en triple expédition, dont un exemplaire pour le locataire, le second pour le directeur des forêts et le troisième pour le bureau des archives.

13. Aucune disposition de la présente ordonnance ne peut déroger aux lois de cette colonie sur le timbre et l'enregistrement.

14. Aucun bail fait en vertu des dispositions de la présente ordonnance ne donne au locataire la possession de la terre dans les limites de laquelle le droit loué est

---

ing the abuttals of the land to which the lease refers and the lease itself shall state the abuttals.

8. In the case of tenders, the lease shall be drawn up by the Director of Forests and approved by the Colonial Secretary or the Assistant Colonial Secretary and the tenders shall be made in respect of the draft lease so approved.

9. The lease shall be for a period not exceeding ten years.

10. The rent shall always be payable in advance to the Receiver General.

11. The lessee shall furnish to the satisfaction of the Receiver General before the signature of the deed of lease a security bond signed by at least one surety jointly and severally with himself and conditioned for the fulfilment of all the conditions of the lease.

12. The deed of lease shall be made in triplicate originals, of which one shall belong to the lessee, a second to the Director of Forests, and the third to the Archives Office.

exercé; cette terre, soumise aux dispositions de la présente ordonnance et aux conditions expresses et légales du bail, restera dans la possession du gouvernement.

15. Le locataire aura le droit d'établir sur la dite terre un pavillon de chasse avec dépendances suffisant pour lui, ses amis et serviteurs, de l'entretenir et de le dépla er dans le mois après l'expiration du bail.

L'emplacement de ce pavillon sera subordonné à l'approbation écrite préalable du directeur des forêts.

16. Il aura le droit de tenir sur cette terre un nombre de serviteurs suffisant en tout temps pour prévenir le braconnage et protéger les droits loués.

17. Ces serviteurs seront tenus, en cas de réquisition par un fonctionnaire ou garde du département des forêts, d'assister celui-ci dans l'exécution de lois lorsqu'il s'agit de procéder à une arrestation, à une saisie ou à la prévention d'une évasion; à défaut de le faire, ils encour-

---

13. Nothing herein contained shall be in derogation of the stamp and registration laws of this Colony.

14. No lease made under the provisions hereof shall give to the lessee the possession of the land within the limits of which the rights leased are to be exercised; but subject to the provisions of this Ordinance and to the express and lawful conditions of the lease, such land shall remain in the possession of the Government.

15. The lessee shall have the right to erect a shooting lodge and dependencies on the said land sufficient for himself, his friends and servants, to keep it up and to remove it within one month after the expiration of his lease.

The site of the lodge shall be subject to the previous approval in writing of the Director of Forests.

16. He shall have the right to keep on the said land servants sufficient at all times to prevent poaching and to protect the rights leased to him.

ront pour chaque contravention une peine ne dépassant pas cinquante roupies.

18. Le produit provenant de toutes les locations faites en vertu des présentes dispositions sera versé au fonds des bois et forêts.

19. Aucune disposition de la présente ordonnance ou d'un bail fait en vertu de celle-ci ne sera considérée comme autorisant la violation d'une loi criminelle ou pénale promulgée ou à promulguer ou donnant à un locataire un droit à des dommages-intérêts dans le cas de promulgation d'une loi semblable. "

Passée en Conseil au Port Louis, île Maurice, le 5 décembre 1882.

Charles F. Gahan,
Secrétaire ff. de Conseil du Gouvernement.

---

17. Such servants shall be bound when required by any officer or ranger of the Woods and Forest department to assist the latter in the execution of laws, for the purpose of effecting an arrest or seizure or of preventing an escape, and in default thereof shall suffer for each offence a penalty not exceeding Fifty rupees.

18. The rent accruing from all leases made under the provisions hereof shall accrue to the Woods and Forests fund.

19. Nothing contained in this Ordinance or in any lease made under its provisions shall be deemed to authorise any breach of a criminal or penal law passed or to be passed or to give to any lessee a right to indemnity in the case of the passing of any such law.

Passed in Council at Port Louis, Island of Mauritius, this fifth day of December one thousand eight hundred and eighty two.

Charles F. Gahan,
Acting Secretary
to the Council of Government.

Publiée par ordre de Son Excellence le Lieutenant-Gouverneur,

H. N. D. BEYTS,
Secrétaire colonial ff.

ANNEXE

Bail de chasse et de pêche.

En exécution de l'ordonnance n⁰   de 1882.

La présente convention arrêtée le...............................
mille huit cent........................... entre M.....................
.... secrétaire colonial du
gouvernement de Sa Majesté de Maurice et agissant en
cette qualité pour le dit gouvernement, d'une part,
et..................................... du district de........................,
d'autre part, atteste que le dit M...............................

Published by order of His Excellency the Lieutenant-Governor.

H. N. D. BEYTS,
Acting Colonial Secretary.

SCHEDULE.

Shooting and Fishing Lease.

Under Ordinance N⁰   of **1882.**

This agreement made the .... day of .... A. D.
One thousand eight hundred and .... between ....
.... Esquire .... Colonial
Secretary to Her Majesty's Government of Mauritius and acting
for the said Government in such capacity, on the one part and
.... of the District of ....
.... on the other part, witnesseth that the said
.... Esquire acting in his said capacity
as aforesaid doth lease unto the said ....
who accepts the same the right of shooting and fishing within
the limits of a portion of land containing about ....

agissant comme il est dit ci-dessus, donne à bail à loyer au
dit...................... qui accepte, le droit de chasse
et de pêche dans les limites d'une étendue de terres contenant environ........................... située dans
le district de.................. et délimitée comme
suit, tel que certifié par un état descriptif signé par
M........................., arpenteur juré, portant la date du.................. 1800.............. à
savoir :...
....
....
....
....
....

valable à partir du..................... mille
huit cent.................... pour le terme de.........
.... années; payant à cet effet pendant le dit terme
le loyer annuel de................. payable d'avance le

.... situate in the District of .... and bounded as
follows, as certified by a descriptive statement under the hand
of Mr. .... Sworn Land Surveyor, bearing date
the .... day of ....
One thousand eight hundred and .... that is
to say :..
....
....
....
....
....
....

To Have and to Hold from the .... day of
.... A. D. One thousand eight hundred and
.... for the term of ....

.... de chaque année entre les mains du receveur général à son bureau à Port Louis,

Et le dit bailleur, d'une part, s'engage avec le dit locataire pour la jouissance paisible des droits mentionnés ci-dessus pendant la durée du bail, le dit locataire d'autre part s'engageant et agréant comme suit, savoir :

1º Si le loyer n'est pas payé un mois après l'échéance, il portera intérêt à partir de la date à laquelle il est dû au taux de 9 % par an, sans qu'il soit nécessaire d'avertissement ;

2º Si le loyer n'est pas payé dans les trois mois après l'échéance, le présent bail peut être considéré, au gré du bailleur, comme nul et non avenu ; une simple notification déclarant que le loyer n'a pas été payé et que le bailleur revendique le droit de considérer le bail comme nul et non avenu sera suffisante ; et si la terre n'est pas abandonnée immédiatement, des dommages-intérêts seront payés au bailleur ;

---

years thence after ensuing ; yielding therefor during the said Term, the Annual Rent of .... payable in advance on the .... day of .... in each year of the said term, into the hands of the Receiver General at his Office in Port Louis.

And the said Lessor on the One hand, covenants with the said Lessee for the quiet enjoyment of the above mentioned rights during the Term of this Lease, the said Lessee on the other hand covenanting and agreeing as follows, that is to say :

1º If the rent be not paid within one month after falling due, it shall bear interest from the date when due at the rate of 9 per cent per annum no notice of becoming due being required ;

2º If not paid within three months after falling due this Lease may at the will of the Lessor be held null and void, a single notice intimating the fact that the rent has not been paid

3° Que le locataire ne cèdera ou ne sous-louera tout ou partie de ses intérêts dans le présent bail sans l'autorisation expresse écrite du bailleur ;

4° Qu'il ne tirera, détruira, ordonnera ou permettra de détruire des paons en tout temps, des daims entre le 15 et le 31 août, ces deux jours y compris, ou des daguets entre le 1ᵉʳ juillet et la fermeture de la chasse ; la violation de cette clause sera un motif d'annulation du bail ;

5° Que si la terre est réclamée par un propriétaire légal autre que le gouvernement colonial, elle sera abandonnée par le locataire sans indemnité, mais la partie du loyer annuel payée d'avance au moment où la terre est abandonnée sera remboursée ;

6° Le gouvernement aura le droit, lorsqu'il le juge utile dans l'intérêt public, de faire des routes, chaussées ou ponts sur la dite terre ou d'y construire, de clôturer

---

and that the Lessor claims his right to hold the lease to be null and void shall be sufficient, and if the land be not delivered up forthwith damages shall accrue to the Lessor ;

3° That the lessee will not assign or sublet the whole or any part of his interest in this Lease without the express permission in writing of the Lessor ;

4° That he will not shoot, destroy or cause or allow to be destroyed Fawns at any time, Does except between the 15th and 31st August, both day inclusive, or Daguets between the 1st July and the close of the shooting season, and that the breach of this clause shall be a ground for cancellation of the lease.

5° That the land if claimed by any lawful owner other than the Colonial Government shall be given up by the Lessee without indemnity, but such portion of the year's rent as may have been paid in advance at the time the land is resumed, shall be refunded ;

6° The Government shall have the right when it shall deem it advisable in the public interest to make roads, causeways or

toute partie ou toutes parties de cette terre dans un but d'élevage ou de culture;

7º Le locataire aura le droit de renoncer au bail, par notification écrite au secrétaire colonial, s'il trouve que le fait de faire des routes ou d'autres actes est préjudiciable à l'exercice de ses droits;

8º Le Gouverneur en Conseil exécutif aura le pouvoir d'annuler le présent bail s'il le juge nécessaire dans l'intérêt public; un préavis de trois mois de cette annulation sera donné par le directeur des forêts.

En foi de quoi, les dites parties ont apposé leurs signatures sur le présent bail fait en triple.

---

bridges on the land aforesaid or to build upon, fence in or for nursery purposes to cultivate any portion or portions of the said land.

7º The Lessee shall have the power by written notice to the Colonial Secretary to abandon the Lease should he find these acts of making roads, or other acts in preceding article prejudicial to his enjoyment of his rights;

8º The Governor in Executive Council shall have power to cancel this lease if he should deem it necessary in the public interest; three months notice of such cancellation shall be given by the Director of Forests.

In witness whereof the said parties hereto have set their hands to this Lease made in triplicate.

Annexe N° 38.

Ordonnance n° 21 de 1901.

ORDONNANCE

rendue par le Gouverneur de Maurice et de ses Dépendances, de l'avis et avec le consentement du Conseil du Gouvernement de cette île,

pour amender l'ordonnance n° 42 de 1882.

(Terres de la Couronne.)

Je donne mon assentiment,

CHARLES BRUCE,
Gouverneur.

27 décembre 1901.

Il est arrêté ce qui suit par le Gouverneur, de l'avis et avec le consentement du Conseil du Gouvernement :

Schedule N° 38.

Ordinance N° 21 of 1901.

AN ORDINANCE

Enacted by the Governor of Mauritius and its Dependencies, with the advice and consent of the Council of Government thereof.

To amend Ordinance N° 42 of 1882

(Crown Lands).

I assent,

CHARLES BRUCE,
Governor.

27th. December, 1901.

Be it enacted by the Governor, with the advice and consent of the Council of Government, as follows :

1. L'article 2 de l'ordonnance n° 42 de 1882 est abrogé et remplacé par le suivant :

« 2. Le Gouverneur pourra, de l'avis de l'administration des bois et forêts, ordonner la location publique du droit de chasse et de pêche sur des terres appartenant au gouvernement de Maurice. »

2. L'article 9 de l'ordonnance n° 42 de 1882 est abrogé et remplacé par le suivant :

« 9. Le bail aura une durée de sept ans. »

3. Le Gouverneur peut, de l'avis de l'administration des bois et forêts, changer toute condition du bail prévue dans l'annexe de l'ordonnance n° 42, en ce qui concerne les baux à délivrer ultérieurement.

4. Les articles 3, 4 et 8 de l'ordonnance n° 42 de 1882 sont abrogés.

5. La présente ordonnance peut être citée sous le nom

---

1. Article 2 of Ordinance N° 42 of 1882 is repealed and replaced by the following :

« 2. It shall be lawful for the Governor on the advice of the Woods and Forests Board to order the lease of the right to shoot and go in pursuit of game and to fish, hunt, or fowl on lands belonging to the Government of Mauritius, to be put up by public auction. »

2. Article 9 of Ordinance N° 42 of 1882 is repealed and replaced by the following :

« 9. The lease shall be for a period of seven years. »

3. The Governor may, with the advice of the Woods and Forests Board, alter any of the conditions of the lease provided in the Schedule to Ordinance N° 42 of 1882, with respect to any lease hereafter to be granted.

4. Articles 3, 4 and 8 of Ordinance N° 42 of 1882 are repealed.

5. This Ordinance may be cited as « The Lease of Crown Lands Ordinance 1901 ».

de « Ordonnance de 1901 sur la location de terres de la Couronne ».

Passée en Conseil au Port Louis, île Maurice, le 20 décembre 1901.

G. LINCOLN,
Greffier du Conseil du Gouvernement.

Publiée par ordre de Son Excellence le Gouverneur, le 28 décembre 1901.

JAMES J. BROWN,
Secrétaire colonial ff.

Passed in Council at Port Louis, Island of Mauritius, this twentieth day of December, One thousand nine hundred and one.

G. LINCOLN,
Clerk of the Council of Government.

Published by order of His Excellency the Governor, this twenty-eighth day of December, One thousand nine hundred and one.

JAMES J. BROWN,
Acting Colonial Secretary.

ANNEXE N° 39.

Ordonnance n° 38 de 1902.

ORDONNANCE

*arrêtée par le Gouverneur de Maurice et de ses Dépendances,
de l'avis et avec le consentement du Conseil du Gouvernement de cette île,*

pour amender l'ordonnance n° 42 de 1882.

(Terres de la Couronne.)

Je donne mon assentiment,

CHARLES BRUCE,

15 décembre 1882.   *Gouverneur.*

Il est décrété ce qui suit par le Gouverneur, de l'avis
et avec le consentement du Conseil du Gouvernement :

1. Lorsqu'une personne est titulaire de baux de
chasse de parties contiguës de terres de la Couronne et

SCHEDULE N° 39.

Ordinance N° 38 of 1902.

AN ORDINANCE

*Enacted by the Governor of Mauritius and its Dependencies,
with the advice and consent of the Council of Government thereof.*

To amend Ordinance N° 42 of 1882 (Crown Lands).

I assent,

CHARLES BRUCE,

15th. December, 1902.   *Governor.*

Be it enacted by the Governor, with the advice and consent
of the Council of Government, as follows :

1. Where any person holds leases of contiguous portions of
Crown Lands for shooting purposes, and such leases terminate

que ces baux expirent à des époques différentes, le Gouverneur peut, à la demande de cette personne et après avoir consulté l'administration des forêts, annuler ces baux et mettre aux enchères, conformément à l'ordonnance nº 42 de 1882 amendée par celle de 1901 nº 21, le droit de chasse sur tout ou partie de ces parties contiguës.

2. La présente ordonnance peut être citée sous le nom de « Ordonnance d'amendement de 1902 sur la location de terres de la Couronne ».

Passée en Conseil au Port Louis, île Maurice, le 9 décembre 1902.

G. LINCOLN,
Greffier du Conseil du Gouvernement.

Publiée par ordre de Son Excellence le Gouverneur, le 16 décembre 1902.

GRAHAM BOWER,
Secrétaire colonial.

---

at different periods, it shall be lawful for the Governor on the application of such person, and after consulting the Woods and Forests Board to cancel the said leases, and to put up to public auction in accordance with Ordinance Nº 42 of 1882, as amended by Ordinance Nº 21 of 1901, the lease for shooting purposes of the whole of such contiguous portions, or af any part thereof, as one portion.

2. This Ordinance may be cited as « The Lease of Crown Lands (Amendment) Ordinance 1902 ».

Passed in **Council at** Port Louis, Island of Mauritius, this ninth day of **December**, One thousand nine hundred and two.

G. LINCOLN,
Clerk of the Council of Government.

Published by order of His Excellency the Governor, this sixteenth day of December, One thousand nine hundred and two.

GRAHAM BOWER,
Colonial Secretary.

ANNEXE N° 40.

Ordonnance n° 11 de 1903.

ORDONNANCE

rendue par le Gouverneur de Maurice et de ses Dépendances, de l'avis et avec le consentement du Conseil du Gouvernement de cette île,

pour amender l'ordonnance n° 42 de 1882.

(Terres de la Couronne.)

Je donne mon assentiment.

CHARLES BRUCE,
Gouverneur.

(3 juillet 1903.)

Il est décrété ce qui suit par le Gouverneur, de l'avis et avec le consentement du Conseil du Gouvernement :

1. Lorsque le droit de chasse sur des terres de la Cou-

SCHEDULE N° 40.

Ordinance N° 11 of 1903.

AN ORDINANCE

Enacted by the Governor of Mauritius and its Dependencies, with the advice and consent of the Council of Government thereof.

To amend Ordinance N° 42 of 1882 (Crown Lands).

I assent,

CHARLES BRUCE,
Governor.

3rd. July, 1903.

Be it enacted by the Governor, with the advice and consent of the Council of Government, as follows :

1. Where any lease of Crown Lands for shooting purposes is put up for auction, the period of such lease shall in all cases terminate on the 31st August in the seventh year of such lease,

ronne est mis aux enchères, le bail de la location expirera dans tous les cas à la date du 31 août de la septième année du bail, nonobstant toute disposition contraire dans l'ordonnance n° 42 de 1882 amendée par celle de 1901 n° 21.

2. La présente ordonnance peut être citée sous le nom de « Ordonnance d'amendement de 1903 concernant les terres de la Couronne ».

Passée en Conseil au Port Louis, île Maurice, le 30 juin 1903.

G. LINCOLN,
Greffier du Conseil du Gouvernement.

Publiée par ordre de Son Excellence le Gouverneur, le 4 juillet 1903.

GRAHAM BOWER,
Secrétaire colonial.

---

anything in Ordinance N° 42 of 1882 as amended by Ordinance N° 21 of 1901 to the contrary notwithstanding.

2. This Ordinance may be cited as « The Crown Lands (Amendment) Ordinance, 1903 ».

Passed in Council at Port Louis, Island of Mauritius, this thirtieth day of June, One thousand nine hundred and three.

G. LINCOLN,
Clerk of the Council of Government.

Published by order of His Excellency the Governor, this fourth day of July, One thousand nine hundred and three.

GRAHAM BOWER,
Colonial Secretary.

MADAGASCAR ET DÉPENDANCES

MADAGASCAR

ARRÊTÉ

sur la police de la chasse.

Le Gouverneur général de Madagascar et Dépendances,

Vu les décrets des 11 décembre 1895 et 30 juillet 1897;

Vu le décret du 6 mars 1877;

Vu le décret du 7 juillet 1901, rendant applicables à Madagascar les dispositions du décret du 30 septembre 1887, relatif à la répression par voie disciplinaire des infractions commises par les indigènes du Sénégal non citoyens français;

Vu le décret du 6 juin 1896 réglementant l'importation, la vente, le transport et la détention des armes à feu et de leurs munitions;

Considérant qu'il importe de réglementer la chasse du gibier et des aigrettes dans le but d'en assurer la conservation;

Le Conseil d'administration entendu,

Arrête :

TITRE Ier.

Dispositions générales.

Article 1er.

Nul ne pourra chasser, sur tout le territoire de la Colonie de Madagascar et Dépendances, sauf les exceptions

ci-après, si la chasse n'est pas ouverte et s'il n'est pas porteur d'un permis de chasse délivré par l'autorité compétente.

Nul n'aura la faculté de chasser sur la propriété d'autrui sans le consentement du propriétaire ou de ses ayants-droit.

ART. 2.

Le propriétaire peut chasser ou faire chasser en tout temps, sans permis de chasse, sur les terrains attenant à une habitation et entourés d'une clôture continue faisant obstacle à toute communication avec les propriétés voisines.

TITRE II.

Ouverture et clôture de la chasse.

ART. 3.

La chasse du gibier, y compris les aigrettes de toute espèce, est interdite du 1er septembre au 1er avril sur tout le territoire de Madagascar et Dépendances.

ART. 4.

Il est interdit de mettre en vente, de vendre, d'acheter, de transporter et de colporter du gibier pendant le temps où la chasse n'est pas permise.

En cas d'infraction à cette disposition, le gibier sera saisi et immédiatement livré, si possible, aux hôpitaux, ambulances et dispensaires les plus voisins, en vertu, soit d'une ordonnance du juge de paix, si la saisie a lieu au chef-lieu de province ou de cercle, soit d'une autorisation du chef du district ou du commandant du secteur, si le juge de paix est absent, ou si la saisie a été faite hors

du chef-lieu de la province ou du cercle. Cette ordonnance ou cette autorisation sera délivrée sur la requête des agents, gardes ou fonctionnaires qui auront opéré la saisie, et sur la présentation du procès-verbal régulièrement dressé. Dans le cas où il n'existerait pas de formation sanitaire dans le voisinage, le gibier sera saisi et détruit.

La recherche du gibier ne pourra être faite à domicile que chez les aubergistes, chez les restaurateurs, chez les marchands de comestibles et dans les lieux ouverts au public.

TITRE III.

Du permis de chasse.

Art. 5.

Les permis de chasse sont délivrés sur l'avis des chefs de district ou commandants de secteur, par les administrateurs chefs de province ou les commandants de cercle.

La délivrance des permis de chasse donnera lieu au paiement d'un droit de 10 francs, dont la moitié sera perçue au profit du budget local et l'autre moitié au profit du budget communal dans les provinces de Tananarive, Fianarantsoa, Tamatave, Majunga, Diégo-Suarez, Mosy-Be et Sainte-Marie.

Les permis de chasse seront personnels; ils seront valables pour toute la colonie et pour une année seulement. Ils devront être représentés par les chasseurs à toute réquisition des autorités administratives.

Art. 6.

Les demandes de permis de chasse seront adressées par écrit aux chefs de district ou commandants de secteur,

qui les transmettront avec leur avis motivé au chef de province ou au commandant de cercle, chargés d'y donner suite.

Toute demande devra, sous peine d'être considérée comme nulle et non avenue, être accompagnée de l'autorisation spéciale prévue par l'article 4 du décret du 6 juin 1896, sur l'importation, la vente, le transport et la détention des armes et munitions.

Art. 7.

Les permis de chasse ne pourront être accordés qu'aux personnes ayant atteint l'âge de la majorité. Exceptionnellement, ils pourront, néanmoins, être délivrés aux mineurs de dix-huit à vingt-un ans, si la demande en est faite pour eux par leurs père, mère, tuteur ou curateur.

Art. 8.

En cas de perte de permis de chasse pendant la durée de sa validité, le titulaire ne pourra demander qu'il lui soit délivré un duplicata de ce titre, mais il pourra s'en faire délivrer un nouveau moyennant le versement du droit prévu à l'article 5.

Art. 9.

Dans le temps où la chasse sera ouverte, le permis donnera à celui qui l'aura obtenu le droit de chasser, avec des armes à feu, soit sur ses propres terres, soit sur les terres d'autrui avec le consentement de celui à qui le droit de chasse appartient, soit sur les terres non closes appartenant à l'Etat ou aux communes où la chasse ne sera pas interdite.

Art. 10.

Est prohibée en tous lieux et en tous temps la chasse aux panneaux, filets et engins de toute nature. Est égale-

ment prohibé l'usage des appeaux, appelants, chanterelles, lacets et collets.

TITRE IV.

Animaux nuisibles.

ART. 11.

Les dispositions qui précèdent ne sont pas applicables à la chasse des animaux nuisibles, laquelle pourra avoir lieu en tout temps, sans permis, sauf autorisation préalable délivrée par les chefs de district et commandants de secteur, sur le vu de l'autorisation spéciale prévue par le § 3 de l'article 4 du décret du 6 juin 1896 susvisé.

ART. 12.

Sont considérés comme animaux nuisibles dans le sens du présent arrêté :

L'aigle (nom malgache : Voromahery ngeza);
Le caïman (nom malgache : Mamba, voay);
Le chat sauvage (nom malgache : Kary);
La civette (nom malgache : Jaboady) ;
Le corbeau (nom malgache : Goaika);
La crécerelle (nom malgache : Hitsikitsika);
L'épervier (nom malgache : Voromahery);
Le faucon (nom malgache : Fanindry);
La genette (nom malgache : Fosa Vontsiry);
Le milan (nom malgache : Papango);
Le perroquet noir (nom malgache : Boloky);
La roussette (nom malgache : Fanihy);
Le sanglier (nom malgache : Lambo).

Cette nomenclature, strictement limitative, pourra être complétée, le cas échéant, par des arrêtés ultérieurs du Gouverneur Général.

Art. 13.

Il appartiendra aux chefs de province et commandants de cercle, en vue de faciliter la destruction des animaux nuisibles, d'organiser, s'ils le jugent utile, par des décisions locales immédiatement applicables, des battues, pour lesquelles ils pourront requérir le concours des habitants. Les décisions fixeront les conditions dans lesquelles auront lieu ces battues, dont les chefs de district ou commandants de secteur assureront et feront surveiller l'exécution. Les chefs de district et commandants de secteur établiront un procès-verbal des opérations de battues, qu'ils transmettront au Gouverneur Général, sous couvert du chef de province ou commandant de cercle.

Seront dispensées du permis de chasse les personnes qui participeront à ces mesures de destruction, prescrites dans un but d'intérêt général.

TITRE V.

Contraventions. — Pénalités.

Art. 14.

Les contraventions au présent arrêté seront prouvées soit par procès-verbaux ou rapports, soit par témoins, à défaut de procés-verbaux et rapports, ou à leur appui. Les procès-verbaux des chefs de district, commandants de secteur, chefs de poste administratif, inspecteurs et gardes régionaux, commissaires, inspecteurs et brigadiers de la police administrative et judiciaire, feront foi jusqu'à preuve contraire.

Art. 15.

Les contraventions au présent arrêté seront passibles

d'une amende de 1 à 15 francs et d'un emprisonnement
de 1 à 5 jours, ou de l'une de ces deux peines seulement.

Dans le cas de récidive, le maximum sera toujours appliqué.

Les contraventions relevées à l'encontre des indigènes
seront punies d'un emprisonnement de 1 à 15 jours et
d'une amende de 1 à 100 francs ou de l'une de ces deux
peines seulement.

ART. 16.

MM. le Secrétaire Général, le Procureur Général, les
Chefs de province et commandants de cercle sont chargés,
chacun en ce qui le concerne, de l'exécution du présent
arrêté.

Tananarive, le 22 mai 1907.

Victor AUGAGNEUR.

COLONIE DE MADAGASCAR
ET DÉPENDANCES.

Nº D'ORDRE................

—

Date du permis du port d'armes.....

....

(Décret du 6 juin 1896.)

Signalement du titulaire...................
Age ....
Lieu de naissance............................
Domicile.......................................
Profession.....................................
Marques particulières...................

Arrêté du.....................1907

ART. 5. —......................................
La délivrance des permis de chasse donne lieu au paiement d'un droit de 10 francs, dont la moitié sera perçue au profit du budget local et l'autre moitié au profit du budget communal, dans les provinces de Tananarive, Fianarantsoa, Tamatave, Majunga, Diégo-Suarez, Nosy-Be et Sainte-Marie.

Les permis de chasse seront personnels; ils seront valables pour toute la colonie et pour une année seulement. Ils devront être représentés par les chasseurs à toute réquisition des autorités administratives.

ART. 8. — En cas de perte du permis de chasse pendant la durée de sa validité, le titulaire ne pourra demander qu'il lui soit délivré un duplicata de ce titre, mais il devra s'en faire délivrer un nouveau, moyennant le versement du droit prévu à l'article 5.

ART. 9. — Dans le temps où la chasse est ouverte, le permis donnera à celui qui l'aura obtenu, le droit de chasser avec des armes à feu, soit sur ses propres terres, soit sur les terres d'autrui avec le consentement de celui à qui le droit de chasse appartient, soit sur les terres non closes appartenant à l'État ou aux communes.

Nº D'ORDRE.......

—

Date du permis du port d'armes..........
(Décret du 6 juin 1896)
Nom du titulaire........
Prénoms ....
Age ....
Lieu de naissance.......

....
Domicile ....
Profession..................
Marques particulières

....
Date de la délivrance du permis de chasse

....

L' (8) ....

Sceau.

(1) Cercle, province ou district autonome.

(2) Nom du cercle, de la province ou du district autonome.

(3) Date de l'année (en chiffres).

(4) Nom et prénoms du titulaire.

(5) Lieu de résidence du titulaire.

(6) Nom du chef-lieu de la province, du cercle, etc.

(7) Date (en toutes lettres) de la délivrance du permis.

(8) Chef de la province ou du district autonome, ou commandant du cercle.

---

(1) ....
de .... (2)

Année (3)..........

*Permis
de chasse.*

—

M. (4)...............
demeurant à (5)

....

est autorisé à se livrer à la chasse à tir du gibier et des aigrettes, dans les conditions fixées par l'arrêté du ....
.... 1907.

.... (6)
le................. (7)

L' (8).................

Sceau.

Le titulaire,

Annexe N° 42.

ARRÊTÉ

portant interdiction de la chasse aux bœufs sans maître connu dans la colonie de Madagascar et Dépendances.

Le Gouverneur général de Madagascar et Dépendances,

Vu les décrets des 11 décembre 1895 et 30 juillet 1897;

Vu les arrêtés des 28 octobre 1899, 14 février 1900, 2 mai 1900, 24 septembre 1900, 8 novembre 1900, 17 septembre 1901, 19 mai 1902 et 25 avril 1904, réglementant la chasse aux bœufs sans maître connu dans le secteur autonome de Mahilaka oriental, les cercles d'Andriamena de Maevatanana, de la Mahavavy, les régions d'Ankilahila et de Vonizongo, la province d'Ambatondrazaka et les cercles de Maintirano et de Morondava;

Le Conseil d'administration entendu,

Arrête :

ARTICLE 1er.

La chasse aux bœufs sans maître connu est interdite d'une manière absolue sur tout le territoire de la colonie de Madagascar et Dépendances.

ART. 2.

Les privilèges de chasse accordés à certains particuliers seront, toutefois, maintenus jusqu'à l'expiration de la période pour laquelle ils ont été concédés; mais ils ne pourront, sous aucun prétexte, être renouvelés.

Art. 3.

Sont abrogés les arrêtés susvisés des 28 octobre 1899,
14 février 1900, 2 mai 1900, 24 septembre 1900, 8 novembre 1900, 17 septembre 1901, 19 mai 1902 et 25 avril
1904.

Art. 4.

MM. les Chefs des circonscriptions intéressées sont
chargés de l'exécution du présent arrêté.

Tananarive, le 26 décembre 1906.

signé : Victor Augagneur.

AFRIQUE ALLEMANDE DU SUD-OUEST

PROTECTORAT
DU
SUD-OUEST AFRICAIN ALLEMAND

Annexe n° 43.

ORDONNANCE

*du Gouverneur du Sud-Ouest africain allemand du 15 fé-
vrier 1909 relative à la chasse dans le protectorat du
Sud-Ouest africain allemand.*

Conformément à l'art. 15 de la loi sur les protectorats
(*Recueil des lois de l'Empire de 1900*, p. 813) et à l'art. 5
de la décision du chancelier de l'Empire relative aux
compétences administratives navales et consulaires et
aux droits des autorités de prendre des ordonnances

DEUTSCH-SÜDWESTAFRIKANISCHEN
SCHUTZGEBIET

Schedule n° 43.

VERORDNUNG

*des Gouverneurs von Deutsch-Südwestafrika, betr. die Ausübung
der Jagd im deutsch - südwestafrikanischen Schutzgebiet, vom
15. Februar 1909.*

Auf Grund des § 15 des Schutzgebietsgesetzes (*Reichs-Gesetzbl.*
1900, Seite 813) und des § 5 der Verfügung des Reichskanzlers,
betreffend die seemannsamtlichen und konsularischen Befugnisse
und das Verordnungsrecht der Behörden in den Schutzgebieten

dans les protectorats de l'Afrique et de la mer du Sud, du 27 septembre 1903 (*Journal col.* p. 509), il est arrêté ce qui suit, moyennant abrogation de l'ordonnance du gouverneur du Sud-Ouest africain du 1er septembre 1902 (*Journ. col.*, p. 538) relative à l'exercice de la chasse dans le protectorat du Sud-Ouest africain :

ARTICLE PREMIER.

Par « chasse », dans le sens de la présente ordonnance, il faut entendre la chasse des animaux indiqués ci-après, pour autant qu'ils soient considérés comme étant sans maître d'après les dispositions légales :

a) Éléphants, hippopotames, rhinocéros, girafes, zèbres, buffles, toutes les grandes espèces d'antilopes et de gazelles, notamment les gnous, les antilopes Caama, les coudous, les élans, les *Blesböcke*, les *Rietböcke*, les *Griesböcke*, les chamois, les chamois bâtardés, les

---

Afrikas und der Südsee vom 27. September 1903 (*Kolonialblatt*, Seite 509) wird unter Aufhebung der Verordnung des Gouverneurs von Deutsch-Südwestafrika, betreffend die Ausübung der Jagd im deutsch - südwestafrikanischen Schutzgebiete, vom 1. September 1902 (*Kolonialblatt*, Seite 538) verordnet, was folgt :

§ 1.

Unter Jagd im Sinne dieser Verordnung wird die Jagd auf nachstehende Tiere, sofern sie nach den gesetzlichen Bestimmungen als herrenlos zu betrachten sind, verstanden :

a) Elefanten, Flusspferde, Rhinozerosse, Giraffen, Zebras, Büffel, alle grösseren Antilopen- und Gazellenarten, nämlich Gnus oder Wildebeeste, Hartebeeste ,Kudus, Elands, Blessböcke, Riet- böcke, Griesböcke, Gemsböcke, Bastardgemsböcke, Bastard- hartebeeste, Säbelantilopen, Palaantilopen oder Rooiböcke;

b) Strausse;

antilopes Caama bâtardées, les algazelles, les palaantilopes;

b) les autruches;

c) les sangliers, les antilopes à bourse et toutes les
espèces de petites antilopes;

d) les pintades, les francolins, les cailles, les perdrix,
les outardes, les canards, les oies;

e) les *Springhahnvögel*, les *Unterbeikis*, les vautours,
les oiseaux-secrétaires (serpentaires), les hiboux, les
toucans, les flamants.

Art. 2.

1. Est interdite la chasse :

a) aux éléphants, hippopotames, rhinocéros, girafes,
zèbres, buffles;

b) aux élans et coudous;

---

c) Wildschweine, Springböcke und alle kleinere Antilopen-
arten;

d) Perlhühner, Frankoline, (Fasan-, Sandhuhn), Flughühner,
(Wachteln, Patreitschen), Trappen, Enten, Gänse;

e) Springhahnvögel, Unterbeikis, Geier, Sekretäre, Eulen,
Pfefferfresser, Flamingos.

§ 2.

Verboten ist :

1. Die Jagd auf :

a) Elefanten, Flusspferde, Rhinozerosse, Giraffen, Zebras,
Büffel;

b) Eland- und Kudukühe;

c) Strausse;

d) Geier, Sekretäre, Springhahnvögel, Eulen, Pfefferfresser,
Flamingos;

c) aux autruches;

d) aux vautours, *Springhahnvögel*, hiboux, serpentaires, flamants;

e) à toutes les jeunes antilopes et gazelles rentrant dans l'article 1er dont les cornes n'ont pas percé ainsi qu'aux paloantilopes femelles.

2. Est également interdit l'enlèvement des œufs des nids d'autruches et de pintades ainsi que la destruction de ces œufs.

Le Gouverneur seul peut autoriser la chasse aux espèces de gibier précitées.

L'autorité compétente du district peut aussi permettre, dans un intérêt scientifique, la chasse à ces espèces de gibier et, dans un intérêt professionnel, l'enlèvement d'œufs d'autruches et la capture de jeunes autruches.

Cette autorisation est subordonnée à la délivrance d'un permis qui en indique la nature, l'étendue et la durée.

L'ayant droit est tenu d'être toujours porteur de ce

---

e) alle unter § 1*a* fallenden jungen Antilopen und Gazellen, bei denen das Gehörn noch nicht zum Durchbruch gekommen ist, und weibliche Palaantilopen.

2. Das Wegnehmen von Strausseneiern und Perlhuhneiern von der Brutstätte, sowie das Beschädigen solcher Eier.

Die Jagd auf die vorgenannten Wildarten kann nur der Gouverneur gestatten.

Im wissenschaftlichen Interesse kann auch das zuständige Bezirks- oder Distriktsamt die Jagd auf diese Wildarten und im wistschaftlichen Interesse die Fortnahme von Strausseneiern und das Einfangen junger Strausse gestatten.

Ueber die Berechtigung ist ein Erlaubnisschein auszustellen, aus welchem die Art, der Umfang und die Zeitdauer desselben ersichtlich ist.

Der Erlaubnisschein ist bei Ausübung der Jagd stets mitzu-

permis lorsqu'il chasse et de le présenter sur demande aux autorités de la police ou à d'autres fonctionnaires chargés de la surveillance.

Pour autant qu'il s'agisse de la chasse aux espèces de gibier dénommées à l'article 2, 1*a*, jusqu'à *e*, la taxe à payer pour le permis est fixée dans chaque cas par l'autorité qui délivre le permis.

Le permis peut en tout temps être retiré lorsque l'usage qui en est fait a pour conséquence un dommage considérable pour le gibier. Dans ce cas, la taxe perçue peut être restituée en tout ou en partie. L'autorité compétente du district, c'est-à-dire le gouverneur, décide au sujet du montant de la taxe à restituer. Le décision de l'autorité du district est susceptible d'appel auprès du gouvernement.

La procédure a lieu d'après les prescriptions de l'ordonnance impériale relative aux compétences répressives et pénales des autorités administratives dans les protec-

---

führen und auf Verlangen der Polizei-oder sonstigen Aufsichts organen vorzuzeigen.

Soweit es sich um Jagd auf die vorgenannten Wildarten unter Ziffer 2, 1*a* bis *e* handelt, ist die für den Erlaubnisschein zu entrichtende Gebühr in jedem Falle besonders von der die Erlaubnis erteilenden Behörde festzusetzen, beziehungsweise zu erlassen.

Die Erlaubnis kann jederzeit widerrufen werden, wenn die Ausübung derselben eine erhebliche Schädigung des Wildstandes zur Folge hat. In solchem Falle kann die erhobene Gebühr ganz oder teilweise zurückerstatte twerden. Ueber die Höhe der zurückzuerstattenden Gebühr bestimmt das zuständige Bezirks-order Distriktsamt, beziehungsweise der Gouverneur, Gegen die Verfügung des Bezirks- oder Distriktsamts ist Beschwerde an das Gouvernement zulässig. Das verfahren richtet sich nach den Vorschriften der Kaiserlichen Verordnung, betreffend Zwangs-

torats de l'Afrique et de la mer du Sud, en date du 14 juillet 1905, et d'après les mesures d'exécution du 21 décembre 1908.

ART. 3.

Les dispositions de l'ordonnance du Gouverneur relatives à la création de cantons de réserve en date du 22 mars 1907 restent en vigueur pour la chasse dans ces cantons.

ART 4.

Il est interdit de faire la chasse aux espèces de gibier mentionnées dans l'article 1er au moyen de trappes, fossés, kraals, filets, lacets ou autres engins semblables; est également interdite la chasse au feu de ces animaux.

ART. 5.

L'exercice du droit de chasse (art. 1er) est subordonné à un permis. Le permis est délivré par l'autorité du dis-

---

und Strafbefugnisse der Verwaltungs behörden in den Schutzgebieten Afrikas und der Südsee vom 14. Juli 1905 und den dazu erlassenen Ausführungsbestimmungen vom 21. Dezember 1908.

§ 3.

Hinsichtlich der Ausübung der Jagd in den Wildreservaten bleiben die Bestimmungen der Verordnung des Gouverneurs, betreffend Bildung von Wildreservaten vom 22. März 1907 unberührt.

§ 4.

Verboten ist, den von dieser Verordnung (§ 1) betroffenen Wildarten mittels Fallen, Gruben, Kraalen, Netzen, Schlingen oder ähnlichen Vorrichtungen nachzustellen oder auf dieselben Feuerjagden zu veranstaltten.

trict dans lequel habite la personne qui le demande;
le permis qui est valable pour un an dans tout le protectorat n'est pas cessible. Si la personne qui demande
le permis n'habite pas dans le protectorat, l'autorité
du district du lieu de résidence est compétente pour la
délivrance du permis.

Le propriétaire du permis doit en être porteur lorsqu'il
chasse et le présenter à la demande de la police ou d'autres
organes chargés de la surveillance. La taxe à payer pour
le permis s'élève à 40 marcs par an et à 100 marcs dans
le cas où l'intéressé n'a pas de domicile dans le protectorat.

Lorsqu'il s'agit de la chasse dans un but professionnel
ou d'une expédition organisée pour la chasse, un permis
spécial du Gouverneur est exigé; ce permis peut être
limité à un certain nombre d'animaux. La taxe de celui-ci
est de 1000 à 5000 marcs par an.

Toutefois, le Gouverneur peut, dans des cas spéciaux,
fixer une taxe moins élevée.

---

§ 5.

Zur Ausübung der Jagd (§ 1) bedarf es eines Jagdscheines.
Der Jagdschein wird von demjenigen Bezirks- oder Distriktsamt,
in dessen Bezirk die um denselben nachsuchende Person ihren
Wohnsitz hat, auf die Dauer eines Jahres mit Geltung für das
ganze Schutzgebiet ausgestellt und ist nicht übertragbar. Hat die
nachsuchende Person keinen Wohnsitz im Schutzgebiet, so ist das
Bezirks- oder Distriktsamt des Aufenthaltsortes für Erteilung
des Jagdscheines zuständig.

Der Jagdschein ist bei der Ausübung der Jagd mitzuführen und
auf Verlangen den Polizei- oder sonstigen Aufsichtsorganen vorzuzeigen. Die für den Jagdschirn zu entrichtende Gebühr beträgt
40 *M* für das Jahr und 100 *M*, falls der Nachsuchende keinen
Wohnsitz im Schutzgebiete hat.

ART. 6.

Le permis peut être refusé :

1. Aux personnes dont on peut craindre un danger pour la sécurité publique;

2. Aux personnes ne jouissant pas des droits civils ou se trouvant sous la surveillance de la police;

3. Aux personnes qui ont été punies au cours des trois dernières années pour vol, fraude, recel ou infraction à la présente ordonnance;

4. Aux personnes qui ont été punies de trois mois d'emprisonnement au moins pour contravention aux articles 117 à 119 et 224 du Code pénal de l'Empire.

Le permis peut être retiré par décision du fonctionnaire du district compétent et, dans le cas de l'article 5, alinéa 3, par le Gouverneur, lorsque le porteur

a) en abuse,

Sofern die Jagd gewerbsmässig oder mittels einer zur Ausübung der Jagd ausgerüsteten Expedition betrieben werden soll, bedarf es hierzu eines vom Gouverneur auszustellenden besonderen Jagdscheines, der auf eine Anzahl Wild beschränkt werden kann. Die Gebühr für denselben erhöht sich auf 1000 bis 5000 M pro Jahr. Der Gouverneur kann jedoch in besonderen Fällen eine Herabsetzung dieser Gebühr anordnen.

§ 6.

Der Jagdschin kann versagt werden :

1. Personen, von denen eine Gefährdung der öffentlichen Sicherheit zu besorgen ist;

2. Personen, welche sich nicht im Besitze der bürgerlichen Ehrenrechte befinden oder unter polizeilichen Aufsicht stehen;

3. Personen, welche in den letzten drei Jahren wegen Diebstahl, Unterschlagung, Hehlerei oder Zuwiderhandlung gegen diese Verordnung bestraft sind;

4. Personen, welche wegen Zuwiderhandlung gegen die

b) a été condamné en dernière instance pour vol, recel, fraude ou pour contravention à la présente ordonnance.

La restitution de la taxe ou d'une partie de celle-ci n'a pas lieu.

Art. 7.

Les indigènes doivent être pourvus d'un permis pour chasser au fusil sur le territoire de leur tribu; ils sont d'ailleurs soumis aux prescriptions de la présente ordonnance.

Il est interdit aux indigènes de chasser en dehors des limites de leur territoire.

Art. 8.

La chasse est interdite en temps prohibé.

La chasse est fermée pour les animaux mentionnés

---

§§ 117 bis 119 und 294 des Reichsstrafgesetzbuches mit mindestens drei Monaten Gefängnis bestraft sind.

Der Jagdschein kann durch Verfügung des zuständigen Bezirks- oder Distriktsamts, beziehungsweise im Falle des § 5, Absatz 3 vom Gouverneur entzogen werden, wenn die zur Jagd berechtigte Person.

a) mit demselben Missbrauch treibt,

b) wegen Diebstahls, Hehlerei, Unterschlagung oder wegen Vergehens gegen diese Verordnung rechtskräftig verurteilt wird.

Eine Rückvergütung der Jagdscheinabgabe oder eines Teilbetrages findet nicht statt.

§ 7.

Die Eingeborenen bedürfen innerhalb ihres Stammesgebietes zur selbständigen Ausübung der Jagd mit Schiessgewehr eines Jagdscheines, wie überhaupt die Eingeborenen den Vorschriften dieser Verordnung unterworfen sind.

sous 1*a* depuis le 1er novembre jusqu'à la fin du mois de février.

Les fonctionnaires compétents du district peuvent, par voie de proclamation, fixer le commencement du temps prohibé quatre mois plus tôt et la fin quatre mois plus tard.

ART. 9.

Les dispositions de la présente ordonnance ne s'appliquent pas au propriétaire ou à l'usager qui se livre à la chasse sur sa parcelle de terre complètement clôturée. Pour le surplus, le droit de chasse appartient exclusivement à tout propriétaire de terre sur son sol en se conformant aux dispositions de la présente ordonnance.

Dans les limites de la présente ordonnance, la chasse est libre sur les territoires sans maître, non habités et non exploités.

Ausserhalb der Stammesgebiete ist den Eingeborenen die selbständige Ausübung der Jagd verboten.

§ 8.

Die Ausübung der Jagd während der Schonzeit ist verboten.

Die Schonzeit für die jagdbaren Tiere unter 1*a* beginnt mit dem 1. November und endet mit Ablauf des Monats Februar.

Die zuständigen Bezirks- oder Distriktsamten können im Wege der Bekanntmachung den Beginn der Schonzeiten für die jagdbaren Tiere unter § 1*a* um vier Wochen früher, das Ende der Schonzeiten dieser Tiere um vier Wochen später festsetzen.

§ 9.

Die Bestimmungen dieser Verordnung gelten nicht für den Eigentümer oder Nutzungsberechtigten, welcher innerhalb seines vollständig eingefriedeten Grundstückes die Jagd ausübt. Im übrigen steht jedem Grundbesitzer auf seinem Grund und

Celui qui chasse dans les fermes étrangères habitées ou exploitées doit y être autorisé par le propriétaire ou l'usager.

Les dispositions de ce paragraphe s'appliquent aussi aux terrains communaux pour autant que la chasse sur ces terrains puisse être réglée au jugement de la commune.

ART. 10.

Est puni :

1. D'une amende de 300 à 5000 marcs ou d'un emprisonnement de trois mois au maximum séparément ou cumulativement :

a) Celui qui chasse sans autorisation de l'autorité (art. 2) les éléphants, les hippopotames, les rhinocéros, les girafes, les zèbres, les buffles ou les autruches (art. 2, 1*a* et *c*);

Boden das Jagdrecht unter den Bestimmungen dieser Verordnung ausschliesslich zu.

Auf herrenlosem, nicht besiedeltem und nicht in Betrieb genommenen Gebiet ist die Jagd nach Massgabe dieser Verordnung frei.

Wer auf fremden Farmen, die bewohnt oder in Bewirtschaftung genommen sind, die Jagd ausübt, bedarf dazu der Erbaubnis des Eigentümers oder des Nutzungsberechtigten.

Den Bestimmungen dieses Paragraphen unterliegt auch die Jagd auf den Gemeindeländereien mit der Massgabe, dass die Ausübung der Jagd auf dem Gemeindelande nach den Ermessen der Kommune zu regeln ist.

§ 10.

Es wird bestraft :

1. mit Geldstrafe von 300 bis 5000 M oder mit Gefängnis bis zu drei Monaten allein oder in Verbindung miteinander :

b) Celui qui chasse dans les réserves déterminées par le gouvernement, et rendues publiques par proclamation, pour la protection du gibier (art. 3);

c) Celui qui achète ou échange sciemment dans un but commercial, des plumes d'autruches obtenues en contravention de la présente ordonnance ;

d) Celui qui, sans posséder le permis prescrit par l'article 2, enlève des œufs d'autruche du nid ou capture de jeunes autruches ;

e) Celui qui fait sciemment le commerce d'œufs d'autruche et de jeunes autruches, pour autant que ces dernières aient été obtenues en contravention à la présente ordonnance.

2. D'une peine de 50 à 600 marcs ou d'un emprisonnement de deux mois au plus ou des deux peines cumulées :

a) Celui qui, sans permission de l'autorité (art. 2)

---

a) wer ohne behördliche Genehmigung (§ 2) auf Elefanten, Flusspferde, Rhinozerosse, Giraffen, Zebras, Büffel oder Strausse jagt (§ 2, 1*a* und *c*);

b) wer in den vom Gouvernement zum Zwecke des Wildschutzes bestimmten und durch Bekanntmachung bezeichneten Wildreservaten jagt (§ 3);

c) wer wissentlich Straussenfedern, welche entgegen dieser Verordnung erbeutet sind, gewerbsmässig kauft oder eintauscht;

d) wer, ohne den nach § 2 vorgeschriebenen Erlaubnisschein zu besitzen, Strausseneier von der Brutstätte wegnimmt oder junge Strausse fängt;

e) wer wissentlich mit Strausseneiern und - Küken, sofern letztere entgegen dieser Verordnung (§ 2) erlangt sind, Handel treibt;

2. mit Geldstrafe von 50 bis 600 *M* oder mit Gefängnis bis zu zwei Monaten allein oder in Verbindung miteinander :

a) wer ohne behördliche Genehmigung (§ 2) auf Eland- und

fait la chasse aux élans et aux coudous, aux vautours, aux oiseaux-secrétaires (serpentaires), aux *Springhahn-vögel*, aux hiboux, aux toucans, aux flamants et aux palaantilopes femelles ainsi qu'aux antilopes et gazelles (art. 1ᵉʳ, *a*) chez lesquelles les cornes n'ont pas percé (art. 2, *b*, *d* et *e*);

b) Celui qui fait la chasse au moyen de trappes, fossés, kraals, filets, lacets ou autres engins semblables ou qui organise des chasses au feu (art. 4);

c) Celui qui chasse en temps prohibé;

d) Celui qui, sans avoir pris un permis, fait la chasse aux animaux indiqués dans l'art. 1ᵉʳ, *a*, *c* et *d*;

e) Celui qui cherche à se soustraire aux peines encourues en faisant légitimer un permis (art. 5) ou une autorisation (art. 2) non libellés en son nom;

f) Celui qui achète ou échange sciemment, dans un but commercial, des peaux ou des cornes d'animaux

---

Kudukühe, Geier, Sekretäre, Springhahnvögel, Eulen, Pfeffer-fresser, Flamingos, weibliche Palaantilopen und die dieser Verordnung — § 1*a* — unterliegenden Antilopen und Gazellen, bei denen das Gehörn noch nicht zum Durchbruch gekommen ist (§ 2, 1*b*, *d* und *e*), jagt;

b) wer die Jagd mittels Fallen, Gruben, Kraalen, Netzen, Schlingen oder ähnlichen Vorrichtungen ausübt oder Feuer-jagden veranstaltet (§ 4);

c) wer während der Schonzeit der Jagd obliegt (§ 8);

d) wer ohne Jagdschein gelöst zu haben die Jagd auf die nach dieser Verordnung unter § 1*a*, *c* und *d* jagdbaren Tiere ausübt;

e) wer es versucht, sich durch einen nicht auf seinen Namen ausgestellter fremden Jagdschein (§ 5) oder Erlaubnisschein (§ 2), zu legitimieren um sich dadurch der verwirkten Strafe zu entziehen;

f) wer wissentlich Felle und Gehörne, die entgegen dieser Ver-

mentionnés à l'art. 1er, *a, c, d* et *e* qui ont été obtenues en contravention à la présente ordonnance;

g) Celui qui commet une infraction aux prescriptions de l'article 9, alinéa 3.

3. D'une amende de 150 marcs au maximum ou de l'emprisonnement :

a) Celui qui, en chassant hors de sa propriété, ne porte pas sur lui son permis (art. 5) ou son autorisation (art. 2) ou ne les présente pas aux autorités chargées de la surveillance;

b) Celui qui envoye à la chasse son indigène sans permis (art. 7);

c) Celui qui présente en vente, vend ou facilite la vente de gibier dont la chasse est interdite (art. 2) ou qui le fait 14 jours après le commencement du temps prohibé jusqu'à la fin;

d) Celui qui enlève des œufs de pintades du nid ou les endommage sciemment, celui qui laisse récolter des œufs

---

ordnung erbeutet sind, von den nach § 1a, c bis e jagdbaren Tieren gewerbsmässig kauft oder eintauscht;

g) wer sich gegen die Vorschriften des § 9, Absatz 3 vergeht;

3. mit Geldstrafe bis zu 150 *M* oder mit Haft :

a) wer bei Ausübung der Jagd ausserhalb seines eigenen Grundbesitzes seinen Jagdschein (§ 5) oder Erlaubnisschein (§ 2) nicht bei sich trägt oder denselben auf Verlangen den Aufsichtsorganen nicht vorzeigt;

b) wer seinen Eingeborenen ohne seinen Jagdschein auf die Jagd schickt (§ 7);

c) wer Rechtswidrig Wild, dessen Jagd verboten ist (§ 2), oder wer Wild nach Ablauf von 14 Tagen nach Eintritt der Schonzeit bis zu ihrem Ende feilbietet oder verkauft oder den Verkauf vermittelt;

d) wer Perlhuhneier von der Brutstätte wegnimmt oder

de pintades par des blancs ou des indigènes, les échange
ou les vend.

Art. 11.

Les contraventions en matière de chasse qui ne sont
pas atteintes par les dispositions pénales précédentes
sont punies conformément aux prescriptions générales
du Code pénal de l'Empire.

Art. 12.

Les dépouilles de chasse obtenues illégalement et mises
en vente seront confisquées.

En dehors des peines encourues conformément à la
présente ordonnance, sauf en ce qui concerne l'art. 10, 3*a*,
il peut être procédé à la confiscation des engins de chasse
et des chiens dont le contrevenant a été accompagné à la
chasse, ainsi que des lacets, filets, trappes et autres
pièges, qu'ils appartiennent ou non au condamné.

---

absichtlich beschädigt, desgleichen wer von Weissen oder Eingeborenen Perlhuhneier sammeln lässt, eintauscht oder kauft.

§ 11.

Jagdvergehen, die von den vorstehenden Strafbestimmungen
nicht betroffen werden, werden nach den allgemeinen Bestimmungen des Reichstrafgesetzbuches geahndet.

§ 12.

Zu Unrecht gemachte und feilgebotene Jagdbeute unterliegt
der Einziehung.

Neben der auf Grund dieser Verordnung mit Ausnahme
des nach § 10, Ziffer 3*a*, verwirkten Strafe kann auf Einziehung
des Jagdgerätes und der Hunde, die der Täter auf der Jagd bei
sich geführt hat, sowie der Schlingen, Netze, Fallen und anderen
Vorrichtungen erkannt werden, ohne Unterschied, ob sie den
Verurteilten gehören oder nicht.

Art. 13.

Les peines déclarées applicables aux indigènes dans l'ordonnance du 8 novembre 1896 relative à l'exercice de la juridiction criminelle et du pouvoir disciplinaire leur sont également applicables en cas de contravention à la présente ordonnance.

Art. 14.

La présente ordonnance entrera en vigueur le 1er mars 1909. Les permis de chasse délivrés jusqu'à cette date restent valables.

Windhoek, le 15 février 1909.

Le Gouverneur impérial ff.
Hintrager.

---

§ 13.

Gegenüber Eingeborenen kommen wegen Vergehens gegen diese Verordnung die in der Verordnung vom 8. November 1896, betreffend die Ausübung der Strafgerichtsbarkeit und Disziplinargewalt gegenüber den Eingeborenen für zulässig erklärten Strafmittel in Anwendung.

§ 14.

Diese Verordnung tritt am 1. März 1909 in Kraft. Die bis dahin gelösten Jagdscheine behalten ihre Gültigkeit.

Windhuk, den 15. Februar 1909.

Der Kaiserliche Gouverneur.
In Vertretung:
Hintrager.

Annexe N° 44.

ORDONNANCE

du Gouverneur du S.-O. Africain allemand du 4 mars 1909
relative à la chasse aux phoques.

Conformément à l'article 15 de la loi sur les protectorats *(Recueil des lois de l'Empire de 1900*, p. 813), et à l'article 5 de l'arrêté du Chancelier de l'Empire, concernant les compétences navales et consulaires et le droit des autorités de prendre des ordonnances dans les protectorats de l'Afrique et de la Mer du Sud du 27 septembre 1903 *(Journal Colonial*, p. 509), il est arrêté ce qui suit pour le protectorat du S.-O. Africain allemand :

Article 1er.

La chasse aux phoques dans le protectorat sur le litto-

Schedule N° 44.

VERORDNUNG

des Gouverneurs von Deutsch-Südwestafrika,
betreffend die Robbenjagd, vom 4. März 1909.

Auf Grund des § 15 des Schutzgebietsgesetzes (*Reichs-Gesetzbl.* 1900, S. 813) und § 5 der Verfügung des Reichskanzlers, betreffend die seemannsamtlichen und konsularischen Befugnisse und das Verordnungsrecht der Behörden in den Schutzgebieten Afrikas und der Südsee vom 27. September 1903 (*Kol. Bl.*, S. 509), verordne ich hiermit für das südwestafrikanische Schutzgebiet, was folgt :

§ 1.

Die Robbenjagd innerhalb des Schutzgebietes auf dem Fest-

ral et dans les eaux de la côte ne peut avoir lieu qu'avec la permission de l'autorité compétente du district.

Une taxe de 500 marcs est à payer pour le permis qui n'est valable que pour celui au profit duquel il est délivré et pour une année à partir de la date de la délivrance.

Art. 2.

La chasse aux phoques est interdite :

a) aux animaux ayant une longueur de moins de 50 centimètres;

b) du 15 octobre au 15 avril.

Art. 3.

Les infractions aux dispositions qui précèdent sont punies au maximum d'un emprisonnement de trois mois et d'une amende de 5,000 marcs ou d'une de ces peines. Les dépouilles acquises ou offertes en vente illégalement

---

lande und in den Küstengewässern ist nur mit Erlaubnis des zuständigen Bezirksamtes gestattet. Für den Erlaubnisschein, der nur für die Person, auf die er ausgestellt ist, und für ein Kalenderjahr vom Tage der Lösung ab, gilt, ist eine Gebühr von 500 *M* zu entrichten.

§ 2.

Verboten ist die **Robbenjagd** :

a) auf Tiere unter 50 cm. Länge;

b) in der Zeit vom 15. Oktober bis 15. April.

§ 3.

Zuwiderhandlungen gegen die vorstehenden Bestimmungen werden mit Gefängnis die zu drei Monaten und mit Geldstrafe bis zu 5000 *M* oder mit einer dieser Strafen bestraft. Die widerrecht-

ainsi que les engins de toute espèce employés à la chasse interdite, sont passibles de confiscation.

Les peines admissibles pour les indigènes leur sont applicables.

Art. 4.

La présente ordonnance entrera en vigueur le 15 mars 1909.

Windhoek, le 4 mars 1909.

Le Gouverneur impérial ff.,
HINTRAGER.

---

lich gemachte oder feilgebotene Jagdbeute und die zur verbotenen Jagd benutzten Geräte jeglicher Art unterliegen der Einziehung

Gegen Eingeborene finden die für diese jeweils zulässigen Strafmittel Anwendung.

§ 4.

Diese Verordnung tritt mit dem 15. März 1909 in Kraft.

Windhuk, den 4. März 1909.

Der Kaiserliche Gouverneur,
In Vertretung:
HINTRAGER.

TABLE DES MATIÈRES

PAGES.

De la conservation de la faune dans les pays neufs et des problèmes qui s'y rattachent, par M. Carlo ROSSETTI, membre associé 11

ANNEXE. — Convention de Londres du 19 mai 1900 45

Les lois pour la conservation de la faune indigène dans l'Afrique du Sud, par M. Carlo ROSSETTI 57

ANNEXES. — Colonie du Cap 83

Transvaal 171

Natal 261

Zoulouland 294

Betchouanaland 307

Basoutoland 325

Rhodésie du Sud 335

Rhodésie du Nord-Ouest (Barotziland) 355

Ile Maurice 393

Madagascar et Dépendances ..., ... 439

Afrique Allemande du Sud-Ouest 451